高职高专计算机规划教材·案例教程系列

C语言程序设计案例教程

（第二版）

沈大林　赵　玺　主编

U0310342

中国铁道出版社

CHINA RAILWAY PUBLISHING HOUSE

内 容 简 介

　　C 语言由于其强大的功能，在计算机的各个领域得到广泛应用。C 语言虽然是高级语言，但也可以完成许多只有低级语言才能完成的、面向机器的底层工作，是一种重要的程序设计语言。

　　全书共分 12 章，涵盖了 C 语言程序设计多方面的知识。本书讲解了 110 多个实例，结合知识点介绍了大量小例子，且每章提供多道思考与练习题。本书内容丰富、结构清晰、由浅及深、循序渐进、图文并茂，理论与实际制作相结合，学生不但能够快速入门，而且可以达到较高的编程水平。

　　本书适合作为高职高专院校计算机专业的教材，也可以作为高等院校非计算机专业的教材、初、中级培训班的教材，以及初学者的自学用书。

图书在版编目（CIP）数据

C 语言程序设计案例教程 / 沈大林，赵玺主编. —2
版. —北京：中国铁道出版社，2012.5
高职高专计算机规划教材. 案例教程系列
ISBN 978-7-113-14526-2

Ⅰ. ①C… Ⅱ. ①沈… ②赵… Ⅲ. ①C 语言－
程序设计－高等职业教育－教材 Ⅳ. ①TP312

中国版本图书馆 CIP 数据核字（2012）第 067597 号

书　　名：C 语言程序设计案例教程（第二版）
作　　者：沈大林　赵　玺　主编

策　　划：秦绪好　　　　　　　　　　读者热线：400-668-0820
责任编辑：祁　云　彭立辉
封面设计：付　巍
封面制作：刘　颖
责任印制：李　佳

出版发行：中国铁道出版社（100054，北京市西城区右安门西街 8 号）
网　　址：http://www.51eds.com
印　　刷：北京市昌平开拓印刷厂
版　　次：2007 年 6 月第 1 版　　2012 年 5 月第 2 版　　2012 年 5 月第 3 次印刷
开　　本：787mm×1092mm　1/16　印张：17.5　字数：415 千
印　　数：7 001～10 000 册
书　　号：ISBN 978-7-113-14526-2
定　　价：33.00 元

高职高专计算机规划教材·案例教程系列

丛书序

1982 年大学毕业后，我开始从事职业教育工作。那是一个百废待兴的年代，是职业教育改革刚刚开始的时期。开始进行职业教育时，我们使用的是大学本科纯理论性教材。后来，联合国教科文组织派遣具有多年职业教育研究和实践经验的专家来北京传授电子技术教学经验。专家抛开了我们事先准备好的教学大纲，发给每位听课教师一个实验器，边做实验边讲课，理论完全融于实验的过程中。这种教学方法使我耳目一新并为之震动。后来，我看了一本美国麻省理工学院的教材，前言中有一句话的大意是："你是制作集成电路或设计电路的工程师吗？你不是！你是应用集成电路的工程师！那么你没有必要了解集成电路内部的工作原理，而只需要知道如何应用这些集成电路解决实际问题。"再后来，我学习了素有"万世师表"之称的陶行知先生"教学做合一"的教育思想，也了解这些思想源于他的老师——美国的教育家约翰·杜威的"从做中学"的教育思想。以后，我知道了美国哈佛大学也采用案例教学，中国台湾省的学者在讲演时也都采用案例教学……这些中外教育家的思想成为我不断探索职业教育教学方法和改革职业教育教材的思想基础，点点滴滴融入我编写的教材之中。现在我国职业教育又进入了一个高峰期，职业教育的又一个春天即将到来。

现在，职业教育类的大多数计算机教材应该是案例教程，这一点似乎已经没有太多的争议，但什么是真正的符合职业教育需求的案例教程呢？是不是有例子的教材就是案例教程呢？许多职业教育教材也有一些案例，但是这些案例与知识是分割的，仅是知识的一种解释。还有一些百例类丛书，虽然例子很多，但所涉及的知识和技能并不多，只是一些例子的无序堆积。

本丛书采用案例带动知识点的方法进行讲解，学生通过学习实例掌握软件的操作方法、操作技巧或程序设计方法。本丛书以每一节为一个单元，对知识点进行了细致的取舍和编排，按节细化知识点，并结合知识点介绍了相关的实例。本丛书的每节基本是由"案例描述"、"设计过程"、"相关知识"和"思考与练习"4 部分组成。"案例描述"部分介绍了学习本案例的目的，包括案例效果、相关知识和技巧简介；"设计过程"部分介绍了实例的制作过程和技巧；"相关知识"部分介绍了与本案例有关的知识；"思考与练习"部分给出了与案例有关的拓展练习。读者可以边进行案例制作，边学习相关知识和技巧，轻松掌握软件的使用方法、使用技巧或程序设计方法。

本丛书的优点是符合教与学的规律，便于教学，不用教师去分解知识点和寻找案例，更像一个经过改革的课堂教学的详细教案。这种形式的教学有利于激发学生的学习兴趣，培养学生学习的主动性，并激发学生的创造性，能使学生在学习过程中充满成就感和富有探索精神，使学生更快地适应实际工作的需要。

本丛书还存在许多有待改进之处，可以使它更符合"能力本位"的基本原则，可以使知识的讲述更精要明了，使案例更精彩和更具有实用性，使案例带动的知识点和技巧更多，使案例与知识点的结合更完美，使习题更具趣味性……这些都是我们继续努力的方向，也诚恳地欢迎每一位读者，尤其是教师和学生参与进来，期待你们提出更多的意见和建议，提供更好的案例，成为本丛书的作者，成为我们中的一员。

沈大林

C 语言由于其强大的功能，在计算机的各个领域得到广泛的应用，从 UNIX、DOS 到 Windows、Linux 都使用了 C 语言来进行设计。C 语言虽然是高级语言，但也可以完成许多只有低级语言才能完成的、面向机器的底层工作，因此也被称为"中级语言"。正是由于 C 语言的这些特性，决定了它成为一种重要的程序设计语言。

全书共分 12 章，涵盖了 C 语言程序设计多方面的知识。第 0 章 "绪言"，介绍了 C 语言基本概念、Turbo C 3.0 和 Visual C++ 6.0 开发环境的使用，及本书课程安排；第 1 章介绍了 C 语言程序的基本元素运算符和表达式等内容；第 2 章结合 15 个案例介绍了数据的输出与输入函数的使用方法；第 3 章结合 12 个案例介绍了程序的基本结构和算法、条件分支语句和 switch 开关分支语句的使用方法；第 4 章结合 20 个案例介绍了循环结构程序的设计方法；第 5 章结合 8 个案例介绍了函数的定义与调用，以及函数参数的传递方法；第 6 章结合 11 个案例介绍了标准函数应用、函数的嵌套与递归调用，以及变量的作用域和存储类型；第 7 章结合 13 个案例介绍了数值数组、字符数组的定义与调用方法；第 8 章结合 11 个案例介绍了数组指针、字符指针和函数指针的使用方法；第 9 章结合 7 个案例介绍了共用体和枚举的应用；第 10 章结合 7 个案例介绍了宏定义、文件包含、条件编译和位运算；第 11 章结合 9 个案例介绍了数据文件基本概念、文件的检测与输入/输出函数、文件的定位操作等内容。

本书具有较大的信息量，讲解了 110 多个实例，结合知识点介绍了大量小例子，并提供了 100 多道思考与练习题。每个实例均由实例效果、技术分析和程序解析组成。本书以实例带动知识点的学习，通过学习实例掌握程序设计的方法和技巧，由浅至深，层层引导，能够让学生快速掌握 C 语言，提高编程能力。

本书内容丰富、结构清晰、由浅及深、循序渐进、图文并茂，理论与实际制作相结合，学生不但能够快速入门，而且可以达到较高的编程水平。

本书是在任务驱动教学法的基础上总结编写出来的，建议教师在使用本教材进行教学时，一边带学生做各章的实例，一边讲解各实例中的知识和概念，将它们有机地结合在一起，可以达到事半功倍的效果。

本书由沈大林、赵玺主编，参加本书编写的有：许崇、陶宁、张秋、杨旭、王浩轩。对本书的出版工作提供了帮助的有沈昕、张伦、王爱赪、万忠、郑淑晖、曾昊、肖柠朴、沈建峰、郑鹤、郭海、陈恺硕、郝侠、丰金兰、袁柳、徐晓雅、王加伟、孔凡奇、卢贺、李宇辰、靳轲、苏飞、王小兵等，在此一并表示感谢。

本书适合作为高职高专院校计算机专业的教材，也可以作为高等院校非计算机专业的教材、初、中级培训班的教材，以及初学者的自学用书。

由于时间仓促，编者水平有限，书中难免有偏漏和不妥之处，恳请广大读者批评指正。

编　者
2012 年 3 月

第一版前言

C 语言由于其强大的功能，在计算机的各个领域内得到广泛的应用，从 UNIX、DOS 到 Windows、Linux 都使用了 C 语言来进行设计。C 语言虽然是高级语言，但它也可以完成许多只有低级语言才能完成的、面向机器的底层工作，因此也被称为"中间语言"。

本书采用案例带动知识点的方法进行讲解，学生通过学习实例，掌握 C 语言程序设计的基本方法和编程技巧。本书以一节为一个单元，对知识点进行了细致的取舍和编排，按节细化知识点并结合知识点介绍了相关的实例，将知识和案例放在同一节中，知识和案例相结合。本书基本是每节由"案例效果"、"设计过程"和"相关知识"组成。"案例效果"中介绍了学习本案例的目的，包括案例效果、相关知识和技巧简介；"设计过程"中介绍了实例的制作过程和技巧；"相关知识"中介绍了与本案例有关的知识。读者可以边进行案例制作，边学习相关知识和技巧，轻松掌握 C 语言程序设计的基本方法和编程技巧。

全书共分 9 章，涵盖了 C 语言程序设计多方面的知识。第 0 章为绪论，介绍了 C 语言的基本概念以及 C 语言程序开发环境的使用和本书课程安排。第 1 章为 C 语言程序设计基础，主要讲解 C 语言的数据类型、表达式、标准输入/输出语句等内容。第 2 章为算法与程序流程控制，主要讲解程序设计的基本算法，以及顺序、选择、循环三大流程控制结构。第 3 章为数组与字符串，主要讲解数组与字符串的应用、字符串处理等内容。第 4 章为指针，简要介绍了 C 语言中的指针类型，重点讲解指针的概念及使用。第 5 章为函数，讲解了函数的概念、定义及应用，main()函数的命令行参数，以及标准 C 语言函数的应用。第 6 章为结构体、共用体与枚举，重点介绍了结构体在程序设计中的应用、链表等内容。第 7 章为文件访问，介绍了文件的概念，以及文本文件、随机文件的访问及操作。第 8 章为编译预处理，介绍了宏定义、文件包含、编译预处理等各方面的内容。

最后的附录主要包括一些函数的说明、Turbo C 2.0 程序开发环境介绍等内容。

本书具有较大的知识信息量，从程序设计的基础知识、算法与程序流程控制到最后的文件操作与编译预处理，通过 34 个案例，约 80 个实例的分析讲解，再利用 100 余道习题的练习与巩固，可以使学生快速掌握 C 语言。本书内容丰富、结构清晰、图文并茂，易于教学与个人自学。

本书可以作为高等院校非计算机专业教材，也可作为高职高专院校计算机专业教材，还适合作为初学者的自学用书。

由于编者水平有限，加上时间仓促，书中难免有疏漏和不妥之处，恳请广大读者批评指正。

编　者
2007 年 3 月

目录

第0章 绪 言

【本章提要】本章简要介绍了 C 语言的历史和特点、C 语言集成开发环境 Turbo C 3.0 与 Microsoft Visual C++ 6.0 开发环境，以及 C 语言程序的格式和结构。另外，还介绍了使用 Turbo C 3.0 和 Visual C++ 6.0 开发 C 程序的方法，为全书的学习打下基础。

0.1 C 语言概述

C 语言是 Combined Language（组合语言）的简称，是一种计算机程序设计语言。随着计算机的迅速发展和广泛应用，C 语言已经成为目前最流行的计算机语言之一。

0.1.1 计算机语言的发展

按照计算机语言的使用和发展，又将其分为以下 3 个时代：

（1）第一代计算机语言使用机器语言（Machine Language），也就是计算机中央处理器（CPU）本身所使用的语言。机器语言可以直接被 CPU 使用，所以表达准确、运行速度非常快。但是，由十六进制数字组成的机器语言对大多数人来说很难编写、阅读和理解。

（2）第二代计算机语言使用汇编语言（Assembly Language），它的出现使编写计算机程序变得容易。有表达意义的命令名称代替了一组组简单的数字，语句的出现也使程序内容变得清楚，易于理解。但是，计算机只能读懂机器语言，所以用汇编语言编写的程序要先用汇编程序（Assembler）翻译成机器语言，CPU 才能运行。如今，汇编语言被计算机高级专业人员广泛使用，但是汇编语言需要用许多条语句去完成一个极其简单的任务，编写过程烦琐且耗时长，所以它很难普及到一般使用者。

（3）第三代计算机语言使用高级语言（High-Level Language）。它使每一条语句的功能大大加强，同时有易写、易读和易于理解的特性。通过对高级语言的学习，编写计算机语言对普通人来说终于不再是一座不可征服的高山，但是对于计算机的 CPU 来说，高级语言太笼统太简单了，它需要一个功能强大的翻译器来帮助理解。

C 语言也常被看做是一种中级语言，它既具有高级语言的特点，又具有汇编语言的特点。

0.1.2 C 语言的由来和特点

1. C 语言的由来

C 语言是一种面向过程的计算机程序设计语言，它是目前众多计算机语言中最优秀的结构程序设计语言之一。

1970 年，美国贝尔实验室的程序员 Ken Thompson 在 BCPL 的基础上开发出了 B 语言，并用 B 语言编写了第一个 UNIX 操作系统。1972 年，贝尔实验室的另一位程序员 D.M. Ritchie 在 B 语言的基础上进行了重新改写并命名为 C 语言。之后，二人又联手用 C 语言重写了 UNIX 操作系统，大大提高了其可移植性与兼容性，并创造了使用非汇编语言编写操作系统的先河。1978 年，贝尔实验室正式发表了 C 语言，并广泛地应用到大、中、小及微型计算机上。如今，C 语言以其简练、灵活、功能强大、高效等优点闻名于世，特别是在系统软件开发领域，许多著名的系统软件（比如 DBASE Ⅳ）都是用 C 语言编写的。用 C 语言加上一些汇编语言子程序更能凸显 C 语言的优势，例如 PC-DOS、WORDSTAR 等就是用这种方法编写的。此外，C 语言在编写二维、三维图形和动画等方面，也深受人们的欢迎。

2．C 语言的特点

C 语言与其他许多语言相比，具有如下特点：

（1）C 语言是一种"中级语言"，它把高级语言的基本结构和语句与低级语言的实用性结合起来。编程语言的"高级"、"中级"、"低级"并不是标志语言解决问题能力的高低，而是与计算机硬件联系的程度。C 语言不仅有高级语言的可读性好、可移植性好、容易学习等特点，还兼有汇编语言运行效率高、可直接控制计算机硬件的特点。C 语言可以和汇编语言一样对位、字节和地址进行操作，而这三者是计算机最基本的工作单元。

（2）C 语言是结构式语言。结构式语言的显著特点是代码及数据的分隔化，即程序的各个部分除了必要的信息交流外彼此独立。这种结构化方式可使程序层次清晰，便于使用、维护以及调试。C 语言是以函数形式提供给用户的，这些函数可方便地调用，并具有多种循环、条件语句控制程序流向，从而使程序完全结构化。

（3）C 语言功能齐全。C 语言具有各种各样的数据类型，并引入了指针概念使程序效率更高。C 语言还具有强大的图形功能，支持多种显示器和驱动器。此外，C 语言的计算功能、逻辑判断功能也比较强大。

（4）C 语言自由度大。C 语言的编程自由度大，语法限制少，例如对数组下标出界、函数参数虚实转换不做检查。变量类型的使用也比较灵活，例如整型、字符型和逻辑型数据在特定条件下可以通用等，这大大方便了编程人员。

（5）C 语言可移植性强。在 C 语言中，没有依赖于硬件的输入/输出语句，程序的输入/输出功能是通过调用函数来实现的，而这些函数是由独立于 C 语言的系统程序模块库所提供的。所以，使用 C 语言编写的程序可以在硬件不同的机种之间被移植。

正是由于 C 语言的这些特性，决定了它成为一种重要的程序设计语言。目前，使用最多的计算机操作系统 Windows 系列、Linux 系列等就有相当多的部分是用 C 语言编写的。可以这样说，在程序设计中，只要能想得到，几乎就没有 C 语言做不到的。

C 语言是众多后继课程的基本编程工具，特别是与 Windows 编程有关的课程。因此，与计算机相关的专业都把 C 语言程序设计列为基础课程之一。学好 C 语言，对将来学习其他程序设计相关课程，具有重要的意义。

0.1.3　C 语言程序开发流程

使用 C 语言编写的程序称为程序的"源代码"，编写 C 语言程序的过程称为代码编辑。C 程序源代码的编辑可以由专门的代码编辑器来完成，也可用普通的纯文本编辑器来进行，比如 Windows 中的记事本。由于计算机只能识别二进制代码指令，源代码不能直接被计算机所识别和执行。为了使其能够被计算机所执行，必须对其进行编译，将其转换为二进制指令。从源文件到可执行程序中经过的流程如图 0-1 所示。

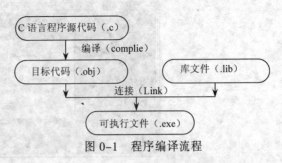

图 0-1　程序编译流程

将 C 语言源代码转化为二进制指令的过程称为编译（Compile），C 语言的编译需要有专门的编译器来执行。编译完成的二进制代码文件称为目标文件，其扩展名为.obj。目标文件也不能直接在计算机中执行，还需要通过连接（Link）程序将它与 C 语言的库文件进行连接，最后生成可执行程序文件，其扩展名为.exe。现在，通常把负责代码编辑的编辑器、编译目标代码的编译器与连接库文件生成目标文件的连接器以及在程序设计中对程序进行调试的程序综合起来，组成一个软件，称为集成开发环境（IDE）。

0.2　C 语言集成开发环境

C 语言集成开发环境是指一类具有用户界面，旨在帮助用户更快捷、更方便地运用 C 语言各种功能的软件。许多公司都推出了自己的 C 语言开发工具，虽然它们的集成开发环境不尽相同，侧重点也不一样，但是在 C 语言基本应用上是一致的。这里介绍两种比较常用的集成开发环境：Borland 公司的 Turbo C 3.0 系列以及 Microsoft 公司的 Visual C++系列（早期为 Microsoft C/C++）集成开发环境。在这两种不同的集成开发环境下，本书涉及的大部分内容是相同的，程序运行结果也是一样的，但是变量长度是不一样的。例如，整型变量占用的内存单元数，在 Turbo C 3.0 系列集成开发环境下是 2，在 Visual C++系列集成开发环境下是 4。另外，在 32 位和 64 位两种 Windows 系统时，Visual C++的编译器也会改变字节数，所以 Visual C++不是跨平台的，更换系统需要重新编译。

0.2.1　使用 Turbo C 3.0 开发 C 程序

Turbo C 以其编译的速度快、代码执行效率高而著称，是 C 程序员最乐于使用的编程工具。Turbo C 系列中广泛使用的是 Turbo C 3.0，它是 Turbo C 2.0 的升级版本。

Turbo C 3.0(以下简称 TC 3.0)是在 DOS 下运行的程序，但也可以运行在 Windows 98/2000/XP 等系统下（在"命令提示符"窗口中运行）。Turbo C 3.0 的安装极为简单，只要插入安装盘，在 DOS 提示符下输入 Install，再按 Enter 键，接下来按提示信息进行操作就能够完成。

1. Turbo C 3.0 集成开发环境简介

在 Turbo C 3.0 安装完成后，在"命令提示符"窗口中，改变路径提示符到安装后的文件夹下的 bin 目录内，然后输入 Turbo C 3.0 的可执行文件名（例如，TC），按 Enter 键，即可启动 Turbo C 3.0，Turbo C 3.0 的启动界面如图 0-2 所示。

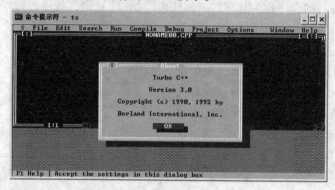

图 0-2　Turbo C 3.0 的启动界面

单击 OK 按钮，进入 Turbo C 3.0 工作环境，可以看到在程序编辑窗口中有光标在左上角闪烁，此时就可以进行程序的编辑。

在 Turbo C 3.0 工作环境的最上方是 Turbo C 3.0 的菜单区，菜单中有程序编辑、编译、调试以及环境设置的各种命令。下面简单介绍几种最常用的菜单命令及其子菜单命令。

（1）在 File（文件）菜单中，New（新建）命令用来建立一个新的文件，默认文件名为 NONAME00.CPP，在保存文件时可以更改文件名；Open（打开）命令用来打开一个现存的文件；Save 命令用来保存编写的文件，如果文件名是 NONAME00.CPP，则会询问是否更改文件名；DOS shell 命令用来暂时退出 Turbo C 3.0 回到 DOS 提示符下，此时可以运行 DOS 命令，如果想回到 Turbo C 3.0 中，在 DOS 状态下输入 EXIT 即可；Quit（退出）命令用来退出 Turbo C 3.0，返回到 DOS 操作系统中。

（2）在 Edit（编辑）菜单中，Undo（取消）命令用来取消上一步操作；Redo（恢复）命令用来恢复上一步取消的操作；Cut（剪切）命令用来剪切选中的代码内容；Copy（复制）命令用来复制选中的代码内容；Paste（粘贴）命令用来粘贴选中的代码内容；Clear（清除）命令用来清除选中的代码内容。

（3）在 Search（搜索）菜单中，Find（查找）命令用来在代码中查找指定内容；Replace（替换）命令用来在代码中替换指定内容；Go to line number（定位到行）命令用来定位光标到指定行。

（4）在 Run（运行）菜单中，Run 菜单命令用来运行当前程序；Program reset（程序重启）命令用来中止当前的调试，释放分给程序的空间；Go to cursor（执行到光标处）命令在调试程序时使用，可使程序运行到光标所在行，光标所在行必须为一条可执行语句，否则提示错误。

（5）在 Compile（编译）菜单中，Compile（编译）命令用来编译当前程序；Make（生成）命令用来生成一个.EXE 文件，并显示生成的.EXE 文件名；Link 命令用来把当前.OBJ 文件及库文件连接在一起生成.EXE 文件；Build all 命令用来重新编译项目里的所有文件，并进行装配生成.EXE 文件。

菜单区下面是程序的编辑区域，也称为编辑窗口，在编辑窗口上方中间显示程序的名称，左下方显示光标所在位置的行号和列号。

编辑窗口的下方是 Message（信息）窗口，在编译程序时，该窗口显示相关的编译信息。界面的最下方是编辑时最常用的快捷键，例如，F1 显示帮助、F9 编译程序、F10 激活菜单等。

2. 程序开发步骤

使用 TC 3.0 开发 C 语言程序的步骤如下：

（1）输入和编辑程序：进入 TC 3.0 界面后，选择 File（文件）菜单中的 New（新建）命令，创建一个新文件，此时就可以在编辑窗口中输入和编辑程序代码。例如，在编辑窗口中输入如下代码：

```
/* TC 3.0 My First C Program */
#include "stdio.h"
void main()
{
  printf("Good Morning!\n");
}
```

下面对这些程序代码进行简单说明。

◎ 代码的第一行是程序文件头，对程序做相关说明。"/* … */"符号表示这一部分为注释性文字，不作为程序代码运行，在程序编译时会被忽略。"/*"与"*/"必须成对出现，两者之间的所有字符（可以是多行）均为注释文字。

◎ 第二行以#include 开始，这是程序的预处理命令（在以后的章节将对它作详细解释），引用了 C 语言的标准库 stdio.h，使下面的 printf()语句能够得以顺利执行。

◎ C 语言源程序的基本单位是函数，第三行的 main()是 C 语言程序的主函数，每个 C 语言程序有且仅有一个主函数，所有的 C 语言程序都是从这里开始执行。main()函数前面的 void 表示该函数没有返回值。

◎ 第四行的左大括号"{"与最后一行的右大括号"}"之间是函数的主体，它们必须成对出现。

◎ 第五行函数体中使用了 C 语言的输出函数 printf()来输出字符串"Good Morning!"。在 C 语言中，字符串都必须用半角双引号括起来，\n 是转义字符，表示换行。除编译预处理语句（以#开头的特殊语句，如前面的#include "stdio.h"）外，所有的 C 语言的语句都必须以分号";"表示语句的结束。

如果安装了 Turbo C 3.0 中文版，可使用"代码编辑器"软件来输入和编辑 C 程序。

（2）保存程序：选择 File（文件）→Save（保存）命令，或者按 F2 快捷键，弹出 Save File As（文件另存为）窗口，默认的保持路径是 DOS 系统当前路径，默认文件名为 NONAME00.CPP，如图 0-3 所示。

输入文件名 0-1.CPP 后单击 OK 按钮，此时编辑窗口上方的文件名由 NONAME00.CPP 改变为 0-1.CPP，如图 0-4 所示。

注意：在编译程序前最好先保存程序，以免因错误引起的程序崩溃而丢失文件。

（3）编译和连接程序：选择 Compile（编译）→Make（生成）命令或者按 F9 快捷键，集成开发环境将先把程序编译为目标文件，然后连接为可执行文件，此时会出现如图 0-4 所示的信息窗口，提示编译成功。编译后得到的可执行文件为 0-1.EXE。

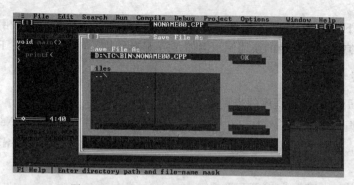

图 0-3　Save File As（文件另存为）窗口

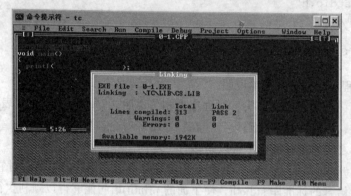

图 0-4　将源文件编译为可执行文件

如果程序有错误，此时将弹出提示编译出错的信息窗口，并在屏幕下方的 Message（信息）窗口中显示相关的错误信息。

（4）运行程序：选择 Run（运行）→Run（运行）命令，或按 Ctrl+F9 组合键，虽然界面没有任何变化，但此时程序已执行完成。

然后，选择 Window（窗口）→User screen（用户屏幕）命令，或按 Alt+F5 组合键可以将屏幕切换到用户屏幕。这时，可以看到如图 0-5 所示的程序运行结果。

在用户屏幕按任意键可以回到编辑窗口。

图 0-5　程序 0-1.CPP 的运行结果

现在，这个简单的 C 语言程序就设计完成了，接下来看看在代码编辑和编译与连接过程中生成了哪些文件。选择 File（文件）→Quit（退出）命令，或按 Alt+X 组合键，退出 Turbo C 3.0 集成开发环境。在 DOS 提示符下，输入 dir 0-1.*命令，按 Enter 键，可以看到如图 0-6 所示的文件列表。

可以看到有 3 个名为 0-1 的文件，这 3 个文件都是在程序设计中所创建的。其中，0-1.CPP 为 C 语言程序的源文件，也就是前面输入的程序代码；0-1.OBJ 为目标文件，它包含的是编译器所生成的二进制机器指令代码；0-1.EXE 是 Turbo C 所生成的可执行文件，它包括了 0-1.OBJ 中的代码以及在程序连接时从相关运行库所得到的必需的支持过程。

现在，就得到了一个可执行程序 0-1.EXE，这个程序可以直接在 DOS 下执行，在 DOS 提示符后输入 "0-1"，再按 Enter 键就可以执行。

3．改变默认路径和调整窗口

（1）改变默认路径：在默认情况下，Project 文件夹用来保存 C 程序文件，Output 文件夹用来保存输出的 ".OBJ" 和 ".EXE" 文件。如果要改变保存 C 程序文件、".OBJ" 文件和 ".EXE" 文件的默认文件夹，可以选择 Options（选项）→Directories（路径）命令，弹出 Directories（路径）窗口，如图 0-7 所示。

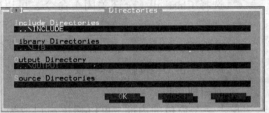

图 0-6　代码编辑和编译与连接过程中生成的文件　　　　图 0-7　Directories 窗口

其中有 4 个文本输入框，其作用如表 0-1 所示。

表 0-1　Directories 窗口中 4 个文本输入框的作用

输入文本框的名称	作　　用
Include　Directories	用来设置包含文件的默认路径；当有多个子目录时，需用 ";" 将各路径分开
Library　Directories	用来设置库文件的默认路径；当有多个子目录时，需用 ";" 将各路径分开
Output　Directory	用来设置输出文件（扩展名为 ".OBJ"、".EXE" 和 ".MAP"）的默认路径
Source　Directories	用来设置程序文件的默认路径

（2）窗口类型：Turbo C 3.0 的窗口通常有 Message（信息）、Output（输出）、Watch（监视）、Use screen（用户屏幕）和 Register（寄存器）等窗口，利用 Window 菜单第 2 栏中的命令，可以打开相应的窗口。

Message 窗口用来显示提示信息；Output 窗口用来显示程序运行结果；Watch 窗口如图 0-8 所示，用来显示监视信息；Use screen 窗口，按任意键可以返回 Turbo C 3.0 工作环境；Register 窗口如图 0-9 所示，用来显示 CPU 寄存器内数值。

图 0-8　Watch 窗口　　　　　　　　图 0-9　Register 窗口

（3）调整窗口：利用 Window 菜单第 1 栏和第 3 栏中的命令，可以调整当前窗口的大小、调整窗口位置、放大窗口、平铺或层叠所有打开的窗口，还可以改变当前窗口，关闭窗口。

◎　选择 Size/Move（大小或移动）命令后，用鼠标拖曳当前窗口上边边框或标题栏，可以调整当前窗口的位置。用鼠标拖曳当前窗口如四边框，可以调整窗口的大小（不包括 Watch 窗口）。

◎ 选择 Zoom（放大）命令后，可以使当前窗口铺满整个 Turbo C 3.0 工作环境的窗口。

◎ 选择 Tile（平铺）命令后，可以使所有打开的窗口平铺整个 Turbo C 3.0 工作环境的窗口。

◎ 选择 Cascade（层叠）命令后，可以使所有打开的窗口层叠整个 Turbo C 3.0 工作环境的窗口。

◎ 选择 Next（下一个）命令，可以使下一个窗口成为当前窗口。

◎ 选择 Close（关闭）命令，可以关闭当前窗口。

◎ 选择 Close all（全部关闭）命令，可以关闭所有窗口。

◎ 选择 List all（全部列表显示）命令，可以弹出 Window List 窗口，如图 0-10 所示。可以看到，Window List 窗口的列表框中会列出所有打开的窗口，选中其中的一个窗口名称，单击 OK 按钮，即可使选中的窗口成为当前窗口。

图 0-10　Window List 窗口

单击一个窗口的内部，可以使该窗口成为当前窗口。

0.2.2　使用 Visual C++ 6.0 开发 C 程序

除了 Borland 公司的 Turbo C 系列集成开发环境外，Microsoft 公司的 Visual C++ 系列也是常用的 C 语言开发工具。随着近几年 C++语言程序的普及，Visual C++集成开发环境作为一种功能强大的程序编译器也被相当多的程序员所使用，使用 Visual C++ 也能够完成 C 语言的编译。

由于 Visual C++集成开发环境运行于 Windows 平台下，对于习惯于图形界面的用户来说是比较易学的，因此，本书使用比较普及的 Visual C++ 6.0 作为 C 语言的集成开发环境。

Visual C++ 6.0 集成开发环境的安装比较简单，在双击 SETUP.EXE 名称后，可以按照提示信息完成程序安装，在这里不再详细叙述。

1. Visual C++ 6.0 集成开发环境简介

选择"开始"→"所有程序"→"Microsoft Visual Studio 6.0"→"Microsoft Visual C++ 6.0"，就可以启动 Visual C++ 6.0 集成开发环境，如图 0-11 所示。

Visual C++ 6.0 的编辑窗口和一般的 Windows 窗口并无太大区别。它由标题栏、菜单栏、工具栏、工作区、编辑区、调试信息显示区和状态栏组成。在没有编辑文件的情况下，左边的工作区无信息显示，右边的编辑区为深灰色。

由于 Visual C++ 6.0 能够编辑 C++语言程序，而 C++语言又是 C 语言的超集，功能比 C 语言强大很多，因此这里只介绍本书涉及的菜单栏和工具栏的部分功能。

（1）File（文件）菜单：用于文件的相关操作。其子菜单命令的功能简单介绍如下：

◎ New（新建）命令：用来新建一个文件。

◎ Open（打开）命令：用来打开已存在的文件。

◎ Close（关闭）命令：用来关闭当前文件。

◎ Open Workspace（打开工作空间）命令：用来打开工作区（即工作空间）文件。

◎ Save Workspace（保存工作空间）命令：用来保存工作区文件。

◎ Close Workspace（关闭工作空间）命令：用来关闭工作区文件。

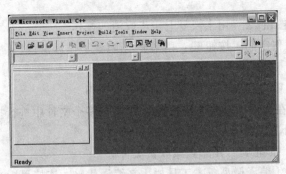

图 0-11　Visual C++ 6.0 集成开发环境

◎ Save（保存）命令：用来保存文件。

◎ Save As（另存为）命令：用来另存文件。

◎ Save All（保存全部）命令：用来保存打开的所有文件。

◎ Recent Files 命令：用来打开最近打开过的文件。

◎ Recent Workspaces（最近工作空间）命令：用来打开最近打开过的工作区文件。

◎ Exit（退出）命令：用来退出 Visual C++ 6.0。

（2）Build（组建）菜单：用来编译、连接、调试和运行程序。其子菜单命令的功能简单介绍如下：

◎ Compile（编译）命令：用来编译程序代码。

◎ Build（组建）命令：用来编译程序代码并连接程序。

◎ Rebuild All（全部重建）命令：用来重新编译程序代码并连接程序。

◎ Start Debug（开始调试）命令：用来进入调试状态。

◎ Debugger Remote Connection（远程连接调试程序）命令：用来远程调试设置。

Visual C++ 6.0 菜单还有很多，有的与 Microsoft Office 软件的菜单功能类似，有的是初学者暂时不需要掌握的内容，这里不再介绍。

（3）Standard（标准）工具栏：一般来说工具栏是菜单的快捷方式集合，所以工具栏中的工具一般都有对应的菜单命令。Standard（标准）工具栏用来建立项目工作区及项目，如图 0-12 所示。

图 0-12　Standard（标准）工具栏

从左到右依次介绍如下：

◎ New Text File（新建文本文件）按钮 ▯：用来创建新的文本文件。

◎ Open（打开）按钮 ▯：用来打开文件。

◎ Save（保存）按钮 ▯：用来保存文件。

◎ Save All（保存全部）按钮 ▯：用来保存所有打开的文件。

◎ Cut（剪切）按钮 ▯：用来剪切选定的内容。

◎ Copy（复制）按钮 ▯：用来复制选定的内容。

◎ Paste（粘贴）按钮 ▯：用来粘贴选定的内容。

◎ Undo（取消）按钮 ▯：用来取消上一步操作。

◎ Redo（恢复）按钮 ⟳：用来恢复上一步取消的操作。

◎ Workspace（工作空间）按钮 ▣：用来显示/隐藏工作区窗口。

◎ Output（输出）按钮 ▣：来显示/隐藏输出窗口。

◎ Windows List（窗口列表）按钮 ▤：用来管理窗口。

◎ Find in Files（在文件中查找）按钮 ▨：用来在多个文件中进行搜索。

◎ Find（查找）下拉列表框：用来查找指定的内容。

◎ Search（搜索）按钮 ▨：用来搜索联机文件。

（4）Build MiniBar（编译微型条）工具栏用来编译代码、连接目标文件和调试运行程序，图 0-13 所示。从左到右依次介绍如下：

◎ Compile（编译）按钮 ▨：用来编译文件。

◎ Build（组建）按钮用 ▨：来建立项目。

◎ Stop Build（停止组建）按钮 ▨：用来停止建立项目。

◎ Execute Program（运行程序）按钮 ！：用来运行程序。

◎ Go（到）按钮 ▨：用来启动或继续程序的执行。

◎ Insert/Remove Breakpoint（插入/删除断点）按钮 ✋：用来插入或删除断点。

图 0-13　Build MiniBar（编译微型栏）工具栏

2. 程序开发步骤

使用 Visual C++ 6.0 开发 C 语言程序的步骤如下：

（1）选择 File（新建）→New（文件）命令，弹出 New（新建）对话框，选中 Files（文件）选项卡。在左边的列表中，选中 C++ Source File 选项；在 File（文件名）文本框中输入文件名称 myFirstPro.c；在 Location（位置：）文本框中输入文件的保存位置 G:\VC++6，如图 0-14 所示。

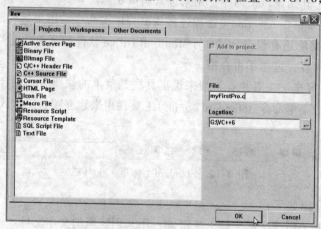

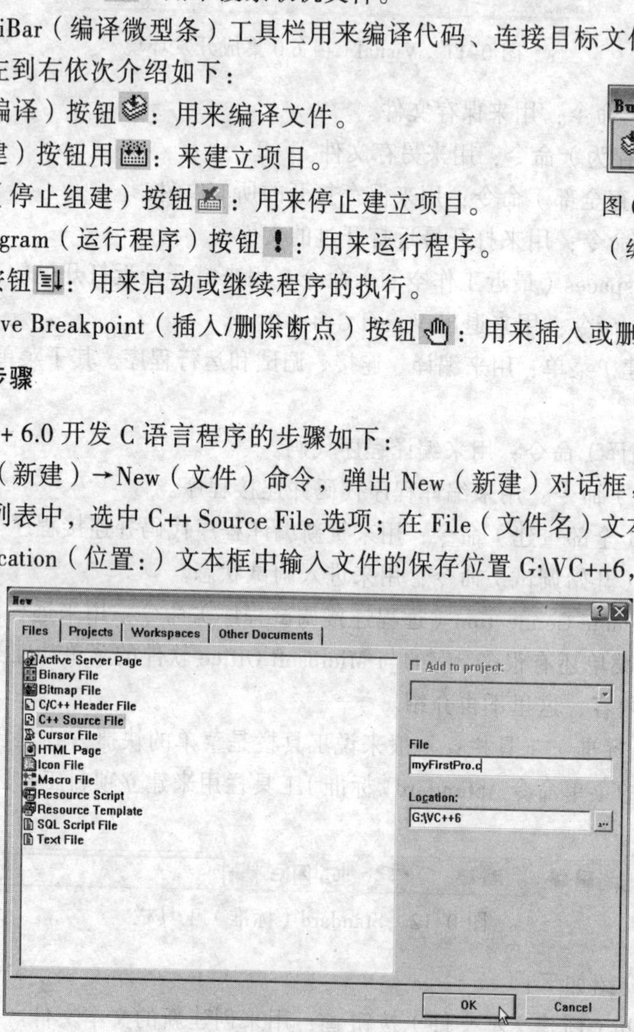

图 0-14　New（新建）对话框的 Files（文件）选项卡

注意：在输入文件名称时一定要输入文件的扩展名 ".c"，否则，文件将以 C++源文件扩展名 ".cpp" 进行保存。

（2）单击 OK 按钮，进入 Visual C++ 6.0 集成环境的代码编辑窗口，如图 0-15 所示。

（3）在 Visual C++ 6.0 代码编辑窗口中，输入如下所示的源代码，如图 0-16 所示。

```
/* VC6.0 My First C Program */
#include "stdio.h"
```

```
void main()
{
    printf("Good Morning!\n");
}
```

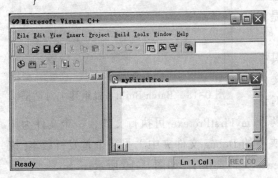

图 0-15　Visual C++ 6.0 代码编辑窗口

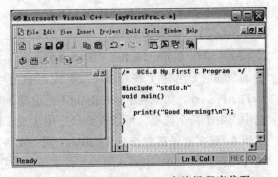

图 0-16　在 Visual C++6.0 中编辑程序代码

为了便于比较两种开发工具，除了注释语句外，这段代码的程序部分与前面在 Turbo C 3.0 中编写的代码完全相同。

（4）选择 Build（组建）→Compile myFirstPro.c（编译 myFirstPro.c）命令，将 C 语言源代码编译成计算机能执行的目标代码，如图 0-17 所示。

或者单击 Build MiniBar（编译微型栏）工具栏上的 Compile（编译）按钮，也可对 myFirstPro.C 源程序代码文件进行编译。

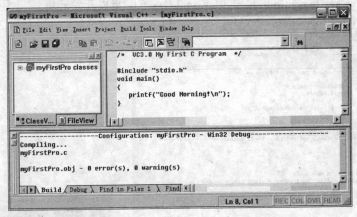

图 0-17　在 Visual C++ 6.0 下编译源程序

注意：在编译时，Visual C++ 6.0 集成开发环境会自动为程序生成工作区和相关类，这与 C 程序设计没有太大关系，因此，本书中不进行相关叙述。

如果代码编译无误，将在调试信息显示区显示如下内容：

```
myFirstPro.obj - 0 error(s), 0 warning(s)
```

这说明编译没有错误（error）和警告（warning），生成目标文件 myFirstPro.obj，程序编译顺利完成。目标文件不能为计算机所直接执行，接下来将目标文件（.obj）和相关的库函数或目标程序连接成为可执行程序（.exe）。

（5）如果是第一次运行 Visual C++ 6.0 集成开发环境，需要对环境进行设置。选择 Build（组建）→Batch Build（批组建）命令，弹出 Batch Build（批组建）对话框，如图 0-18 所示。

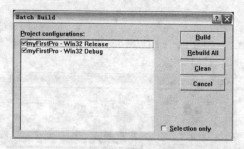

选中 myFirstPro-Win32 Release 选项，这样生成的可执行文件才是发行版的程序，否则生成的是调试（Debug）版的程序。

（6）单击 Build MiniBar（编译微型条）工具栏上的 Build（组建）按钮，生成可执行文件 myFirstPro.exe。如果在 Batch Build（批组建）对话框中选中了两个选项，可以看到程序中生成了两个 myFirstPro.exe 可执行文件，一个文件为调试版本（该文件保存在与 myFirstPro.c 同一文件夹下的 Debug 文件夹中），另一个是发行版本（该文件保存在与 myFirstPro.c 同一文件夹下的 Release 文件夹中），如图 0-19 所示。

图 0-18　Batch Build（批组建）对话框

上面这一步只是为了生成发行版的程序文件与 Turbo C 3.0 生成的程序文件进行比较，多数情况下，不需要执行发行版本的编译。可以选择 Build（组建）→Build myFirstPro.exe 命令或单击 Build MiniBar（编译微型条）工具栏上的 Build（组建）按钮，直接生成可执行程序。

（7）编译、连接完成后，myFirstPro.exe 已经是一个独立的可执行程序，可以在 Windows 中直接运行，也可以在 Visual C++ 6.0 集成开发环境中运行。选择 Build（组建）→Execute myFirstPro.exe（运行 myFirstPro.exe）命令或单击 Build MiniBar（编译微型条）工具栏上的 Execute Program（运行程序）按钮，弹出一个控制台程序窗口，显示运行结果，如图 0-20 所示。按任意键（Press any key to continue），返回 Visual C++ 6.0 集成开发环境。

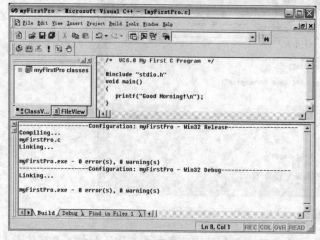

图 0-19　生成不同版本的可执行程序

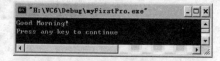

图 0-20　myFirstPro 程序运行结果

（8）程序设计完成后，选择 File（文件）→Save all（保存全部）命令保存所有文件，然后再选择 File→Close Workspace 命令，关闭工作区。

0.2.3　调试程序中常见的错误

在程序设计中，无论程序规模的大小，错误总是难免的，这就需要对程序进行调试。事实上，在商业程序开发中，调试和测试程序往往比编写程序花费更多的时间，需要投入更多的人力、物力。程序的设计很少能够一次完成、没有错误，在编程的过程中由于种种原因，总会出现这样或那样的错误，这些程序错误也就是常说的 Bug，而检测并修正这些错误的方法就是 Debug（调试）。

1．常见错误的分类

C 语言虽然功能强大，使用方便、灵活，但是要真正学好、用好 C 语言并不容易。尤其是初学者，往往出了错误还不知道怎么回事。还有一些学过其他高级语言编程的读者经常按照原有的习惯来编写 C 语言，这也是造成错误的一个原因。

Visual C++ 6.0 集成开发环境提供了强大的程序调试功能，在程序进行编译、连接、运行时，会对程序中的错误进行诊断。

在 C 语言中，产生异常现象的错误大体可以分成三类：语法错误、运行错误和逻辑错误。

（1）语法错误：语法错误是由于编程中输入不符合语法规则的代码而产生的错误。例如，表达式不完整、缺少必要的标点符号、关键字输入错误、数据类型不匹配、循环语句或选择语句的关键字不配对、对象属性的错误使用等。语法错误通常在程序编译的过程中将出现提示，有时又称为程序编译错误。

（2）运行错误：运行错误是指在 C 语言程序执行时因非法操作或者操作失败等产生的错误。例如，进行除法运算时除数为零、数组下标越界、文件不能打开、磁盘空间不够。这类错误只出现在程序运行过程中，在程序编译时一般无法发现。

（3）逻辑错误：程序运行后，没有得到预期的结果，这说明程序存在逻辑错误。这类错误从语法上来说是有效的，只是程序逻辑上存在缺陷。例如，使用了不正确的变量类型、指令的次序错误、循环条件不正确、程序设计错误等。通常，逻辑错误也会连带产生运行错误。

一般情况下，逻辑错误不会产生错误提示信息，所以错误较难排除，需要编程者仔细地分析程序，并借助集成开发环境提供的调试工具，才可以找到出错的原因，并排除错误。

2．语法错误的调试

语法错误的调试可以由集成开发环境提供的调试功能来完成，在程序进行编译时，编译工具会对程序中的错误进行诊断。

（1）语法错误的分类：编译诊断的语法错误分为三类：致命错误、错误和警告。

◎ 致命错误：大多数是编译程序内部发生的错误，发生这类错误时，编译中止，只能重新启动编译程序。幸运的是，这类错误很少发生，但是为了安全，编译前最好先保存程序。

◎ 错误：通常是在编译时，语法不当所引起的，例如缺少括号、变量未声明等。

产生错误时，编译程序会出现报错提示，根据提示对源程序进行修改即可。这类错误最容易出现。

◎ 警告：指怀疑被编译的程序有错，但不确定，有时可强行编译通过。例如，没有加 void 声明的主函数没有返回值，double 数据被转换为 float 型数据等。这些警告中，有些会导致错误，有些可以编译通过。

通常，语法错误都可以被编译工具发现，当出现编译错误时，应当仔细阅读错误提示，并从中分析错误原因，解决问题。下面以 Visual C++ 6.0 为例，学习如何对有简单语法错误的程序进行调试，使程序正确运行。

（2）程序调试：按前面所学的方法，启动 Visual C++ 6.0 集成开发环境，创建 myProErr 文件，并在编辑窗口中输入如下代码。

```c
/* VC6.0 My C Program Error */
#include "stdio.h"
void main()
{
    printf("Good Morning!\n);
}
```

程序代码输入完成后，选择 Build→Compile myFirstPro.c 命令编译程序，调试信息显示区显示编译出现两处错误（2 errors），零个警告（0 warning），如图 0-21 所示。

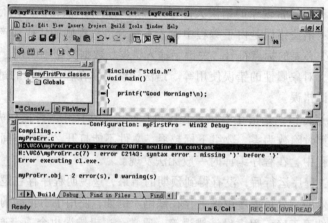

图 0-21　编译时出现错误

双击第一个错误的提示语句，编辑区内会标注对应语句行并将光标移动到该行行首，如图 0-21 所示。错误消息 newline in constant 的含义是 main（）函数中有未终结的字符串或字符常量，出现这种错误，通常是因为字符串或字符的引号不匹配（注：双引号和括号必须成对输入）。仔细查看，原来是 printf("Good Morning!\n);语句中少输入了一个双引号，输入双引号，将语句改为 printf("Good Morning!\n");"。

然后，选择 Build→Compile myFirstPro.c 命令再次进行编译（在这里，先不着急修正下一处错误，下面将知道为什么要这样做），可以看到，此时调试信息显示区的编译成功（Success）消息。

从这个结果可以知道，实际上程序中只有一处错误，由于编译器并没有想象中的那样聪明，因此产生了多条错误消息，其实这些错误都是由一个错误而引起的。在程序中出现多条错误时，如果不能明显地看出错误所在的位置，当改正一条错误后，就应该先编译一下，以避开由于编译器的缺陷而产生的错误提示。

0.3　程序设计的良好习惯

作为一名合格的程序设计者，应当养成良好的程序设计风格，使设计出的程序易于维护。一些编程新手在设计程序时，会比较随心所欲，只求完成任务，不会想到后续的维护问题。

什么是易于维护的程序？举一个简单的例子，找出一个在几个月前所编的程序，让一个水平与你相当的程序员来阅读，看他能在多长的时间内理解这些程序代码。如果时间很短，就说明程序是较易维护的，否则这个程序就是不易于维护的。

对于初学者，如何去设计一个易于维护的程序？易于维护的程序涉及的内容有许多方面，在这里仅就程序代码的格式进行介绍。良好的程序代码格式包含多个方面的内容，下面对一些常用的格式进行说明。

0.3.1　程序的注释和布局

1．程序的注释

为程序添加文件头注释，简要叙述该文件的内容、功能及版权信息等内容，如下所示：

```
/*********************
    版权信息
    文件名称
    程序内容及功能简述
    程序设计人员名称
*********************/
```

为程序代码添加适当的注释，注释应当准确、易懂，养成边写代码边写注释的习惯。注释应当简明扼要，不要过多，以免喧宾夺主，看上去眼花缭乱。

2．程序的布局

尽量避免书写复杂的语句行，一行代码只完成一项功能使代码易于阅读。书写语句块时，先写下一对"{ }"，再在其中添加代码，这样可以避免丢失括号的逻辑错误。if、for、while、do 等语句要单独占一行，不要将其他语句写在其后，以免发生不易发现的逻辑错误。

代码行最大宽度控制在适宜的范围内（最好不多于 80 个字符，因为编辑器/打印机输出的宽度通常为 80 个字符），过长的语句可以按语义在适当位置进行拆分,拆分出的新行进行缩进。例如：

```
if((int(year/4)*4==year && int(year/100)*100!=year)
    || int(year/400)*400==year))
```

这行代码的功能是判断 year 是否是闰年（判断闰年的条件是：能被 4 整除但不能被 100 整除；或者能被 400 整除的年份）。

0.3.2　C 语言程序代码的格式

1．C 语言程序格式特点

（1）C 语言程序一般都使用小写字母书写，只有在作为常量的宏定义或者其他特殊用途时才使用大写字母。

（2）C 程序的语句是单行语句，即一条语句就是一行，前后两行语句都是独立执行的。每一条语句用分号作为语句的结束符。

（3）除了单行语句外，C 语言中最基本的语法结构还有复合语句。在程序中，有时需要将相邻的数条语句作为一个整体来执行，因此可以将这些语句用大括号括起来，成为一个复合语句。例如，下面的程序代码中，内部的一对大括号内所包含的就是复合语句。

```
void main()
```

```
{                                    /* 函数体开始 */
    ...
    {                                /* 复合语句开始 */
        printf("Good Morning!\n");
        printf("欢迎学习 C 语言\n");
    }                                /* 复合语句结束 */
    ...
}                                    /* 函数结束 */
```

从语法上来说，一个复合语句可以视为一条单行语句，即可以将复合语句看成一个整体，放在任何可以放置单行语句的位置，执行时也是作为一个整体来执行。复合语句的大括号内，不限制语句的条数，除执行语句外，还可以有定义语句出现。

（4）除单行语句与复合语句外，还有一种特殊语句形式，即空语句。空语句仅起到占位的作用，以便以后对语句进行充实。形式如下：

```
...
;            /* 空语句 */
...
{            /* 空语句块 */
}
...
```

需要注意的是，空语句不是空行。空语句在编译中得到执行，能得到编译后的目标代码。空行仅是为了使程序易于阅读，不参与编译，程序编译时会将其忽略。为了写出好的程序，使程序易读，空行有时也是必要的。

2．程序代码缩进对齐

程序代码中采用适当的缩进（缩进可使用 Tab 键完成），在多层嵌套时，相同层次嵌套的缩进相一致，如表 0-2 所示。左侧是良好的缩进对齐方式，易于阅读；右侧是顶头对齐方式，层次不清，不易阅读且易出错。

表 0-2　良好的缩进对齐方式与不好的顶头对齐方式

缩　进　对　齐	顶　头　对　齐

`if(a>b)`
`{`
`    ...`
`}`
`else`
`{`
`    for(...)`
`    {`
`        ...`
`    }`
`}`
	`if(a>b)`
	`{`
	`...`
	`}`
	`else`
	`{`
	`for(...)`
	`{`
	`...`
	`}`
	`}`

3．main()函数

所有的程序都有一个执行的起点，这个执行的起点不是按程序代码的书写顺序来决定，而是通过专用的标识——main()函数。main()是 C 程序的主函数，每个 C 程序有且仅有一个主函数。所有的 C 程序都是从这里开始执行。也就是说，在 C 语言中程序总是从 main()函数开始执行，而不管 main()在程序的什么位置。

任何主函数都由 main()和它之后的一个左大括号"{"和一个右大括号"}"组成。这一对大括号之间就是函数的主体，简称函数体。

main()函数的常见结构如下：

```
void main()
{
    ...        /* 函数体 */
}
```

第一行是函数头，它指明了这是主函数 main()，程序从这里开始执行。紧跟在 main 标识后的是一对圆括号，这是函数的标志。

main()函数的函数体由紧跟在函数名后的左大括号开始，到与之对应的相同层次的右大括号结束。大括号必须成对出现，如果在程序中的大括号不配对（如缺少右大括号），则在程序编译时会出现错误提示信息"syntax error : '}'"。

void 部分用于表示函数的返回值，这里使用的是 void，表示函数没有返回值。在需要的情况下，可以将其改成其他类型，如 int（返回值是一个整数）、float（返回值是一个小数）等，也可以省略 void，这时的返回值为默认的类型 int。在本书的学习中，大多数情况下，main()函数都是不需要返回值的，因此，基本上是使用 void main()格式。

大括号除了可以作为函数体的开头和结尾的标识外，还可以用于复合语句（也称作块语句）的开头和结尾标志。如果主函数执行完毕，则整个程序便结束。

0.4　教学方法和课程安排

"C 语言程序设计"是高等职业教育计算机专业的一门基础课程，其主要任务是使学生了解和掌握计算机 C 语言程序设计的基础知识，掌握程序设计的基本技能，为以后学习其他课程打下基础。通过本课程的学习以及相应的练习，使学生能熟悉 C 语言程序设计的基本方法和基本技能。本课程的操作性很强，因此在教学的学时安排中，实践教学学时应占总学时的 50%以上。

本书采用知识和实例相结合的教学方法，通过学习实例掌握程序设计的方法和技巧。本书以一节（相当于 1～4 课时）为一个单元，对知识点进行了细致的舍取和编排，按节细化了知识点，并结合知识点介绍了相关的实例，知识和实例相结合。读者可以边进行案例制作，边学习相关知识和技巧，轻松掌握 C 语言程序设计的基本方法和技巧。在每一章后面均有思考练习，用来复习和提高本章学习的内容和掌握相应的程序设计技巧。

下面提供一种课程安排，仅供参考。总计 80 课时，每周 4 课时，共 20 周，如表 0-3 所示。

表 0-3　教学课程安排

周序号	章　节	教　学　内　容	课时
1	第 0 章 第 1 章　第 1 节	C 语言概述、C 语言集成开发环境、程序设计的良好习惯、C 语言程序的基本元素	4
2	第 1 章　第 2 节	程序中的运算	4
3	第 2 章　第 1、2 节	格式化输出函数、字符输入/输出函数	4
4	第 2 章　第 3 节	格式化输入函数	4
5	第 3 章　第 1、2 节	程序的基本结构和算法、条件分支语句	4

续表

周序号	章　节	教　学　内　容	课时
6	第3章 第3节	switch开关分支语句和选择结构的嵌套	4
7	第4章 第1节	循环结构	4
8	第4章 第2节	循环嵌套及中断和转向语句	4
9	第5章	函数定义和参数传递	4
10	期中考试		4
11	第6章 第1节	标准函数应用	4
12	第6章 第2、3节	函数的嵌套与递归调用、变量的作用域和存储类型	4
13	第7章 第1、2节	数组：数值型一维数组、数值型多维数组	4
14	第7章 第3节	数组：数值型多维数组习题、字符数组	4
15	第8章 第1节	指针：指针的定义与应用	4
16	第8章 第2节	指针：数组指针、字符指针和函数指针	4
17	第9章	复杂数据类型：结构体、共用体和枚举	4
18	第10章	编译预处理：宏定义、文件包含和条件编译、位运算	4
19	第11章	文件：数据文件基本概念、文件的检测与输入/输出函数、文件的定位操作	4
20		综合练习和复习　　考试	4

思考与练习

1. 填空题

（1）使用高级语言编写的程序称为_____，编写 C 语言程序的过程称为_____。C程序源代码的输入和编辑可以用_____、_____或_____等来进行。

（2）将 C 语言源代码转化为二进制指令的过程称为_____，这需要有专门的_____来执行。编译后的二进制代码文件叫做_____，该文件的扩展名为_____。

（3）目标文件也不能直接在计算机中执行，还需要通过_____将它与 C 语言的_____进行连接，最后生成_____，该文件的扩展名为_____。

（4）在 C 语言程序中，每一条语句都用_____作为语句的结束符。

（5）在 C 语言程序中，_____是 C 语言程序的主函数入口，所有的 C 语言程序都是从这里开始执行的。

2. 简答题

（1）C 语言主要有哪些特点？C 语言程序开发流程是什么？

（2）为什么 C 语言被叫做"中级语言"？常见的 C 语言集成开发环境有哪几种？各有什么特点？

（3）如何安装 Turbo C 3.0？如何启动 Turbo C 3.0？如何启动 Visual C++ 6.0？

（4）程序设计中的常见错误有哪几种？各有什么特点？

（5）C 语言程序格式有哪些特点？main()有什么特点？

3．操作题

（1）安装 Turbo C 3.0，启动 Turbo C 3.0，观察它的菜单，打开一个 C 语言程序文件，再退出 Turbo C 3.0。

（2）在英文 Turbo C 3.0 工作环境下，进行各种窗口的打开、关闭、调整位置和调整大小的操作。

（3）安装 Visual C++ 6.0，启动 Visual C++ 6.0，观察它的菜单，打开一个 C 语言程序文件，再退出 Visual C++ 6.0。

（4）启动英文 Turbo C 3.0，在其工作环境下新建一个 C 程序文件。改变默认目录为 C:\TC\Project，输入如下程序。然后，以名称 TC1-1.C 保存在 C:\TC\ Project 文件夹下。

```
/***    TC1-1.C    ***/
/**********************/
#include "stdio.h"
void main()
{
    printf("This is a C program ! \n");
}
```

（5）启动 Visual C++ 6.0，在 Visual C++ 6.0 工作环境下，新建一个 C 程序文件。设计一个可以显示由字符"*"组成的三角形图案。

（6）启动 Visual C++ 6.0，在 Visual C++ 6.0 工作环境下，新建一个 C 程序文件。设计一个可以显示一行汉字"欢迎学习 C 语言程序设计！"的程序。

第1章 C 语言程序设计基础

【本章提要】C 语言程序的设计基础是了解 C 语言程序中的基本元素，包括常量、变量、运算符和表达式等；了解常量和变量等元素的标识方法，了解数据的基本类型，了解 C 语言的几种基本运算。

1.1 C 语言程序的基本元素

1.1.1 标识符和数据类型

1. 标识符

在程序设计中，常用具有一定意义的名字来标识程序中的变量、常量、函数、数组、类、标号以及其他用户自定义的数据类型，以方便在程序设计中按名字来访问数据，这个名字称为标识符。在 C 程序中，标识符的命名规则如下：

（1）标识符通常由 1～8 个字符组成，首字符必须是下画线"_"或英文字母，其后的字符只能是英文字母、数字（0～9）和下画线。

（2）C 语言中，可以识别标识符中字母的大小写，定义标识符时必须注意字母的大小写，例如，ARE 和 are 在 C 语言中就是两个不同的标识符，通常使用英文小写字母。

（3）在 C 语言程序中，有一类特殊的标识符仅供系统专用，不能用来作为用户定义的标识符，这就是关键字，又称保留。关键字不能用做程序中的标识符。例如，auto、break、case、double、do、else、float、for、goto、if、printf 、return、void、while 等。

（4）标识符的命名最好取一个与对象用途相接近的英文名称，考虑所描述对象的含义，以增加可读性。例如，一个 int 型用于计算总数的变量可命名为 iCount，一个用于 int 型数据排序的函数可以取名为 iSort，一个用于记录学生姓名的字符数组可以命名为 strStdName。

feft、LN1、x、sum、_ab8、y_2011、_986 都是合法的标识符；s/3、6ab、sum#、[sum1]、mail@yahoo、+N2、!hkl、$AB、%123 都是不合法的标识符。

2. 数据类型

C 语言的数据结构是通过对数据类型和存储类型的定义来实现的。数据类型用来说明数据的类别，以便于在内存中为其分配相应的存储空间。C 语言提供了丰富的数据类型，可分为基本类型和其他一些类型。此处主要介绍数据的基本类型，其他类型在以后的章节中学习。

　　C 语言的基本数据类型主要有整型、实型（也称为浮点型）和字符型等。基本数据类型的名称、类型说明符、占字节数和取值范围如表 1-1 所示。

表 1-1　基本数据类型的名称、类型说明符、占字节数和取值范围

类型	名称	类型说明符	占字节数	取 值 范 围
整型	短整型	short int 或 short	2	−32 768～32 767
	整型	int	2	−32 768～32 767
	长整型	long int 或 long	4	−2 147 483 648～2 147 483 647
	无符号短整型	unsigned short int	2	0～65 535
	无符号整型	unsigned int	2	0～65 535
	无符号长整型	unsigned long int	4	0～4 294 967 295
实型（浮点型）	单精度浮点型	float	4	$-10^{-38}～10^{+38}$
	双精度浮点型	double 或 long float	8	$-10^{-308}～10^{+308}$
字符型	字符型	char	1	−128～127
	无符号字符型	unsigned char	1	0～255

　　说明：整型变量占用的内存单元数，在 Turbo C 3.0 系列集成开发环境下是 2，在 Visual C++系列集成开发环境下是 4。

　　由于不同数据类型所占存储空间不同，在定义变量时应充分考虑该变量的取值范围。例如：int 类型的变量取值范围为$-2^{15}～2^{15}-1$。如果运算中，数值超出这个范围则称为溢出。大于$2^{15}-1$称为上溢，小于-2^{15}称为下溢。

　　基本数据类型还有一种无值类型，它是一类特殊的类型，用关键字 void 来定义，常用在函数定义中，表示函数无返回值。

1.1.2　常量与变量

　　在程序运行中，其值不会发生变化的量称为常量，其中会发生变化的量称为变量。

1. 常量

　　常量的类型通常有整型、实型、字符型 3 种。此外，在表现形式上还有符号常量。整型常量和实型常量可以统称为数值常量，包括正数或负数，正数在数值前边加正号，负数在数值前边加负号，正号可以省略。

　　（1）整型常量：整型常量就是整数，在 C 程序中可以有三种不同的表示形式，即采用十进制、八进制（数字前加前缀"0"（零））或十六进制数（以 0x 或 0X 开头）的整数。长整型常量在写法上，需要在数值的后边加一个后缀"L"，例如，1234567890L、01234567890L、0x123abcd6L 等。无符号整型数在写法上，需要在数值的后边加一个后缀"U"，例如，689U、0689U、0x689dfU 等。

　　◎ 十进制：用 10 个不同的数码（0～9）来表示数，逢十进一，例如 13、−51 等。

　　◎ 八进制：用 8 个不同的数码（0～7）来表示数，逢八进一，例如 013、−051 等。

　　◎ 十六进制：用 16 个不同的数码（0～9、A、B、C、D、E、F）来表示数，其中 A、B、C、D、E、F 分别表示 10、11、12、13、14、15，逢 16 进一，例如 0x13、−0x51 等。

　　上面的整型常量中，013 的值为十进制的 11，0x13 的值为十进制的 19。

　　（2）实型常量：实型常量也可以称为浮点数。在 C 语言中，实型常量只可以使用十进制数来表示。实型常量可分为单精度实型常量和双精度实型常量。实型常量的表示有两种，一种是一般形式，即带小数位的数值，可以是小数；另一种是指数形式，用科学计数法来表示。例如，98.654、–3.141、3.1416、1.2345e3、–12E5 等。

　　对于实型常量，当绝对值为小于 1 的浮点数时，其小数点前面的零可以省略，如 0.123 可写为.123。在 C 语言中，使用默认格式输出浮点数时，最多只保留小数点后 6 位。

　　（3）字符型常量：字符型常量包括单字符常量、字符串常量和转义字符常量（也叫反斜杠字符常量）3 种。

　　◎ 单字符常量：用一对单引号（' '）将一个字符括起来，例如，'A'、'x'，它们的值即该字符的 ASCII 码值。

　　在 C 语言中，单字符常量等同于数值，单字符常量的值就是该单个字符的 ASCII 码数值，例如，'A'的数值等于十进制数的 65，因此单字符常量可以像数值一样在程序中参加运算。

　　◎ 字符串常量是用一对双引号（" "）将多个字符括起来，例如，"ABCDE"、"12345abc"。字符串常量与单字符常量有严格的不同，编译程序在每个字符串的后面自动加上一个空操作符'\0'以示区别，'\0'将会占用一个元素存储空间，但是'\0'不会计入字符串长度中。单引号和双引号只是字符或字符串的定界符，双引号不是字符串常量的一部分。

　　◎ 转义字符是 C 语言中单个字符常量的一种特殊表现形式，常用来表示 ASCII 码字符集的控制代码和某些用于功能定义的特殊字符，其形式是在反斜杠"\"后边跟一个字符或一个数。转义字符序列表达的不再是字符表面的意义，而是一个特殊的 ASCII 码字符。因此，也可以用该字符的 ASCII 码值来表示，如表 1-2 所示。例如，'\n'表示换行；'\a'表示一声铃声；'\07'也表示响铃；'\0'表示一个空操作；'\45'表示百分号%；'\x41'则表示字母 A。

表 1-2　转义字符

字　符	ASCII 码	ASCII 值	转义序列
换行	NL(LF)	10	\n
水平制表符	HT	9	\t
垂直制表符	VT	11	\v
退格键	BS	8	\b
Enter	CR	13	\r
换页符	FF	12	\f
报警（铃声）	BEL	7	\a
反斜杠	\	92	\\
问号	?	63	\?
单引号	'	39	\'
双引号	"	34	\"
八进制数所代表的字符	ooo		\ooo
十六进制数所代表的字符	hhh		\xhhh
空字符	NUL	0	\0

（4）符号常量：在 C 语言中，常量可以用符号来代替，代替常量的符号称为符号常量。符号常量在使用前必须先定义，每个符号常量定义式只能定义一个常量，并只占据一个书写行。C 语言中符号常量的定义可以通过编译预处理命令#define 来得到，符号常量定义格式如下：

【格式】#define　<常量名>　<常量数值>

【功能】用来定义一个符号常量，其名称由"常量名"确定，表示的数值由"常量数值"确定。为了与变量相区别，使程序更具可读性，通常使用大写字母来定义常量。例如：

注意：常量在使用#define 进行定义时，命令行的末尾不加分号。常量只能在定义时赋值，在程序运行过程中不能改变，否则会出现错误。

```
#define    HL1    60      /* 定义一个符号常量 N1，它代表十进制数 60 */
#define    NN1    021     /* 定义一个符号常量 NN1，它代表八进制数 21，即十进制数 17 */
#define    PI     3.14    /* 定义一个符号常量 PI，它代表十进制数 3.14 */
#define    K1     0x1A    /* 定义一个符号常量 K1，它代表为十六进制数 1A，即十进制数 26 */
#define    STR1   'S'         /* 定义一个符号常量 STR1，它代表单字符 S */
#define    ZF1    "abcdefg"   /* 定义一个符号常量 ZF1，它代表字符串"abcdefg" */
```

2. 变量

C 语言中，变量在使用前也必须遵循"先定义，后使用"的原则。在定义变量时系统会为变量分配固定的内存，依靠变量名对其进行访问。变量定义的一般格式如下：

【格式】<数据类型说明符>　<变量名表>;

【含义】数据类型说明符就是表 1-1 中给出的各种数据类型的数据类型说明符。变量名表由一些用逗号分隔的变量名组成，变量名应符合标识符的命名规则。变量名表中的变量可以在定义的同时进行赋值，赋值的常量数据类型应与变量的数据类型一致，否则会自动将常量的数据类型进行数据类型转换，使它与变量的数据类型一致。

（1）整型变量定义：其保存的数值可以是十进制、八进制或十六进制的数。例如：

```
int sum1;                   /* 定义变量 sum1 为整型变量 */
int n1=66;                  /* 定义变量 n1 为整型变量，并给该变量 n1 赋值 66/
int a=0x1b;                 /* ox1b 表示十六进制数 1b，即十进制数 27 */
short int m11;              /* 定义变量 m11 为短整型变量 */
unsingned long int max1;    /* 定义变量 max1 为无符号长整型变量 */
int n1,n2,n3;               /* 定义了 3 个整型变量 n1、n2 和 n3 */
```

注意：要一次定义多个同类型变量时，变量名间用逗号分隔。例如，在定义时赋值，则该值仅赋予赋值符号（=）左侧第一个变量有效。

（2）浮点型（实型）变量定义：用来表示小数或超出整型范围的数值，分为单精度浮点类型和双精度浮点类型。单精度浮点类型变量用类型说明符关键字 float 来定义。双精度浮点类型变量用类型说明符关键字 double 来定义。例如：

```
float sk1,sk2;              /* 定义单精度型变量 sk1 和 sk2 */
float r1,pi1=3.14;          /* 定义单精度型变量 r1 和 pi1，并给变量 pi1 赋值 3.14 */
double n1=123.456789054321; /* 定义双精度型变量 n1，给它赋值 123.456789054321 */
long float S=1.15*E20;      /* 定义双精度型变量 S，并给该变量赋值 $1.15 \times 10^{20}$ */
```

（3）字符型：用来表示字符型（单字符型）、无符号字符型（字符串型）和转义字符三种。使用类型说明符关键字 char 来定义单字符型变量。例如：

```
char str1='A',c1=65;        /* 定义了字符型变量 str1 和 c1，均赋值'A' */
```

1.2　程序中的运算

运算是对数据的加工计算过程，它是由运算符与操作数组合构成的表达式来完成。运算符是表示各种运算的符号，参加运算的数称为操作数。C语言有多种运算，包括基本运算和其他运算。基本运算包括算术、关系、逻辑、赋值、逗号、条件和求字节数运算，本节只介绍其中的基本运算。其他运算将在以后的章节进行介绍。

1.2.1　算术运算

1. 算术运算符

C语言中，算术运算符分为双目运算符和单目运算符运算符两种。双目运算符用于两个操作数之间的运算；单目运算符只对一个操作数进行运算。C语言中提供的算术运算符如表1-3所示。

表1-3　算术运算符的名称、运算符及运算规则

对象数	名　称	运算符	运算规则	操作数和运算结果
双目	加	+	两个操作数进行加法运算	整型或实型
	减	–	两个操作数进行减法运算	
	乘	*	两个操作数进行乘法运算	
	除	/	两个操作数进行除法运算	
	模	%	两个整数进行求余运算	整型
单目	负	–	取其右边操作数的负值	整型或实型
	正	+	取其右边操作数的原值	
	增1	++变量名称	变量先加1，后使用	整型、实型或字符型的变量
	增1	变量名称++	变量先使用，后加1	
	减1	--变量名称	变量先减1，后使用	
	减1	变量名称--	变量先使用，后减1	

关于表1-3中的说明介绍如下：

（1）除法运算（/）：如果除法运算的两个操作数都是整数，则运算结果为整数，将小数部分舍去；如果除法运算的操作数有一个是实数，则运算结果为实数。例如，9/5 的值是 1，不是 1.8；9.0/5.0 的值是 1.8。

（2）求余运算（%）：只能在两个整数之间进行运算，即获得%符号左边整数除以%符号右边整数得到的余数。例如，9%5的值是 4。

（3）自增（++）、自减（--）运算：它们的操作数只能是变量，且各有两种形式，一种是运算符 "++" 和 "--" 写在变量的前边，一种是运算符 "++" 和 "--" 写在变量的后边。将运算符写在变量前面的称为前置运算，例如，++n表示变量 n 先进行自加1的运算，然后变量 n 再参加表达式的运算；将运算符写在变量后面的称为后置运算，例如，n++表示变量 n 先参

加表达式的运算，再进行自加 1 的运算。有时前置运算与后置运算的结果会不一样。

例如，如果 n 等于 1，则执行 "y=n++" 命令后，变量 n 的值先赋给变量 y，再进行变量 n 自加 1 的运算，计算后变量 y 等于 1，变量 n 等于 2。

例如，如果 n 等于 1，则执行 "y=++n" 命令后，变量 n 先进行自加 1 的运算，n 变量值为 2，再将变量 n 的值赋给变量 y，变量 y 的值等于 2。

例如，如果 n 等于 1，则执行 "y=n--" 命令后，变量 n 的值先赋给变量 y，再进行变量 n 自减 1 的运算，计算结果，变量 y 等于 1，变量 n 等于 0。

例如，如果 n 等于 1，则执行 "y=--n" 命令后，变量 n 先进行自减 1 的运算，n 变量值为 0，再将变量 n 的值赋给变量 y，变量 y 的值等于 0。

2．算术表达式

由算术运算符与操作数（常量、变量、函数等）相连形成的运算式称为算术表达式。在一个算术表达式中，操作数可以是整型、单精度浮点型、双精度浮点型等不同数据类型的数据。在不同类型的操作数进行运算时，需要进行数据类型的转换。

（1）算术运算符的优先等级：算术运算符的优先等级决定了各种运算的次序。

◎ 所有单目运算优先于双目运算，小括号内的运算等级最高；

◎ 双目运算中 *（乘）、/（除）、%（模）同级，高于 +（加）、-（减）；

◎ 单目运算的顺序是从右向左；

◎ 连接多个同级运算时，运算顺序是从左向右依次进行。

例如，a+b*c 算术表达式的运算顺序是：先计算 b*c，再计算 a 加 b*c 的计算结果。

例如，a%b/c 算术表达式运算顺序是：先计算 a%b，再计算取余的值除以 c。

例如，a+(b-c) 算术表达式的运算顺序是：先计算 b-c，再计算 a 加 b-c 的计算结果。

（2）多个 + 或 - 运算符号的运算规则：当出现多个 + 或 - 运算符号时，C 语言规定，从左到右取尽可能多的符号组成运算符。

例如，a+++b 算术表达式应理解为 (a++)+b；a---b 应理解为 (a--)-b。

例如，执行 z=++x+++y 命令后，变量 x 先进行自加 1 的运算，接着变量 y 再进行自加 1 的运算，再进行变量 x 加变量 y 的运算，最后将计算的值赋给变量 z。

1.2.2　关系运算

1．关系运算符

C 语言提供的关系运算符及其运算规则等如表 1-4 所示。

2．关系表达式

（1）关系运算的优先顺序：关系运算的优先级低于算术运算，其中 >、>=、<、<= 双目运算的优先级别相同，== 和 != 双目运算的优先级别相同，>、>=、<、<= 双目运算级别高于 == 和 != 双目运算级别。

例如，d>=c-a*b 表达式运算顺序是：先计算 a*b，然后计算 c 减 a*b 的计算结果，最后比较 d 和 c-a*b 的大小。如果 a 大于或等于 c-a*b 的值，则计算结果为 1，否则为 0。

表 1-4　关系运算符及其运算规则等

对象数	名称	运算符	运算规则	运算对象	运算结果类型
双目	等于	==	当关系表达式成立时，其值为 1（真）；当关系表达式不成立时，其值为 0（假）例如，n>m（n 大于 m），如果它成立，则其值为 1，否则其值为 0	整型、浮点型（实型）或字符型	逻辑型（整型）
	不等于	!=			
	大于	>			
	大于或等于	>=			
	小于	<			
	小于或等于	<=			

（2）关系表达式构成规则：

【格式】<表达式> <关系运算符 > <表达式>

【含义】关系表达式用来比较两个表达式值之间的大小关系是否成立或是否相等，运算结果是一个逻辑值，如果关系表达式成立，则其值为"真"，用 1 表示；如果关系表达式不成立，则其值为"假"，用 0 表示。C 语言还认为非零的数即为"真"。其中的关系表达式可以是任意类型的表达式，也可以是变量和常量等。

例如，如果 a 等于 10，b 等于 5，c 等于 12，则

a>b 的计算结果为 1。

a==b 的计算结果为 0。

a+b>=c 的计算结果为 1。

(a<=c) !=b 的计算结果为 1。

例如，n<=a---b*c%e-(10-3*d)表达式的运算次序是：①计算括号内的 3*d；②计算括号内的 10-3*d；③计算—b；④计算 b 减 1 后的值乘 c；⑤计算第④步计算结果除以 e 后的余数；⑥计算 a 减第⑤步计算结果；⑦计算第⑥步计算结果减第②步计算结果的值；⑧判断 n 是否小于或等于第⑦步的计算结果，如果小于或等于，则其值为 1，否则其值为 0。

注意：由于在计算机中，数值以二进制形式保存，数值的小数部分可能是近似值，而不是精确值，因此，对于浮点数（float 型和 double 型）不能使用==(等于) 运算符和!=（不等于）运算符来进行关系运算。

1.2.3　逻辑运算

1. 逻辑运算符

C 语言提供的逻辑运算符及其运算规则等如表 1-5 所示。逻辑非!、逻辑与&&和逻辑或||运算的真值表如表 1-6 所示。

表 1-5　逻辑运算符及其运算规则等

对象数	名　称	运算符	运算规则	运算对象类型	运算结果类型
单目	非	!	逻辑非	整型、浮点型（实型）或字符型	逻辑型（整型）
双目	与	&&	逻辑与		
	或	‖	逻辑或		

表 1-6　逻辑非!、逻辑与&&和逻辑或||运算的真值表

a 值	b 值	!a	a&&b	a‖b
0	0	1	0	0
0	1	1	0	1
1	0	0	0	1
1	1	0	1	1

2．逻辑表达式

（1）逻辑运算的优先顺序：逻辑运算中的单目运算!的运算优先级与算术表达式中单目运算符+、−的运算等级相同，高于双目算术运算符的运算等级。逻辑运算中的双目运算&&高于双目运算‖，但低于关系运算。连续多个逻辑运算，运算顺序从左向右进行运算。

逻辑运算的运算优先顺序为：!（非）→&&（与）→‖（或）。

各种运算符的运算优先顺序小结如下：

（）→! 和单目算术运算→双目算术运算→双目关系运算→双目逻辑运算→条件运算→赋值运算。

（2）逻辑表达式构成规则：逻辑运算符连接表达式构成逻辑表达式。构成规则如下：

【格式】<单目逻辑运算符 > <表达式>

　　　　<表达式> <双目逻辑运算符 > <表达式>

【含义】C 语言在进行逻辑运算时，将数值为 0 的操作数作为 "假"，将非 0 的操作数作为 "真"。其中的关系表达式可以是任意类型的表达式，也可以是变量和常量等。

例如，如果 a=5, b='A', c=9.0，则

! (b-'A')表达式的值为 0。

a<=b‖b<=c 表达式的值为 1。

(c>a)&&(b>=a) 表达式的值为 1。

2*c>=b&&a<=b 表达式的值为 0。

1.2.4　其他运算

1．赋值运算

C 语言提供的赋值运算符及其运算规则等如表 1-7 所示。

表 1-7　赋值运算符及其运算规则

对象数	名称	运算符	运算规则	运算对象类型	运算结果类型
双目	赋值	=	将赋值号右边表达式的值赋给赋值号左边的变量	右边可以是整型、浮点型（实型）、字符型常量、变量或表达式，左边必须是变量	整型、浮点型（实型）或字符型
	加赋值	+=	a+=b 等价于 a=a+b	整型或浮点型（实型）	整型或浮点型（实型）
	减赋值	−=	a−=b 等价于 a=a−b		
	乘赋值	*=	A*=b 等价于 a=a*b		
	除赋值	/=	a/=b 等价于 a=a/b		
	模赋值	%=	a%=b 等价于 a=a%b	整型	整型

连续的赋值运算从右向左依次进行，赋值运算的运算优先级别低于前面介绍过的所有运算，不同的赋值运算的运算优先级别相同。赋值运算符连接表达式和变量，且后边不带分号，构成赋值表达式。构成的规则如下：

【格式】<变量> <赋值运算符 > <表达式>

【含义】将赋值运算符右边表达式的值赋给赋值号左边的变量。其中的表达式可以是各种常量、已经定义过的各种变量和各种表达式，也可以是赋值表达式。

例如，a=b=c=2 是赋值表达式，其作用是将数值 2 赋给变量 c，再将数值 2 赋给变量 b，最后将数值 2 赋给变量 a。

2．逗号运算

C 语言提供的逗号运算符如表 1-8 所示。

表 1-8　逗号运算符及其运算规则

对象数	名　称	运算符	运算规则	运算对象类型	运算结果的类型
双目	逗号	,	第 2 个表达式的值	表达式	第 2 个表达式值的类型

逗号运算的优先级是最低的，低于赋值运算。运算顺序从左向右依次进行。逗号运算符连接表达式，构成逗号表达式。构成的规则如下：

【格式】<表达式 1> ，<表达式 2>

【含义】其中，表达式 1 和表达式 2 通常是相同类型的表达式，但不要求类型相同。在逗号表达式中，从左到右依次进行由逗号运算符分隔的各表达式的值。

例如，如果 a=6，b=10.1，则

"3*a，5*b"表达式的值是 50.5。

"a=2，b=4，b+=a，c=2*b"表达式的值是：计算 a=2 表达式后 a 等于 2，计算 b=4 表达式后 b 等于 4，计算 b+=a 表达式后 b 等于 6，计算 c=2*b 表达式后 c 等于 12，a 还等于 2。

"n=(a=10,b=20,c=30)"表达式执行后，n 的值为 30。

"n=(a=2,b=3,c=a*b)+30"表达式执行后，n 的值为 36。

3．条件运算

C 语言提供的条件运算符及其运算规则等如表 1-9 所示。

表 1-9　条件运算符及其运算规则

对象数	名称	运算符	运　算　规　则	运算对象	运算结果类型
三目	条件	? :	例如 e1 ? e2:e3，当 e1 的值为真时，获得 e2 表达式的值，否则获得 e3 表达式的值	表达式	表达式 e2 或 e3 的类型

条件运算的运算级别仅比赋值运算高，其按照从右向左结合的顺序进行运算。

条件运算符"？"和"："连接了 3 个表达式，构成条件表达式。其构成规则如下：

【格式】<表达式 1> ？ <表达式 2>:<表达式 3>

【含义】其中，表达式 1 通常是关系表达式或逻辑表达式，也可以是其他类型的表达式，其值是非 0 的数时为真，其值是 0 时为假。表达式 2 和表达式 3 是相同类型的表达式。其功能是，首先计算表达式 1 的值，如果其值为真，则整个表达式的值等于表达式 2 的值；如果其值为假，则整个表达式的值等于表达式 3 的值。

例如，如果 a 等于 8，b 等于 'A'，c 等于 10.0，则

(a>=6)?a:-a 表达式的值是 8。

"(c<=6)?a>=b:a<=b" 表达式的值是 1。

例如，如果 a 等于 6，b 等于 'A'，c 等于 5.0，则

"(c>=0)?((a<=10)?8:4):((b>=10)? 8:4)" 表达式的值是 8。

4．求字节数运算

C 语言提供的求字节数运算符及其运算规则等如表 1-10 所示。

表 1-10　求字节数运算符及其运算规则

对象数	名　称	运算符	运算规则	运算对象	运算结果的类型
单目	求字节数（或长度）	sizeof	测试数据类型所占用的字节数	类型说明符关键字或变量	整型

求字节数运算的运算优先级别与其他单目运算级别相同，运算方向从左到右。

例如，sizeof(int)表达式的值为 2，sizeof(char)表达式的值为 1，sizeof(float)表达式的值为 4，sizeof(double)表达式的值为 8。

如果执行了 unsigned int x 命令，则 sizeof(x)表达式的值为 2。

1.2.5　运算中数据类型的转换

不同数据类型的操作数之间进行运算时，需要注意数据类型的转换。数据类型的转换通常有两种方法，一种是在运算时自动进行，一种是强制进行。

1．自动转换

自动转换是指 C 语言的编译系统在处理操作数运算时，按照既定的规则自动进行数据类型的转换。自动转换的规则如下：

（1）不同类型数据在进行运算时，自动转换转换的原则是：参加运算的各种变量转换成它们中间占用内存空间最长的数据类型，表达式计算结果的数据类型应该是参加运算的操作数中占字节数最大的数据类型。具体的数据类型转换如下所示（从左到右，占用的内存空间增大，数据类型也从左到右转换）。

Char→short→int→unsigned→long→unsigned　long→float→double

例如，变量 x 为整型，变量 y 为单精度浮点型，则 x+y 为单精度浮点型。变量 x 为整型，变量 y 为双精度浮点型，则 x+y 为双精度浮点型。

（2）隐含的自动转换：字符型（char）和短整型（short）转换为整型（int），无符号字符型（unsigned char）和无符号长整型（unsigned　short）转换为无符号整型（unsigned）。

（3）如果赋值号右边表达式值的数据类型与赋值号左边变量的数据类型不一样，则赋值前会自动将表达式值的数据类型转换为与赋值号左边变量的数据类型一样。

例如，变量 a 定义为短整型（short a;），变量 b 定义为字符型（char b;），变量 c 定义为长整型（long c;），则执行"a=b;"语句时，变量 b 会转换为与变量 a 一样的短整型（short），执行"c=a+b;"语句时，变量 b 会转换为与 a 一样的短整型（short），再将计算结果转换为与变量 c 一样的长整型（long c）。

（4）float、double 转换为 int：舍弃小数。例如，int a=2.08 执行后，a 等于 2。

（5）int 转换为 float、double：数值不变，小数位数增加。

例如，float n=8 执行后，n 等于 8.000000。

（6）unsigned char（1 字节）转换为 int（2 字节）：赋给 int 低 8 位，高 8 位补 0。

2．强制转换

数据类型强制转换的书写格式如下：

【格式】(数据类型说明符)<表达式>

【含义】将表达式的值强制转换为小括号内指定的数据类型。

例如：将 a+16 的值的数据类型强制转换为单精度浮点型。

```
int  a=5;
float b;
b=(float)(a+16);
```

执行前两条语句后，变量 a 是整型，变量 b 是单精度浮点型，表达式 a+16 的数值是整型，最后被强制转换为单精度浮点型，并将其值赋给变量 b。

例如：

```
x=(int)(19/5);        /* 将 19/5 的结果强制为整型值，再将该值赋予变量 x */
y=(char)66;           /* 将数值 66 转换为字符型，即将 66 作为 ASCII 码进行赋值 */
k=(float)a*1.23;      /* 将变量 a 的值转换为单精度型，再将乘法运算的结果赋予变量 k */
n=(int)a/b            /* 将 a 值转换为 int 型后再计算 */
n=(int)(a/b)          /* 将计算的结果转换为 int 型 */
```

其中，语句 n=(int)a/b 和 n=(int)(a/b)的运算结果是不一样的。

注意：类型转换运算符"()"在对变量进行强制转换时，仅对变量的值的类型进行转换，而不是转换变量本身的类型。例如，上面程序中的变量 a 和 b 的数据类型始终是 float，而不会转换为 int，程序中转换的仅是 a 和 b 的值的类型。如果右侧的操作数是一个表达式时，应将表达式用括号括起来，以免产生歧义。

思考与练习

1．填空题

（1）定义整型、无符号整型、单精度浮点型、双精度浮点型和字符型变量的数据类型说明符分别是_____、_____、_____、_____和_____。

（2）C 语言的基本数据类型主要有_____、_____（又称_____）和_____型。

（3）不同数据类型所占的_____不同。如果运算中，数值超出这个范围则称为_____。

（4）下面 C 语言常量的类型分别是：

68_____　'x'_____　" Visual C++ 6.0 "_____　98765L_____

'\t'_____   '\006'_____   0123_____   1.2E10_____

（5）下面的转义字符分别表示：

'\n'_____   '\b'_____   '\r'_____   '\\'_____

'\051'_____   '\x1ec'_____   '\0'_____   '\?'_____

（6）基本运算包括_____、_____、_____、_____、_____和_____。

（7）增一和减一运算的操作数只能是_____，而且各有_____种形式。a++表示变量a先_____，再_____；++a表示变量a先_____，然后后变量a_____。

（8）单目运算优先于双目运算；_____运算等级最高，双目运算中_____、_____、_____运算同级，高于_____、_____运算；单目运算是从_____向_____；连接多个同级运算时，运算顺序是从_____向_____依次进行。

（9）在关系运算中，_____、_____、_____、_____运算的优先级别相同，另外还有_____和_____运算的优先级别相同且低于前面4个运算的优先级别。

（10）各种运算符的运算优先顺序是：_____→_____和_____→_____→_____→_____→_____。

（11）在赋值运算中，a-=b表示_____，a*=b表示_____。

（12）赋值运算符连接_____和_____。连续赋值运算从_____向_____依次运算，不同的赋值运算的运算优先级别_____。

（13）条件运算符_____和_____连接了_____个表达式，构成条件表达式。

（14）各种运算符的运算优先顺序_____→_____→_____→_____→_____→_____→_____。

2．选择题

（1）下面四组中，哪一组全都是C语言保留的关键字？（   ）

     A．new、break、if   B．double、long、goto

     C．auto、void、float   D．return、if、printf

（2）在C程序中，自定义的标识符（   ）。

     A．能使用关键字，并且区分大小写   B．不能使用关键字，并且区分大小写

     C．不能使用关键字，并且不区分大小写   D．能使用关键字，并且不区分大小写

（3）长整型变量定义的类型说明符是（   ）。

     A．long   B．short int

     C．unsigned long int   D．int

（4）下面定义的变量中，正确的是（   ）。

     A．printf   B．d1.1   C．n1-1   D．x_23n

（5）整型（int）数据的数值范围是（   ）。

     A．-32 768～32 768   B．-65 535～65 535

     C．0～65 535   D．-32 768～32 767

（6）以下不属于单字符型常量和转义字符常量的是（   ）。

     A．"G"   B．'G'   C．'\t'   D．'\xabc'

（7）下面表达式执行后，使变量 a 等于 8 的表达式是（　　　）。

A．int a=3,b=2;　　B．int a=1,b=0;　　C．int a=1,b=2;　　D．int a=2,b=3;
　　(a=8,(b++)+a);　　b=a((a=3)*2);　　(b==2)?(a=3):(a=8);　　a+=b+=3;

（8）执行 "int a=3;" 语句后，再执行 "b=a==!a;" 语句，变量 b 的值是（　　　）。

A．3　　　　　　B．0　　　　　　C．1　　　　　　D．2

（9）运行下边程序后的结果是（　　　）。

```
#include "stdio.h"
void  main()
{
  int a,b=8;
  float c=3.9;
  a=b%(int)c;
  printf("a=%d,b=%d\n",a,b);      /* 用来输出 "a=" 和 a 的值，以及 ",b=" 和 b 的值 */
}
```

运行结果：

A．a=2，b=2　　B．a=2，b=8　　C．a=8，b=2　　D．a=8，b=8

3．根据要求求结果

已知执行了 "int a=5,b=10,c=12,sum;" 语句，则执行下面语句后，变量 sum 的值是多少？

（1）sum=a+b-c%b+-b;　　　　　　　　（2）sum=(a+b)%7+c/4*4+2；

（3）sum=(int)(((float)a+c+b)/2))；　　　（4）sum=a+=b；

（5）sum=a*=6+2；　　　　　　　　　（6）sum=c*=(c%=7);

（7）sum=a*=a+=a*=a-=1;　　　　　　（8）sum=(a+c>b&&(a-c<b||c-a<b))；

（9）sum=((a>2)?b:0)||((c!=1)?0:1)；　　（10）sum=a+++c;

（11）sum=(a>=0)?((b<=10)?8:4):((c>=10)?8:4);

4．指出下边语句中的错误

（1）double n,　　　　（2）Int n;　　　　（3）charstr1;　　　　（4）float a;b;

（5）a=10;　　　　　　（6）a=int 3.8;　　（7）int a, float b;

（8）int n1;　　　　　（9）char str1;　　　（10）float x1=6,y1;
　　　n1=10.5;　　　　　　str1="G"；　　　　　　y1=x1++;

第2章 数据的输出与输入

【本章提要】数据的输入/输出是程序的基本功能，是程序运行中与用户进行交互的基础。C语言没有提供输出和输入语句，输出和输入操作需要调用文件 stdio.h 中的标准输出和输入函数来完成。因此，在调用前应使用#include "stdio.h"命令。标准输出和输入函数是以标准的输入/输出设备（例如键盘和显示器）为输入/输出对象的函数。其中包括：格式输入函数 scanf() 和输出函数 printf()，字符输入函数 getchar()和字符输出函数 putchar()，字符串输入函数 gets() 和字符串输出函数 puts()。

2.1 格式化输出函数

2.1.1 格式化输出函数的格式、功能与修饰符

1. 格式化输出函数的格式与功能

信息的输出是以 printf()函数来完成的，该函数用于向标准输出设备（显示器）输出数据，printf()函数的调用格式和功能如下：

【格式】printf("<格式控制字符串>", <输出项列表>);

【功能】用来向标准输出设备输出具有一定格式的多项数据。各参数介绍如下：

（1）格式控制字符串：它是用双引号括起来的字符串，其组成和格式如下。

{提示信息字符串}% [<修饰符>]<格式说明符>[<转义字符>]

提示信息字符串、%、修饰符、格式说明符和转义字符等五部分内容如图 2-1 所示，它们可以有多项。

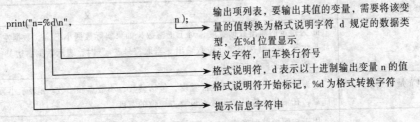

图 2-1 "格式控制字符串"的五部分

这几部分的作用如下：

◎ 格式说明字符：在右边，其后边跟着一个或几个格式说明字符，用来占位，并将在该

位置用格式字符规定的格式输出后面的输出项列表中对应的输出项参数。

C 语言中提供的 printf() 函数格式说明字符如表 2-1 所示。

表 2-1　printf()函数格式说明字符及其含义

格式说明字符	含　义	格式说明字符	含　义
d	十进制有符号整数	e	指数形式的浮点数，即实数
u	十进制无符号整数	x	十六进制表示的无符号整数
f	浮点数（小数）	o（英文小写字母）	八进制表示的无符号整数
s	字符串	g	与 f 和 e 类似，小数点后无尾数
c	单个字符	p	指针的值

◎ 提示性字符串：它是正常字符串，会原样输出，通常用来显示提示信息。

◎ 转义字符：用来输出转义字符所代表的控制代码或特殊字符。

◎ 修饰符：在"%"和"格式转换字符"之间，用来指定某种含义的符号，可以使输入格式更为丰富。在后面将重点介绍修饰符。

（2）"输出项列表"：它是需要输出的一系列数据（又称参数），各项参数可以是变量、常量、表达式和带返回值的函数等，其参数的个数应该与以"%"开始的"格式转换字符"中的项目个数相同，各参数之间用逗号","分开，并且顺序应与"格式说明字符"中的各参数项一一对应，如图 2-2 所示。

提示性字符和格式转换字符　　输出项列表

图 2-2　"输出项列表"与"格式说明字符"中的各参数项一一对应

2. 修饰符

在 printf() 函数中可以在"格式控制字符串"选项内的"%"和"格式说明字符"之间插入修饰符，用来控制输出的格式，例如输出数据的宽度等。

printf() 函数的修饰符如表 2-2 所示。

表 2-2　printf()函数的修饰符

修饰符	含　　　　义
m 或 -m （m 是正整数）	m 为指定的输出数据宽度，对于正整数，如果实际数据小于 m，数据左边补空格；如果大于 m，则按照实际位数输出。当取符号"-"时，表示数据右边补空格。无 m 时，按数据实际长度输出
m.n 或 -m.n（n 是正整数）	m 为指定的输出数据的全部宽度，包括整数、小数点和小数。n 表示小数位的宽度，注意，在输出小数时，小数点也要占一位的宽度
字母 h	用于按照短整型格式（hd、h0、hx、hu）输出数据
字母 l	用于按照长整型格式（ld、l0、lx、lu）输出数据或按照双精度型格式（hf、hg、he）输出数据，l 是小写英文字母
*n（n 是正整数）	用来说明可以跳过 n 个字符宽度

相关说明如下：

（1）在输出字符串或整型数时，如果字符串的长度或整型数的位数超过说明的宽度，则按照其实际长度输出。如果浮点数的整数部分位数超过了说明的整数位宽度，则按照实际整数位输出；若小数部分位数超过了说明的小数位宽度，则按说明的宽度以四舍五入输出。

如果用浮点数表示字符或整型数据的输出格式，并且小数点左边的数值小于小数点右边的数据时，小数点后的数字代表最大宽度，小数点前的数字代表最小宽度。例如，%5.8s 表示显示一个长度不小于 5 个字符且不大于 8 个字符的字符串。若大于 8，则第 8 个字符以后的内容将被删除；若小于 5 个字符则添加空格以补齐。

（2）设置前导 0：如果想在输出值前加一些 0 作为输出数据的前导项，就应在宽度项前加个 0。例如，%06d 表示在输出一个小于 6 位的整数时，将在前面补 0 使其总宽度为 6 位；%08f 表示在输出一个小于 8 位的浮点数时，将在前面补 0 使其总宽度为 8 位。

（3）如果输出的是字符串，则%m.n 表示输出 m 个字符宽的字符串，输出的字符个数为 n 个；如果没有 m，则输出的字符个数为 n 个，字符串宽为 m；如果没有 n，则输出 m 个字符宽的字符串，输出字符串所有字符，左边补空格（如果 m 左边有负号，则右边补空格）。

例如，%8d 表示输出一个 8 位宽度的整型数，不够 8 位数据左边补空格。如果大于 8 位则按实际位数输出；%-8d 表示输出一个 8 位宽度的整型数，不够 8 位数据右边补空格。

%6d 表示输出宽度为 6，数据左边补空格；%-6d 表示输出宽度为 6，数据右边补空格。

%f 表示整数部分全部输出，小数部分取 6 位，没指定宽度。

%6.2f 表示输出宽度为 8 的浮点数，其中小数位为 2 位，整数位为 3 位，小数点占一位，不够 6 位数据左边补空格。

%6s 表示输出 8 个字符宽的字符串，不够 6 个字符时左边补空格，多于 6 个字符时按实际宽度输出。

%6.3s 表示输出 6 个字符宽的字符串，输出的字符个数为 3 个，左边补空格。

%-6.3s 表示输出 6 个字符宽的字符串，输出的字符个数为 3 个，右边补空格。

2.1.2　格式化输出实例

【实例 2-1】不同格式输出。

该程序运行后，会显示正整数 66 以十进制数、八进制数、十六进制数和字符类型输出的情况，如图 2-3 所示。

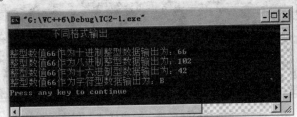

图 2-3　"不同格式输出"程序运行结果

从程序的运行结果可以看到，按十进制整型数据格式输出的正整数为 66 时，按八进制格式输出时为 102，按十六进制格式输出时为 42，按字符型格式输出时则为字符 B（字符 B 的

ASCII 码值为 66），此时系统认为是将数值作为 ASCII 码值的响应字符输出。该程序的设计方法如下：

（1）启动 Visual C++ 6.0，选择 File（新建）→New（文件）命令，弹出 New（文件）对话框，选中 Files（文件）选项卡。在左边的列表中，选中 C++ Source File 选项；在 File（文件名）文本框中输入文件名称 TC2-1.C"；在 "Location:（位置）文本框中输入文件的保存位置 G:\VC++6\TC2-1。

（2）单击 OK 按钮，即可在 G:\VC++6\ TC2-1 文件夹中保存一个名为 TC2-1.C 的 C 语言源程序文件。

（3）在 TC2-1.C 程序编辑窗口输入如下程序：

```c
/*    TC2-1.C */
/*    不同格式输出 */
#include "stdio.h"
void main()
{
    int n=66;
    printf("          不同格式输出\n\n");
    printf("整型数值%d作为十进制整型数据输出为: %d \n",n,n);
    printf("整型数值%d作为八进制整型数据输出为: %o \n",n,n);
    printf("整型数值%d作为十六进制型数据输出为: %x \n",n,n);
    printf("整型数值%d作为字符型数据输出为: %c \n",n,n);
}
```

（4）单击 Build MiniBar（编译微型条）工具栏上的 Compile（编译）按钮 ，对 TC2-1.C 源程序代码文件进行编译。

（5）单击 Build MiniBar（编译微型条）工具栏上的 Build（组建）按钮 ，即可在 G:\VC++6\TC2-1\Debug 文件夹中生成可执行文件 TC2-1.exe。

（6）单击 Build MiniBar（编译微型条）工具栏上的 Execute Program（运行程序）按钮 ，弹出一个控制台程序窗口，显示运行结果，如图 2-3 所示。按任意键（Press any key to continue），返回 Visual C++ 6.0 集成开发环境。

【实例 2-2】修饰符控制字符串输出格式。

该程序运行后，会显示 "Visual C++ 6.0"字符串在不同修饰符情况下的输出结果，如图 2-4 所示。

图 2-4　"修饰符控制字符串输出格式"程序运行结果

该程序的设计方法如下：

（1）在 G:\VC++6\TC2-2 文件夹中保存一个名为 TC2-2.C 的 C 语言程序文件。

（2）在 TC2-2.C 程序编辑窗口内输入如下程序：

```
/* TC2-2.C */
/* 修饰符控制字符串输出格式 */
#include "stdio.h"
void main()
{
    char *s1="Visual C++ 6.0";
    printf("      修饰符控制字符串输出格式   \n\n");
    printf("%s 输出为: #%-18s# \n",s1,s1); /*输出宽度18字符, 左对齐*/
    printf("%s 输出为: #%18s# \n",s1,s1);  /*输出宽度18字符, 右对齐*/
    printf("%s 输出为: #%8s# \n",s1,s1);         /*输出宽度18字符, 右对齐*/
    printf("%s 输出为: #%18.6s# \n",s1,s1); /*输出宽度18字符, 右对齐, 只输出6字符*/
    printf("%s 输出为: #%.6s#\n",s1,s1);      /*输出宽度18字符, 左对齐, 只输出6字符*/
    printf("%s 输出为: #%-15.6s# \n",s1,s1); /*输出宽度18字符, 左对齐, 只输出6字符*/
    printf("%s 输出为: #%6.12s# \n",s1,s1);/*输出最多12字符, 最少为6字符*/
}
```

程序中的 "#" 符号是为了便于观察输出数据的宽度，"#" 之间的距离为数据的实际宽度；char *s1 用来定义一个字符串。

对照程序和程序的运行结果可以看到，当显示的内容是字符串时，%-18s 修饰符控制输出的字符串宽 18 个字符，"Visual C++ 6.0" 字符串长度为 14，小于 18，右边补 4 个空格；%18s 修饰符控制输出的字符串宽 18 个字符，左边补 4 个空格；%8s 修饰符控制输出的字符串宽度为 8 个字符，小于字符串实际宽度，因此输出整个字符串，不补空格；%18.6s 修饰符控制输出的字符串宽度为 18 个字符，输出 "Visual C++ 6.0" 字符串中的 6 个字符 "Visual"，左边补 10 个空格；%.6s 修饰符控制输出 "Visual C++ 6.0" 字符串中的 6 个字符 "Visual"；%-15.6s 修饰符控制输出 "Visual C++ 6.0" 字符串中的 6 个字符 "Visual"，字符串宽 15 个字符，右边补 9 个空格；%6.12s 修饰符控制输出 "Visual C++ 6.0" 字符串中的 12 个字符 "Visual C++ 6"，因为规定的字符串宽度 6 小于 12，因此不补充空格。

【实例 2-3】计算矩形周长和面积。

该程序运行后可以计算和显示宽和高分别为 60.12、25.68 的矩形的周长和面积。

程序代码如下：

```
/* TC2-3.C */
/* 计算矩形的周长和面积 */
#include "stdio.h"
void main()
{
    float   a=60.12,b=25.68;
    printf("宽和高分别为 60.12、25.68 的矩形的周长和面积\n");
    printf("矩形面积为: #%f#\n",a*b);            /*普通输出*/
    printf("矩形面积为: #%15f#\n", a*b);         /*输出宽度为15, 右对齐*/
    printf("矩形面积为: #%15.2f#\n", a*b);       /*宽度15, 保留2位小数*/
    printf("矩形周长为: #%-15.2f#\n",2*(a+b));   /*输出宽度为15, 左对齐*/
    printf("矩形周长为: #%015.2f#\n",2*(a+b));   /*不足15位时加前导0*/
}
```

程序运行后的结果如图 2-5 所示。

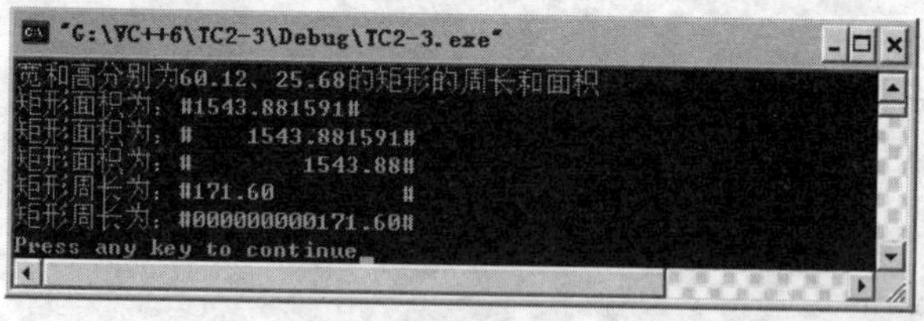

图 2-5 "计算矩形周长和面积"程序运行结果

在程序中，第 2 个 printf()程序行中的格式字符%f 将被输出项 a*b 的计算结果所替代。

对照程序和程序的运行结果可以看到，%f 修饰符控制输出 a*b 的单精度数值 1543.881591；%15f 修饰符控制输出 a*b 的单精度数值 1543.881591，输出宽度 15，左边补 4 个空格；%15.2f 修饰符控制输出 a*b 的单精度数值 1543.88，输出宽度 15，小数位数为 2，左边补 8 个空格；%-15.2f 修饰符控制输出 2*(a+b)的单精度数值 171.60，输出宽度 15，小数位数为 2，右边补 9 个空格；%015.2f 修饰符控制输出 2*(a+b)的单精度数值 171.60，输出宽度 15，小数位数为 2，左边补 9 个 0。

2.2 字符输入/输出函数

字符输入/输出函数是用来输入单个字符和向终端输出单个字符的标准函数。它们是 stdio.h 库函数头文件内的函数，使用时需在程序前面加预编译命令#include "stdio.h"。

2.2.1 字符输入/输出函数的格式与功能

1. 字符输入函数的格式与功能

getchar()函数是字符输入函数，其格式及其功能如下：

【格式】getchar();

【功能】从终端或从输入设备输入 1 个字符，它没有任何参数。

【说明】getchar()函数只能接受一个字符，可以赋给一个字符变量或整型变量，也可以作为表达式的一部分不赋给任何变量。例如，运行下面的程序后，输入 B 再按 Enter 键，则会显示：B   66。

```
#include "stdio.h"
void main()
{
    char ch1;
    ch1=getchar();
    printf("%c    %d",ch1,ch1);
}
```

2. 字符输出函数的格式与功能

putchar()是字符输出函数，其作用是向终端输出 1 个字符。其格式及其功能如下：

【格式】putchar(c);

【功能】putchar()函数输出单字符变量 c 的值，参数 c 通常为单字符型变量或整型变量，也可以是一个字符的常量或整型常量。

【说明】当变量 c 是一个整型变量时，输出以该整型变量的值为 ASCII 码值的相应的字母。例如，在 "putchar(ch1);" 语句中，如果变量 ch1 是单字符变量，其值为 B，则该语句输出 B；如果变量 ch1 是整型变量，其值为 66，则该语句也输出 B，因为字母 B 的 ASCII 码的值为 66。

2.2.2　字符输入/输出函数实例

【实例 2-4】显示键盘输入的字符。

"显示键盘输入的字符"程序运行后要求输入一个字母，再按 Enter 键，即可将输入的字母显示出来。程序代码如下：

```
/* TC2-4.C */
/* 显示键盘输入的字符 */
#include "stdio.h"
void main( )
{
  int ch1;
  printf("      显示键盘输入的字符\n");
  printf(" 请输入一个字符，再按 Enter 键: ");
  ch1=getchar();
  putchar(ch1);
}
```

程序运行后的结果如图 2-6 所示。

图 2-6　"显示键盘输入的字符"程序运行结果

【实例 2-5】字母排序显示。

"字母排序显示"程序运行后要求连续输入两个字母，再按 Enter 键，即可将输入的两个字母按照先大后小的顺序显示出来。程序代码如下：

```
/* TC2-5.C */
/* 输入两字母降序排序显示 */
#include "stdio.h"
void main( )
{
  char str1,str2,str0;
  printf("输入两字母降序排序显示\n");
  printf("请输入两个英文字母，再按 Enter 键: ");
  str1=getchar();                 /* 接收第 1 个输入的字符赋给变量 str1 */
  str2=getchar();                 /* 接收第 2 个输入的字符赋给变量 str1 */
  str1 > str2 ? (str0= str1) : (str0 = str2); /* 进行条件运算，将大的字母赋给
                                                 变量 str0 */
  putchar(str0);
  printf("       ");              /* 输出几个空格 */
  str1 > str2 ? (str0= str2) : (str0= str1); /* 进行条件运算，将小的字母赋给变
                                               量 str0 */
  putchar(str0);
```

```
    printf("\n");                    /* 输出一个换行符，使光标移到下一行首位 */
}
```

程序运行后的结果如图 2-7 所示。

图 2-7　"字母排序显示"程序运行结果

2.3　格式化输入函数

2.3.1　格式化输入函数的格式、功能与使用说明

1. 格式化输入函数的格式与功能

Scanf()函数用来接受键盘输入的不同类型的数据，scanf()函数的调用格式如下：

【格式】scanf ("<格式控制字符串>", <地址项列表>);

【功能】scanf()函数用于从标准输入设备（键盘）写出数据，该函数在文件 stdio.h 中定义，因此在调用前也需要使用#include "stdio.h"语句进行包含。

"格式控制字符串"是用双引号括起来的字符串，与格式化输出 printf()函数基本一样，它是由"%"、"修饰符"、"格式说明字符"和"转义字符"4 部分内容，不包括"提示信息字符"，可以有多项。与 printf（）函数中一样，它在格式字符串中用来占位，并将在该位置用格式字符确定输入数据时，按输入的顺序，将输入的数据存储到与后面的地址项列表中对应的变量存储空间。

"地址项列表"中是一个或多个以&开始的变量名称，多个输入项之间用逗号分开。这里的&是 C 语言中的取地址符号，用于获取后面所跟随的变量的内存地址，以便于将输入的数据存储到指定的地址中。例如，&n 的意思就是获取变量 n 的地址。

"scanf("%d",&n);"语句的含义是：将键盘输入的数据以 int 数据格式（%d）存储到变量 n 所在的存储空间，此后在调用变量 n 进行计算时，实质是调用存储在该内存空间中的数据来进行计算。在用 scanf()函数进行数据输入时，格式字符的类型与后面对应的输入项的数据类型必须一致，如果类型不一致，会出现数据的错误输入。对于此类错误，系统不一定会给出错误信息，因此在设计程序时应特别注意。

C 语言中用于 scanf()函数的格式说明字符及其含义如表 2-3 所示。

表 2-3　scanf()函数的格式说明字符及其含义

格式说明字符	含　　义	格式说明字符	含　　义
d	十进制有符号整数	e	指数形式的浮点数，即实数
u	十进制无符号整数	x	十六进制表示的无符号整数
f	浮点数（实数）	o（英文小写字母）	八进制表示的无符号整数
s	字符串	c	单个字符

与 printf()函数类似，scanf()函数在输入字符串时可以在%和格式字符 s 之间插入修饰符，用来设置输入字符的个数。scanf()函数的修饰符如表 2-4 所示。

表 2-4　scanf()函数的修饰符

修　饰　符	含　　义
m（正整数）	用于指定输入数据所占的宽度（列数）
h（小写英文字母）	用于输入短整型数据（hd、h0、hx、hu）
l（小写英文字母）	用于输入长整型数据（ld、l0、lx、lu）及双精度型数据（hf、hg、he）
*	表示对应输入项在读入后不赋给相应的变量

2. scanf()函数使用说明

（1）输入数据：输入的数据之间可以用空格、Enter（回车）、Tab 分隔，当"格式说明字符"内没有逗号","时，则输入也不允许用逗号","分隔数据。当 scanf()函数要求输入多项数据时，可以一次性依次输入完毕后按 Enter 键，也可以每次输入一部分数据，按 Enter 键后再接着输入数据，输入完后按 Enter 键。例如，执行 "scanf("%d%d", &a,&b);"语句后，可以输入 2、空格、3，再按 Enter 键，也可以输入 2 后按 Enter 键，再输入 3 后按 Enter 键。

（2）选择性输入：在输入时可以使用方括号"[ ]"指定输入字符的范围，scanf()函数将依次读入符合条件的字符，直到遇上一个不符合条件的字符时为止。表 2-5 给出几种选择性输入的实例。

表 2-5　选择性输入实例

修　饰　符	含　　义
%[abcd]	表示只可以输入字符 a、b、c、d
%[^abcd]	表示只可以输入除 a、b、c、d 以外的所有字符
%[0123456789]	表示只可以输入 0～9 的数字
%[0-9]	表示只可以输入 0～9 的数字，可以用"-"号表示范围，注意"-"左边的字符必须小于其右边的字符
%[A-Z]	表示只可以输入所有大写字母
[A-FN-S] %	表示只可以输入 A～F 和 N～S 的所有字母
% [+-*/]	表示只可以输入运算符+、-、*、/

（3）字符串输入：字符串的输入与其他数据输入有所不同，因为字符串变量的名称就代表了字符串的地址，因此字符串的输入不用在变量名前加&符号。例如：

```
char str1[8];          /* 定义字符串数组——字符串所需的存储空间 */
scanf("%s",str1);      /* 输入字符串到 s 所指的存储空间 */
```

在上面定义的字符串数组 str1 中最多可以输入 8 个字符。

（4）非格式字符的处理：与 printf()函数不同，在 scanf()函数的"格式说明字符"中间，如果还有除格式字符以外的其他字符，则这些字符不会显示到屏幕上，需要对它们进行特殊处理。通常不提倡在"格式说明字符"中间加入其他字符。首先，看一下下面的语句：

```
int n1,n2;
scanf("n1=%d n2=%d",&n1,&n2);
```

```
printf("%d+%d=%d\n",n1,n2,n1+n2);
```

上面的 scanf()语句本意是希望能在屏幕上显示"n1=　n2=　"提示用户输入数据，但在程序运行时，却不能得到希望的效果，屏幕上没有"n1="和"n2="等任何提示内容。

如果想要正确输入数据，需要用户输入"n1=1 n2=2"，这样，在按 Enter 键后，数据 1 被输入到变量 n1 的存储空间，数据 2 被输入到变量 n2 的存储空间，否则程序将会出错。这里输入的"n1="和"n2="用于与 scanf()语句中的内容相对应（注意空格也需要输入），如图 2-8 所示。

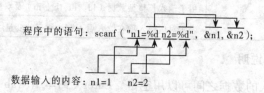

程序中的语句：scanf ("n1=%d n2=%d", &n1, &n2);

数据输入的内容：n1=1　n2=2

图 2-8　输入时的对应关系

从上面分析可以得到以下结论：scanf()格式化字符串中的非格式字符不能够显示到屏幕上，但在输入时却要求输入这些字符，且要求一一对应。利用非格式字符需要一一对应输入的特点，可以对一次性输入多个数据进行方便的控制。

2.3.2　格式化输入实例

【实例 2-6】不同格式输入/输出数据。

该程序运行后，输入 3 个不同格式的整数，然后再以不同格式输出这些数据。程序代码如下：

```
/* TC2-6.C */
/* 不同格式输入/输出数据 */
#include "stdio.h"
void main()
{
    int x,y,z;
    printf("请输入 3 个相同的正整数，数之间用空格分隔：\n");
    scanf("%d%o%x",&x,&y,&z);
    printf("按照各自的进位制形式输出：%d %o %x\n",x,y,z);
    printf("都按十进制形式输出：%d %d %d\n",x,y,z);
}
```

该程序运行后，显示图 2-9 所示的第 1 行文字，再依次输入 10、空格、10、空格、10，再按 Enter 键，最后显示结果如图 2-9 所示。

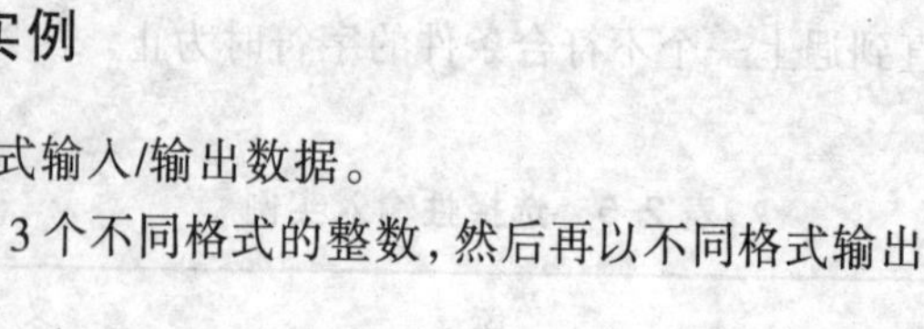

图 2-9　"不同格式输入/输出数据"程序运行结果

【实例 2-7】拆分数字。

该程序运行后，输入 3 个不同格式的整数，然后再以不同格式输出这些数据。程序代码如下：

```
/* TC2-7.C */
```

```
/* 拆分数字 */
#include "stdio.h"
void main()
{
    int x,y,z;
    printf("请连续输入 10 个数字\n");
    scanf("%4d%*3d%2d%1d",&x,&y,&z);
    printf("x=%d,y=%d,z=%d\n",x,y,z);
}
```

程序运行后，会显示图 2-10 所示的第 1 行文字，再一次连续输入 1234567890，再按 Enter
键，最后显示结果如图 2-10 所示。可以看到，%4d 将读入的 1234 赋给变量 x，%*3d 的作用是
读入 567 数字后不赋给相应的变量，%2d 将读入的 89 赋给变量 y，%1d 将读入的 0 赋给变量 z。

如果将%1d 改为%3d，输入的数字仍然是 10 位数字，
则最后会读不到数字，仍然将剩下的 0 赋给变量 z。

【实例 2-8】计算圆周长与面积。

该程序运行后，提示用户输入圆的半径，输入
完圆半径后按 Enter 键，即可计算并显示出该圆的
周长与面积。程序代码如下：

图 2-10 "拆分数字"程序的运行结果

```
/* TC2-8.C */
/* 计算圆周长与面积 */
#include "stdio.h"
void main()
{
    int R,L,S;  /* 定义变量 R、L、S，分别存储圆的半径、周长和面积值*/
    float PI=3.1415926;
    printf("      计算圆周长与面积\n ");
    printf("请输入圆的半径: ");         /* 提示输入 */
    scanf("%d ",&R);                    /* 输入圆半径，赋给变量 R */
    L=2*PI*R;                           /* 计算圆周长 L */
    S=PI*R*R;                           /* 计算圆面积 S */
    printf("圆周长=%d\n",L);            /* 输出圆周长 */
    printf("圆面积=%d\n",S);            /* 输出圆面积 */
}
```

程序运行后显示图 2-11 所示的第 1、2 行内容，输入 10 后，按 Enter 键，最后显示结果如
图 2-11 所示。

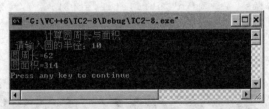

图 2-11 "计算圆周长与面积"程序运行结果

【实例 2-9】求学生成绩的总分与平均分。

该程序运行后要求用户输入 6 个分数，各分数之间以 ","（逗号）分隔，然后计算并输出
这些分数的总分和与平均分。程序代码如下：

```
/* TC3-9.C */
/* 求学生成绩的总分与平均分 */
#include "stdio.h"
void main()
{
  float a,b,c,d,e,k,sum,aver;
  printf("  求学生成绩的总分与平均分\n ");
  printf("请输入 6 个分数--用","号分隔: ");          /* 提示输入 */
  scanf("%f,%f,%f,%f,%f,%f",&a,&b,&c,&d,&e,&k);    /* 依次输入数值赋给变量 */
  sum=a+b+c+d+e+k;                                /* 计算总分 */
  aver=sum/6;                                     /* 计算平均分 */
  printf("输入数据的和 sum=%f\n",sum);              /* 输出总分 sum */
  printf("输入数据的平均值aver=%f\n",aver);          /* 输出平均分总分 */
}
```

程序运行后显示图 2-12 所示第 1 行和第 2 行提示文字，接着输入 88、98、68、76、86、88，在要输入下一个数字前，输入一个逗号","，最后按 Enter 键。此时，显示如图 2-12 所示内容。从图 2-12 可以看到，在输入时所输入的逗号与格式字符串中的逗号一一对应，将各个数据分开，使数据依次存储到变量 a、b、c、d、e 和 k 中。

图 2-12　"求学生成绩的总分与平均分" 程序运行结果

【实例 2-10】字符串分段显示。

该程序运行后要求用户输入一个字符串，然后将输入的字符串分段显示。程序代码如下：

```
/* TC2-10.C */
/* 字符串分段显示 */
#include "stdio.h"
void main()
{
  char str1[10],str2[10],str3[10];
  printf("      字符串分段显示\n ");
  printf("请连续输入一个有 15 个字符的字符串: ");        /* 提示输入 */
  scanf("%6s%5s%4s",str1,str2,str3);                 /* 输入一个字符串 */
  printf("字符串为:%s  %s  %s\n",str1,str2,str3);      /* 分段输出字符串 */
}
```

程序运行后显示图 2-13 所示的第 1 行和第 2 行提示文字，接着输入 15 个字母 ABCDEFGHIJKLMNO，按 Enter 键后最后显示结果如图 2-13 所示。

图 2-13　"字符串分段显示"程序运行结果

从图 2-13 中可以看到,连续输入的字符串 ABCDEFGHIJKLMNO 由于受到输入宽度的限制,字符串 str1 只输入了前 6 个字符 ABCDEF,字符串 str2 输入接下来的 5 个字符 "GHIJK",字符串 str3 输入了剩下的字符 LMNO。

【实例 2-11】 自动识别输入内容。

该程序运行后,要求用户输入用户名和密码,它们之间用逗号 ","分隔,要求输入的用户名必须由英文小写字母组成,密码必须由 0~9 之间的数字和 "*"组成。如果输入的字符不符合要求,会自动结束输入。程序代码如下:

```c
/* TC2-11.C */
/* 自动识别输入内容 */
#include "stdio.h"
void main()
{
    char str1[10],str2[10];
    printf("        自动识别输入内容\n ");
    printf("请输入用户名(英文小写字母)与密码(数字和*): ");
    scanf("%[a-z],%[0-9*]",str1,str2);      /* 选择性输入 */
    printf("用户名为: %s\n",str1);           /* 输出用户名 */
    printf("密码为: %s\n",str2);             /* 输出密码 */
}
```

程序运行后显示图 2-14 所示第 1、2 行提示文字,接着输入密码 shendalin,再输入逗号 ",",再输入 "19471107*",最后按 Enter 键。最后显示结果如图 2-14 所示。

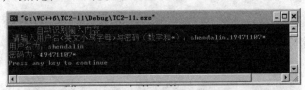

图 2-14 "自动识别输入内容"程序运行结果

【实例 2-12】 日期输入和显示。

程序在运行时会要求输入一个日期,输入日期数据(年、月、日之间用 "-"分隔)后按 Enter 键,即可显示输入的日期。程序代码如下:

```c
/* TC2-12.C */
/* 日期输入和显示 */
#include "stdio.h"
void main()
{
    int year,month,day;
    printf("        日期输入和显示\n ");
    printf("输入日期(yyyy-mm-dd): ");
    scanf("%d-%d-%d",&year,&month,&day);
    printf("输入的日期为%d 年%d 月%d 日\n",year,month,day);
}
```

程序运行后显示图 2-15 所示第 1 行和第 2 行提示文字,接着输入 2011-09-10,再按 Enter 键,最后显示结果如图 2-15 所示。

图 2-15 "日期输入和显示"程序运行结果

【实例 2-13】两个整数升序排序显示。

该程序运行后要求输入两个整数（它们之间用空格分隔），然后按 Enter 键，即可将这两个数从小到大排序显示。程序代码如下：

```
/* TC2-13.C */
/* 两个整数升序排序显示 */
#include "stdio.h"
void main()
{
  int a,b,n1,n2;
  printf(" 两个整数升序排序显示\n ");
  printf("输入两个整数: ");
  scanf("%d %d",&a,&b);
  n1=a>b?a:b; /*比较 a 和 b 后，则将数值大的变量值赋给变量 n1*/
  n2=a<b?a:b; /*比较 a 和 b 后，则将数值小的变量值赋给变量 n2*/
  printf("两个整数从小到大排序: %d %d\n",n2,n1);
}
```

程序运行后显示图 2-16 所示第 1 行和第 2 行提示文字，接着输入 88，再输入空格，再输入 33，然后按 Enter 键，最后显示结果如图 2-16 所示。

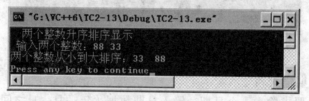

图 2-16 "两个整数升序排序显示"程序运行结果

【实例 2-14】挑选最小数。

该程序运行后要求输入 3 个整数（它们之间用空格分隔），然后按 Enter 键，即可将这 3 个数中最小的数显示出来。程序代码如下：

```
/* TC2-14.C */
/* 挑选最小数 */
#include "stdio.h"
void main()
{
  int n1,n2,n3,min;
  printf("    挑选最小数\n ");
  printf("请输入 3 个整数: ");
  scanf("%d %d %d\n",&n1,&n2,&n3)
  min=n1>n2?n1:n2;
  min=min>n3?min:n3;
  printf("输入的 3 个数中的最小数为: %d\n",min);
```

}

程序运行后显示图 2-17 所示第 1 行和第 2 行提示文字，接着输入 22、空格、99、空格、66，再按 Enter 键，最后显示结果如图 2-17 所示。

图 2-17 "挑选最小数"程序运行后的结果

【实例 2-15】统计学期成绩

根据学生的平时、期中和期末成绩统计出学期成绩，学期成绩等于 30%平时成绩加 30%期中成绩加 40%期末成绩，编写程序解决该问题。程序代码如下：

```
/* TC2-15.C */
/* 统计学期成绩 */
#include "stdio.h"
void main()
{
    float ps,qz,qm,xq;
    printf("    统计学期成绩  \n ");
    printf("请依次输入平时、期中和期末成绩: ");
    scanf("%f %f %f",&ps,&qz,&qm);
    xq=ps*0.3+qz*0.3+qm*0.4;
    printf("学期成绩: %6.2f \n",xq);
}
```

程序运行后显示图 2-18 所示第 1 行和第 2 行提示文字，接着输入 89、空格、96、空格、88，再按 Enter 键，最后显示结果如图 2-18 所示。

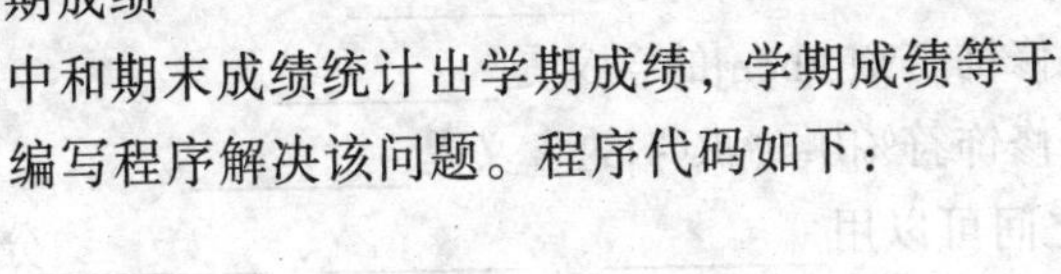

图 2-18 "统计学期成绩"程序运行结果

思考与练习

1. 填空题

（1）"格式控制字符串"是用双引号括起来的字符串，它包括_____、_____、_____、_____和_____五部分内容。

（2）"输出项列表"是需要输出的一系列_____，又称参数，各项参数可以是_____、_____、_____和_____等，其参数的个数应与以_____相同，各参数之间用_____分开，并且顺序应与_____一一对应。

（3）格式说明字符 d 说明对应的是一个_____，格式说明字符 f 说明对应的是一个_____，格式说明字符 s 说明对应的是一个_____。

（4）修饰符 "-m.n" 中的 m 为指定的输出数据的_____，包括_____、_____、和_____；n 表示_____，注意在输出小数时，小数点也要_____。

（5）十进制数 68 以%o 为格式字符时，输出的结果为_____，以%X 为格式字符时，输出的结果为_____，以%c 为格式字符时，输出的结果为_____。

（6）输出浮点数 3.14159，如输出结果为 3.14，则其格式字符应设置为_____。

（7）格式字符_____用于输入十进制整数，_____用于输入单精度数，_____用于输入字符串。

（8）scanf()函数用来接受_____输入的不同类型的数据。

（9）scanf()函数的修饰符"*"的含义是_____。

（10）scanf()函数的修饰符%[^abcn]的含义是_____。

（11）scanf()函数的修饰符%[0-9*#@+]的含义是_____。

（12）输入的数据之间可以用_____、_____、_____分隔。

（13)如果输入电话号码:(010)88669911–009,如要将号码中的区号 010,电话号码 88669911 和分机号 009 分别存储在整型变量 x、y、z 中，则输入语句中的格式字符串内容应为_____。

（14）getchar()函数只能接受_____个字符，可以赋给一个_____或_____，也可以_____。

（15）putchar()函数输出_____的值，参数 c 通常为字符型变量或整型变量，也可以是一个字符的常量或整型变量。

（16）当变量 c 是一个整型变量时，输出以该整型变量的值为_____的相应的字母。

2．分析程序的运行结果

（1）注意：在 printf()函数中可以在"格式控制字符串"项内的%和"格式说明字符"之间插入修饰符%mld, ld 用来确定输出长整型数据，m 用来控制输出长整型数据的宽度。

```c
/* TCX2-1.C */
#include "stdio.h"
void main()
{
    int  a=543210,b=12;
    long  c=9876543210,d=12;
    printf("%4d,%4d\n",a,b);
    printf("%d,%d\n",a,b);
    printf("%ld,%ld\n",c,d);
    printf("%10ld,%10ld\n",c,d);
    printf("%ld,%6ld\n",c,d);
}
```

（2）注意：对于 0～255 范围内的整数，也可以用字符形式输出。1 个字符数据也可以转换为相应的整数（ASCII 码数值）输出。%mc 输出指定宽度的字符数据。

```c
/* TCX2-2.C */
#include "stdio.h"
void main()
{
    char sc1='D';
    int an=69;
    printf("%c,%6c,%d\n",sc1,sc1,sc1);
```

```
    printf("%c,%6c,%d\n",an,an,an);
}
```

（3）注意：单精度实数的有效位数是 7 位（不包括小数点），超过 7 位数后，超出部分会显示出来，但无疑已无意义。双精度数也可以用%f 格式输出，它的有效位数是 16 位，其中有6 位小数。%e 用来控制输出指数形式的实数数据，系统规定指数部分占 5 位（如 e+05），其中e 占了一位，指数符号占一位，指数占 2 位，小数点左边只有一个非零数字，小数部分占 6 位，共占 12 位宽度。%e 与%f 和%e 类似，但小数点后无尾数。

```
/* TCX2-3.C */
#include "stdio.h"
void main()
{
    float a=666666.666;
    float b=222222.222;
    double c=666666.666;
    double d=333333.333;
    printf("%f\n",a+b);
    printf("%f\n",c+d);
    printf("%e\n",a+b);
    printf("%e\n",c+d);
    printf("%g\n",c+d);
}
```

（4）注意：%m.nf 输出指定宽度为 m，保留 n 位小数的单精度浮点数。如果实际数值宽度小于 m，则左边补空格，如果实际宽度大于 m，则按实际宽度输出，保留 n 位小数。%.nf 是按照实际宽度输出，保留 n 位小数。如果 m 左边有负号"−"，则右边补空格。

```
/* TCP2-4.C */
#include "stdio.h"
void main()
{
    float n=12345.6789;
    double m=66666.66666666666;
    printf("%f\n    %f\n",n,m);
    printf("%9.3f\n   %-9.3f\n    %.3f\n",n,m,n);
    printf("%e\n   %9e\n    %9.3e\n    %.3e\n    %-9.3e\n ",n,m,n);
}
```

（5）下边程序运行后，输入"5 8 a*b"（a 和 8、8 和"a*b"之间有一个空格），再按 Enter键，则输出窗口内会显示什么内容？

```
/* TCX2-5.C */
#include "stdio.h"
void main()
{
    int a,b,num;
    char myjh[4];
    scanf("%d%d%s",&a,&b,&myjh);
    num=a*b;
    printf("%s=%d*%d=%d\n",myjh,a,b,num);
}
```

（6）下边程序运行后，输入 APPLE 后按 Enter 键，会在输出窗口内显示什么内容？

```
/* TCX2-6.C */
#include "stdio.h"
void main()
{
    char str1,str2;
    scanf("%c %C",&str1,&str2);
    printf("%c   %c\n",str1,str2);
}
```

（7）下边程序运行后，输入 987654321 后按 Enter 键，会在输出窗口内显示什么内容？

```
/* TCX2-7.C */
#include "stdio.h"
void main()
{
    int a,b;
    char str1;
    scanf("%3d%*1d%2d%c",&a,&b,&str1);
    printf("%d,%d,%c\n",a,b,str1);
}
```

（8）下边程序运行后，输入 ABCDEFG 再按 Enter 键，会在输出窗口内显示什么？

```
/* TCX2-8.C */
#include "stdio.h"
void main()
{
    char s1,str[10];
    scanf("%c %s",&s1,str);
    printf("%c  %s\n",s1,str);
}
```

（9）下边程序运行后，输入 66 以后按逗号"，"键，再输入 88，最后按 Enter 键，会在输出窗口内显示什么内容？

```
/* TCX2-9.C */
#include "stdio.h"
void main()
{
    int a,b;
    scanf("%d,%d",&a,&b);
    printf("%d+%d=%d\n",a,b,a+b);
}
```

（10）下边程序运行后，输入"a=1.23"再输入逗号"，"，接着输入"b=68"，最后按 Enter 键，会在输出窗口中显示什么内容？

```
/* TCX2-10.C */
#include "stdio.h"
void main()
{
    float a,b;
    scanf("a=%f,b=%f",&a,&b);
    printf("a=%7.2f,b=%7.2f,%8.3f\n",a,b,a+b);
}
```

（11）分析下面程序的运行结果。

```
/* TCX2-11.C */
#include "stdio.h"
void main( )
{
    putchar(getchar());
}
```

3. 根据要求设计程序

（1）已知变量 x 和 y 分别保存 11、22 两个数，将这两个变量的数互换，显示互换结果。

（2）设计一个计算梯形面积的程序。该程序运行后，输入梯形的下底边长、上底边长和高度，即可计算梯形的面积，并显示计算的结果。梯形面积计算公式为：S=（L_1+L_2）*H/2，其中 L1 和 L2 分别为下底边长和上底边长，H 为柱高。

（3）设计一个"四则运算"程序，该程序运行后，输入两个不为零的整数，然后分别输出两个整数的和、差、积、商。要求两个整数的和、差、积、商的值均为整数。

（4）设计一个"温度转换"程序，该程序运行后，输入一个华氏温度，即可输出相应的摄氏温度（数据有 2 位小数）。将华氏温度转换为摄氏温度的公式是 C=（5/9）*（F-32）。

（5）设计一个"字母排序显示"程序，该程序运行后要求输入 3 个字母，再按 Enter 键，即可将输入的 3 个字母按照先大后小的顺序显示出来。

（6）设计一个"显示输入的前 5 个字符"程序，该程序运行后要求输入一个字符串，按 Enter 键后，即可将输入的字符串的前 5 个字符依次显示出来。

（7）设计一个"挑选最大的数"程序，该程序运行后要求输入 5 个整数（它们之间用空格分隔），输入完后按 Enter 键，即可将这 5 个数中最大的数显示出来。

（8）小张在商店卖了 5 个练习本、3 支圆珠笔、2 块橡皮，一个练习本 3.6 元，一支圆珠笔 4.2 元，一块橡皮 1.5 元，计算小张共花了多少钱？编写程序解决该问题。

（9）设计一个"统计职工实发工资"程序，该程序运行后，要求依次输入职工的基本工资、月奖金、效益提成、保险和会费，按 Enter 键后即可统计出该职工的实发工资。实发工资=基本工资+月奖金+效益提成-（基本工资+月奖金+效益提成-3000）*5%-保险-会费。

第 3 章 算法和程序的选择结构

【本章提要】本章介绍了程序的基本结构和算法，以及分支结构语句。程序有顺序、选择、循环 3 类流程结构程序。所有的复杂程序都可以由这 3 类结构来完成。顺序结构程序只可以顺序依次执行各条语句，而现实中许多问题需要根据一些具体情况和条件来选择不同的解决问题的方法，这就要求程序具有判断和选择的能力，能够根据一些条件是否成立，来决定执行哪些语句。选择结构程序设计正是用来解决这些问题。

选择结构程序的特点是：根据所给定选择条件为真（即条件成立）与否，而决定从各种可能的不同操作分支中选择执行某一分支的操作，不管分支有多少，仅执行其中一个。选择结构程序使用了条件结构语句，条件结构语句有 if 条件分支和 switch 开关分支两种语句。

3.1 程序的基本结构和算法

3.1.1 程序的基本结构和语句

1. 程序的基本结构

一个 C 语言程序由一个或多个 C 源程序文件组成，一个源程序文件又由一个或多个函数组成。函数是组成程序的基本单位。一个函数又由若干数据描述语句和数据运算语句构成函数体。数据描述语句用于设计程序中的数据结构，包括定义变量和数组等的数据属性以及函数说明等。C 语言的数据运算语句规定了相应的一种操作。C 语言源程序的完整结构如下：

```
#include "stdio.h"
void main()
{
    数据描述语句（定义变量类型等）
    数据运算语句（进行表达式运算等）
}
```

（1）"#include <头文件>"的作用是将该程序中所要用到的函数包含在该程序内，直接使用 C 语言中现成的函数可以减小设计 C 程序的难度，提高设计 C 程序的效率。在 C 语言程序中，因为通常都要使用数据输入和数据输出操作，因此都要用到 stdio.h 头文件。

由于"#include <头文件>"是命令而不是语句，所以其后边不可以添加";"，否则会出现语法错误。使用时有以下两种形式（以 stdio.h 头文件为例）：

【形式 1】#include <stdio.h>

【形式 2】#include "stdio.h"

（2）void main()是主函数的标志，每一个 C 程序都是从主函数开始执行。如果不加 void，则可能会显示警告信息，因此最好均加 void，有时需要程序的执行反馈，可加 int。

（3）函数主体：由 C 语言的数据描述语句（定义变量等）和 C 语言的数据运算语句（进行表达式运算等）组成。一个函数可以没有语句，但是必须有大括号。每条语句后边必须有分号";"，大括号后边没有分号";"。

2．语句

C 语言程序中的函数是由语句构成的，语句是根据程序设计的需要由 C 语言的基本元素组成的代码行，用来向计算机系统发出相应的操作命令，完成一定的操作任务。根据语句的功能不同可将语句分为 4 类：表达式语句、空语句、复合语句和流程控制语句。

（1）表达式语句：在一个表达式的右边加入分号";"，即可构成表达式语句。赋值语句和函数调用语句是表达式语句中使用频率最多的一种。下边的语句均是表达式语句。

```
x=y*2-z*3;
n++;
n=x>=z?100,200;
a+b,c+d;
```

函数调用语句是一个调用函数加一个分号。例如：

```
printf("a=%d,b=%d\n",a,b);
```

（2）空语句：只有一个分号的语句称为空语句，该语句什么也不做。有时用来作为具有延时作用的循环体或转向点。

（3）复合语句：用大括号"{}"括起来的若干语句称为复合语句。复合语句在语法上相当于一条语句。当单条语句位置上的功能需要多条语句才能完成时，可以使用复合语句。

例如：一个能完成变量 a 和变量 b 内数据互换功能的复合语句。

```
{
    m=a;
    a=b;
    b=m;
}
```

（4）流程控制语句：用来完成一定的程序执行流程的控制，有以下 9 种。其中，小括号内是一个条件表达式。

◎ 条件语句：if … else；

◎ 多分支选择语句：switch；

◎ 转向语句：goto；

◎ 循环语句 1：for()；

◎ 循环语句 2：while()；

◎ 循环语句 3：do …while()；

◎ 结束本次循环语句：continue；

◎ 中止执行 switch 或循环语句：break；

◎ 从函数返回语句：return。

例如：如果变量 a 的值大于变量 b 的值，则将变量 a 和变量 b 的数值互换。

```
if(a>b)
    m=a;
    a=b;
    b=m;
}
```

3.1.2 算法

1. 算法的概念

一般来说，所谓算法是指解决一个特定问题采用的特定的、有限的方法和步骤。对于计算机编程语言来说，用于求解某个特定问题的一些指令的集合就是算法。具体地说，用计算机所能实现的操作或指令来描述问题的求解过程，就得到了这一特定问题的计算机算法。

利用计算机来解决问题需要设计程序，在设计程序前要对问题进行充分的分析，设计解题的步骤与方法，也就是设计算法。算法的好坏，决定了程序的优劣，因此，算法的设计是程序设计的核心任务之一。

一个算法具有下列5个重要特性。只有具有这5种特性才能够被称为算法。

（1）确定性：算法中每一步操作都必须有准确的含义，不允许有二义性。正确的算法要求对于相同的输入，只有唯一的一条执行路径，只能得出相同的输出。

（2）可行性：算法中描述的所有操作，都可以通过执行有限次的基本运算来实现。

（3）输入性：一个算法有零或多个输入，如果没有输入，则算法内应确定其值。

（4）输出性：一个算法有一个或多个输出，没有输出的算法毫无意义。

（5）有穷性：对任何合法的输入数值来说，一个算法必须是执行有限的操作步骤，且每一个操作步骤都可在有穷（即有限）时间内完成，这是最重要的特性。

例如，计算 6!=6*5*4*3*2*1 的值的计算步骤是：计算 6*5 的值为 30→计算 30*4 的值为 120→计算 120*3 的值为 360→计算 360*2 的值为 720→计算 720*1 的值，结果为 720。

利用计算机解决问题需要设计程序，要实现上述计算，需要用变量 sjc 存放初值 1，以后存放每次和最后的计算结果，用变量 n 存放每次参与累加的数，初值为 6；用变量 m 存放每次累加的结果，初值为 1；用 n=n-1 语句使 n 依次取整数 5、4、3、2、1，用 sjc=sjcs*n 语句完成每次的累加运算。根据上述算法，设计的程序如下：

```
/* TC3-0.C */
#include "stdio.h"
void main()
{
    int n=6,sjc=1;
    sjc=sjc*n;
    n=n-1;
    sjc=sjc*n;
    n=n-1;
    sjc=sjc*n;
    n=n-1;
    sjc=sjc*n;
    n=n-1;
    sjc=sjc*n;
    n=n-1;
```

```
    sjc=sjc*n;
    printf("6! =6*5*4*3*2*1=%d\n",sjc);
}
```

2. 算法的控制结构

一个算法的功能不仅与选用的操作有关，而且与这些操作之间的执行顺序有关。算法的控制结构给出了算法的执行框架，它决定了算法中各种操作的执行次序。算法的控制结构有顺序结构、选择结构和循环结构 3 种基本形式。任何复杂的算法都可以用顺序、选择和循环这 3 种控制结构的组合来描述。

（1）顺序结构：指通过安排语句的排列顺序来决定程序流程的程序结构。在这种结构中，各个操作是依次执行的。一个算法总有一个入口，经过有限次的顺序操作后，由一个出口结束算法的操作。这种结构有单入单出的性质。一个程序通常可分为 3 个部分（输入、处理和输出）。由于顺序结构是按语句在程序中出现的次序，一条一条地执行的，无分支、无循环，所以不会出现死语句和死循环。因此，顺序结构是最简单的结构化程序。

（2）选择结构：在许多情况下，算法不会按部就班地从第一条操作依次执行到最后一条操作，往往需要根据某个条件来决定执行哪条语句，这种结构就是选择结构。选择结构有单选结构、双选结构和多选结构 3 种类型，也具有单入单出的性质，但它是开放型的，即一旦进入选择结构，执行了与判定条件相对应的一组操作后，就立即退出选择结构。

（3）循环结构：算法中的循环结构是指需要反复地执行某组操作的结构。循环控制就是指由特定的条件决定某些语句重复执行次数的控制方式。它也具有单入单出的性质，是封闭型的，一旦进入循环结构，只要循环条件未达到结束状态，就始终执行循环体内的操作。循环结构又分为当型循环结构与直到型循环结构，前者是先进行条件判断，再执行程序段语句；后者是执行一次要重复执行的程序段语句，再进行条件判断。

循环结构程序的应用使得大量重复的工作变得更容易，提高了程序设计的效率。

3. 算法的描述方法

算法有许多描述方法，例如，使用日常语言描述解决问题的步骤与方法的自然语言法。这种描述方法通俗易懂，但比较烦琐，且对条件转向等的描述欠直观。针对自然语言法描述的缺点，又产生了流程图法、N–S 图法和 PAD 图法等。下面介绍这 3 种在计算机算法中常用的描述方法。

（1）流程图法：流程图也称为框图，它是用各种几何图形、流程线及文字说明来描述计算过程的框图。用流程图表示算法的优点是：用图形来表示流程，直观形象，各种操作一目了然，不会产生歧义，流程清晰。其缺点是：流程图所占面积大，而且由于允许使用流程线，使流程任意转移，容易使人弄不清流程的思路。表 3–1 所示为用传统流程图描述算法时常用的符号。

表 3–1　流程图常用符号

流程图符号	名　　称	含　　　　　义
⬭	起始框	用于表示程序的起始和终止
▱	数据输入/输出框	用于表示数据的输入和输出
▭	处理框	描述基本的操作功能，例如赋值、数学运算等

续表

流程图符号	名　　称	含　　义
◇	判断框	根据框中给定的条件是否满足，选择执行两条路径中的某一条路径
↓→	流程线	表示流程的路径和方向
○	连接点	表示两段流程图流程的连接点

　　用流程图描述程序的 3 种基本结构如图 3-1 所示。其中，循环结构有两种形式：当型循环和直到型循环。当型循环是先进行判断，再执行循环体内的操作。直到型循环是先执行循环体内的操作，再进行判断。如果采用直到型循环结构，则不论条件是否成立，循环体内的操作都会被至少执行一次。

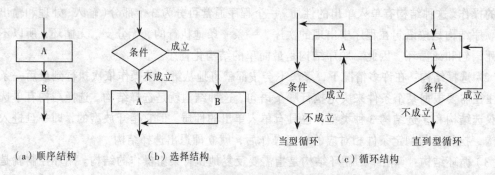

（a）顺序结构　　　　（b）选择结构　　　　（c）循环结构

图 3-1　流程图描述程序的 3 种基本结构

　　下面举例说明如何使用流程图描述判断某整数是否为 3 的倍数。该算法的流程图如图 3-2 所示。

　　（2）N-S 图法：N-S 结构化流程图的主要特点是取消了流程线，即不允许流程任意转移，而只能从上到下顺序进行，从而使程序结构化。它规定了 3 种基本结构作为构造算法的基本单元，如图 3-3 所示。

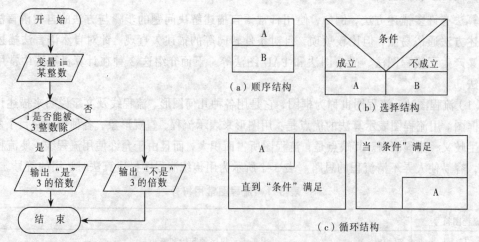

图 3-2　判断某是否为 3 的倍数的算法流程图　　　图 3-3　N-S 图描述程序的 3 种基本结构

　　图中的 A 和 B 分别代表某些操作，例如，数据赋值、数据的输入或输出等，也可以是 3 种基本控制结构中的某一种。顺序结构是最简单的一种结构，先执行 A 然后再执行 B。选择结构则根据条件是否满足决定执行 A 或 B。循环结构中的"直到型循环",是先执行一次 A,然后检查条件是否满足,如不满足则再执行一次 A,直到某一次在执行完 A 后条件满足为止。循环结构中的"当型循环",是先检查给定的循环条件是否满足,若满足则执行 A,然后再检查一次条件满足否,直到某一次条件不满足为止。

N–S 图的不足之处是,当算法存在着较多层嵌套的选择结构时,图中的每个选择结构框会越分越窄,可能难以写下所需要的操作内容。

(3) PAD 图法:PAD (Problem Analysis Diagram) 的原意是问题分析图,它是近年来在软件开发中被推广使用的一种描述算法的图形方法。它是一种二维图形,从上到下各框功能顺序执行,从左到右表示层次关系。这种描述算法的方法,层次清楚,逻辑关系明了,在有多次嵌套时,不易出错。用 PAD 图描述程序的 3 种基本结构如图 3-4 所示。

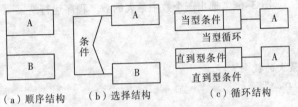

图 3–4　用 PAD 图描述程序的 3 种基本结构

在为具体问题设计算法时,选用何种算法描述工具并不重要,重要的是一定要把算法描述得简洁、正确,不会产生理解上的歧义性。

3.2　条件分支语句

If 条件分支语句有 3 种使用形式。有 if 单分支语句、if…else 双分支语句和 if…else　if…else 多分支语句,分别介绍如下。

3.2.1　if 单分支语句

if 单分支语句只对一个条件 (可以是复合条件) 进行判断,如果为真就执行其下所包含的语句体语句;否则跳过 if 语句下所包含的内容,去执行 if 语句后边的语句。

1. 语句格式和功能

【格式】if 单分支语句使用格式如下:

```
if(表达式)
    语句体;
```

【功能】当表达式的值为真 (非 0) 时,依次执行"语句体"的各条语句,否则跳过"语句体",转去执行 if 语句下面的语句。if 单分支语句的流程如图 3–5 所示。例如:

```
if(x<=10)  x++;
```

又如:

```
if(x!=a)
      x=a+10;
```

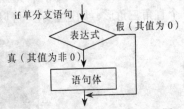

图 3–5　if 单分支语句的流程图

2．应用实例

【实例 3-1】选出三个数中最大的数。

"选出三个数中最大的数"程序运行后显示图 3-6 所示第 1、2 行的提示内容，依次输入 3 个整数（例如 33、88、66，输入的各整数之间输入空格），然后按 Enter 键，即可将输入的 3 个数中最大的整数（88）显示出来，如图 3-6 所示。

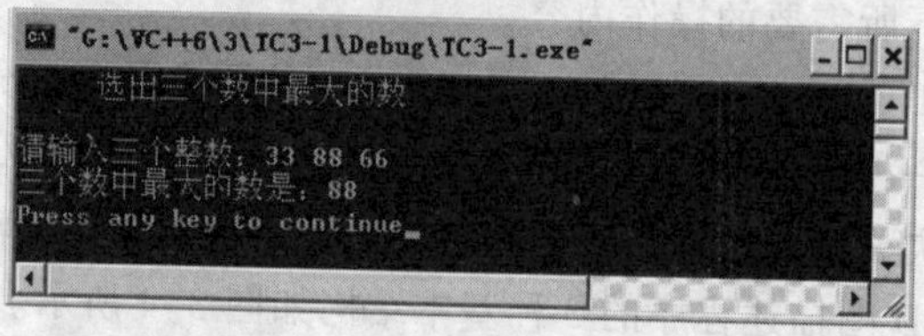

图 3-6　"选出三个数中最大的数"程序运行结果

程序代码如下：

```c
/* TC3-1.C */
/* 选出三个数中最大的数 */
#include "stdio.h"
void main()
{
    int a,b,c,n;
    printf("    选出三个数中最大的数\n\n");
    printf("请输入三个整数: ");
    scanf("%d %d %d",&a,&b,&c);      /* 输入三个整数 */
    n=a;                             /* 将变量 a 的值赋给变量 n */
    if(a<b)                          /* 比较 a 是否小于 b */
    {
        n=b;                         /* 将变量 b 的值赋给变量 n */
    }
    if(n<c)                          /* 比较 a 是否小于 c */
    {
        n=c;                         /* 将变量 c 的值赋给变量 n */
    }
    printf("三个数中最大的数是: %d\n",n);
}
```

【实例 3-2】判断三角形。

"判断三角形"程序运行后显示图 3-7 所示第 1、2 行的提示内容，依次输入 3 个正整数，然后按 Enter 键，即可显示相关信息。如果以这 3 个数为边长可以构成一个三角形，则显示"可以构成三角形！"文字，否则显示"不可以构成一个三角形！"文字；如果构成的三角形是一个直角三角形，则还显示"可以构成一个直角三角形！"。

图 3-7　"判断三角形"程序运行结果

程序代码如下：

```c
/* TC3-2.C */
/* 判断三角形 */
#include "stdio.h"
void main()
{
  int a,b,c,n;
  printf("      判断三角形\n\n");
  printf("请输入三个整数: ");
  scanf("%d %d %d",&a,&b,&c);        /* 输入三个整数 */
  n=0;                               /* 变量n赋初值0 */
  if(a<b+c && b<a+c && c<a+b)        /* 比较两边和是否大于第三边 */
  {
    n=1;                             /* 变量n赋值1 */
  }
  if(n==1)                           /* 如果变量n等于1，则显示相关信息 */
  {
    printf("可以构成一个三角形! \n");    /* 显示信息 */
  }
  if(n==0)                           /* 如果变量n等于1，则显示相关信息 */
  {
    printf("不可以构成一个三角形! \n");  /* 显示信息 */
  }
  /* 比较两边平方和是否等于第三边平方 */
  if(a*a==b*b+c*c || b*b==a*a+c*c ||c*c==a*a+b*b)
  {
    printf("可以构成一个直角三角形! \n"); /* 显示信息 */
  }
}
```

3.2.2　if…else 双分支语句

1. 语句格式和功能

【格式】if…else 语句使用格式如下：
```c
if(表达式)
        语句体1;
else
        语句体2;
```
【功能】if…else 语句有两个条件分支，在不同情况下可以分别执行不同的分支。当表达式的值为真（非 0）时，执行"语句体 1"，否则执行"语句体 2"，如图 3-8 所示。如果语句体内不止一条语句，通常应将这些语句用一对大括号括起来。例如：
```c
if(x>=60)
{
    x++;
    y=y+x;
}
else
```

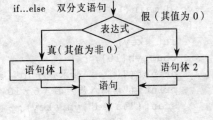

图 3-8　if…else 语句的流程图

```
{
    x--;
    y=y-x;
}
```

2．应用实例

【实例 3-3】登录程序 1。

"登录程序 1" 程序运行后，会提示用户输入用户名和密码，如果输入的密码正确，则显示 "密码正确！" 等信息，否则，显示 "密码有错误！" 信息，并响一声报警铃声。该程序的算法流程图如图 3-9 所示。

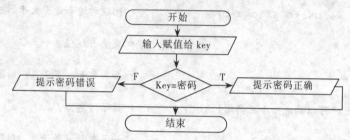

图 3-9　登录程序 1 算法流程图

该程序运行后，输入用户名和密码，输入的密码为 19471107 时，显示结果如图 3-10 所示。输入其他密码（如 98765）时，显示结果如图 3-11 所示。

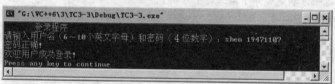

图 3-10　"登录程序 1" 程序运行结果

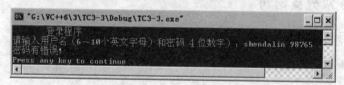

图 3-11　密码输入错误的显示效果

程序代码如下：

```c
/* TC3-3.C */
/* 登录程序 1 */
#include "stdio.h"
void main()
{
    int  key;
    char yh[10];
    printf("      登录程序\n");
    printf("请输入用户名（6～10个英文字母）和密码（4位数字）：");
    scanf("%s %d",yh,&key);    /* 接受键盘输入的用户名和密码 */
    if(key==9865)              /* 比较密码，如果比较值为真（相等），执行下列语句 */
```

```
  {
    printf("密码正确!\n");
    printf("欢迎用户成功登录!\n");
  }
  else
    /* 如果输入错误则显示错误信息,并伴有一声响铃 */
    printf("密码有错误!\07\n");
}
```

程序比较简单,参考注释语句就能理解。程序中的倒数第 2 行语句中的"\07"为转义字符,含义为报警响铃。

【实例 3-4】求分段函数的值。

设计一个"求分段函数的值"程序,该程序运行后输入一个正整数赋给变量 X,按 Enter 键,即可显示分段函数 Y 的值。程序运行后输入 5 再按 Enter 键,显示结果如图 3-12 左图所示;程序运行后输入-5 再按 Enter 键,显示结果如图 3-12 右图所示。

$$Y = \begin{cases} 2X+3 & (X \le 0) \\ X^2-2X+5 & (X > 0) \end{cases}$$

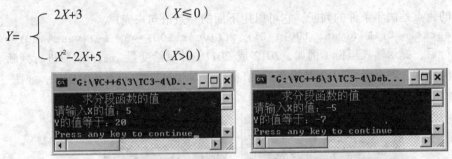

图 3-12　"求分段函数的值"程序运行结果

程序代码如下:
```
/* TC3-4.C */
/* 求分段函数的值 */
#include "stdio.h"
void main()
{
  int  x,y;
  printf("     求分段函数的值\n");
  printf("请输入 X 的值: ");
  scanf("%d",&x);        /* 接受键盘输入的 X 的值 */
  if(x<=0)               /* 如果 x 小于或等于 0,则执行下列语句 */
  {
    y=2*x+3;             /* 计算 y 的值 */
  }
  else
  {
    y=x*x-2*x+5;         /* 计算 y 的值 */
  }
  printf("Y 的值等于: %d\n",y);
}
```

【实例 3-5】判断闰年。

该程序用来对输入的年份进行判断,判断它是否为闰年。判断某年是否为闰年的条件是:

能被 4 整除但不能被 100 整除；或者能被 100 整除，同时也能被 400 整除的年份。

通过对程序进行分析，可绘出如图 3-13 所示的算法流程图。

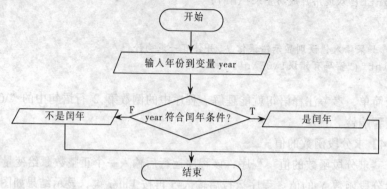

图 3-13 判断闰年的算法流程图

算法中的重点是闰年条件的判断，它可以用下面的一条语句来完成。

```
if(((year%4)==0)&& ((year%100)!=0)) ||((year%100)==0) &&((year%400)==0))
```

程序运行后，提示输入年份（例如，2012 或 2011）并赋给变量 year，然后进行判断。如果符合闰年的条件，则显示"2012 是闰年。"信息，否则显示"2011 不是闰年。"，如图 3-14 所示。

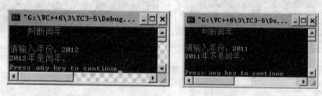

图 3-14 "判断闰年"程序运行结果

为了便于初学者进行理解，在下面的程序中将其分为了多个语句。程序代码如下：

```c
/* TC3-5.C */
/* 判断闰年 */
#include "stdio.h"
void main()
{
    int year;                /* 变量 year 存储年份 */
    int f1,f2,f3;            /* f1、f2、f3 存储年份能否被 4、100、400 整除的逻辑值 */
    printf("    判断闰年\n\n");
    printf("请输入年份: ");
    scanf("%d",&year);
    f1=((year%4)==0);         /* 判断年份是否被 4 整除，将结果存入 f1 */
    f2=((year%100)==0);       /* 判断年份是否被 100 整除，将结果存入 f2 */
    f3=((year%400)==0);       /* 判断年份是否被 400 整除，将结果存入 f3 */
    if(f1 && (!f2) || f2 && f3)   /* 判断是否为闰年 */
        printf("%d 年是闰年。\n",year);
    else
        printf("%d 年不是闰年。\n",year);
}
```

在语句"f1=((year%4)==0);"中，表达式（year%4）==0用于比较 year 除以 4 的余数，

再将余数与 0 进行比较，以判断该年份是否能被 4 整除，最后将结果赋给 f1。如果 year 能被 4 整除，f1 值为真，否则，f1 值为假。在这个语句中，由于关系运算符、逻辑运算符和赋值运算符具有不同的优先级，因此，语句中的圆括号是为了让程序易于理解，可以省略。

接下来的两行语句与上一行语句的原理相同。在语句 if（f1&&（!f2）‖ f2&&f3）中，对 f1、f2、f3 按闰年条件进行逻辑运算，判断该年份是否能被 4 整除（f1）并且（&&）不能被 100 整除（!f2）；或者（‖）能被 100 整除（f2），并且也能被 400 整除（f3）。

3.2.3　if…else　if…else 多分支语句

1. 语句格式与功能

【格式】if…else　if…else 多分支语句使用格式如下：
```
if(表达式1)
    语句体1;
else if(表达式2)
    语句体2;
else if(表达式3)
    语句体3;
    …
else
    语句体n;
```

【功能】if…else　if…else 多分支语句可以对多个条件进行判断，并在条件成立时执行相应的语句。该语句将分别对表达式 1、表达式 2……依次进行测试，当某个表达式成立，其值为真时，转去顺序执行其下边相关的语句体内的语句，并由此退出条件结构。如果所有表达式均不成立，则顺序执行最后的"语句体 n"内的语句。if…else　if…else 多分支语句的流程图如图 3-15 所示。可以发现，多分支 if 语句的实质就是 if…else 语句的嵌套，即在其 else 语句中嵌入另一个 if 语句。

例如，下面的程序可以根据输入的分数给出相应的评语。
```
if(a>=85)printf("评语是优! \n");
else if(a>=75 && a<85) printf("
评语是良! \n");
else if(a>=60 && a<75) printf("
评语是及格! \n");
else printf("评语是不及格! \n");
```
例如，下面的程序可根据输入的数来计算 2 的整数倍或 5 的整数倍的数累加和及个数，统计是 7 的整数倍或 3 的整数倍的数累加和及个数，以及不符合上述情况的数累加和。
```
scanf("%d",&n);
if(n%2||n%5)
{
    k++;
    sum1=sum1+n;
}
```

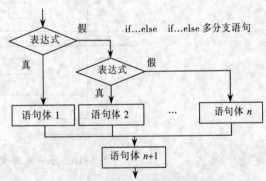

图 3-15　多分支条件语句流程图

```
else if(n%7||n%3)
{
    h++;
    sum2=sum2+n;
}
else
    sum3=sum3+n;
```

2．应用实例

【实例 3-6】求一元二次方程实根。

设计"求一元二次方程实根"程序，将利用一元二次方程 $ax^2+bx+c=0$ 的求根公式 $x=\dfrac{-b\pm\sqrt{b^2-4ac}}{2a}$ 来计算方程的实数根。计算一元二次方程的实数根时，先判断方程是否有实数根，即计算求根公式的判别式 $\Delta=b^2-4ac$ 的值是否大于或等于 0，如果等于 0 则有相同的实根，如果大于 0 则有不同的实根。通过分析，求根程序的算法流程如图 3-16 所示。

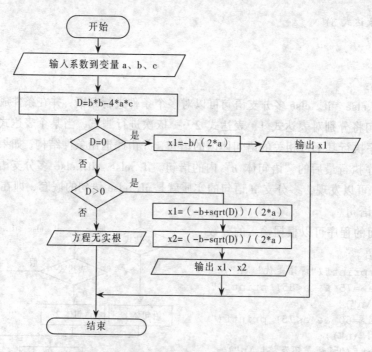

图 3-16　求一元二次方程的实根的流程图

程序运行后，输入 1、","、-7、","、12，再按 Enter 键，显示结果如图 3-17 所示，输入 1、","、-8、","、4，再按 Enter 键，显示结果如图 3-18 所示；输入 1、","、1、","、1，再按 Enter 键，会显示"方程 1x^2+1x+1=0 没有实数根！"提示信息。

图 3-17　"求一元二次方程实根"程序运行结果

图 3-18　"求一元二次方程实根"程序运行结果

程序代码如下：

```c
/* TC3-6.C */
/* 求一元二次方程的实根 */
#include "stdio.h"
#include "math.h"
void main()
{
    int a,b,c;
    float x1,x2,D;
    printf("    求一元二次方程实根\n");
    printf("请输入一元二次方程系数a,b,c(用,分隔): ");
    scanf("%d,%d,%d",&a,&b,&c);
    D=b*b-4*a*c;              /* 求出Δ */
    if(0==D)                  /* 判断是否有两个相同的实数根 */
    {
        x1=-b/(2*a);
        printf("%dx^2+%dx+%d=0有两个相同的实数根:x=%8.2f\n",a,b,c,x1);
    }
    else if(D>0)             /* 判断是否有两个不同实数根 */
    {
        x1=(-b+sqrt(D))/(2*a);
        x2=(-b-sqrt(D))/(2*a);
        printf("%dx^2+%dx+%d=0有两个不同实根: :x1=%8.2f,x2=%8.2f\n",a,b,c,x1,x2);
    }
    else
        printf("方程%dx^2+%dx+%d=0没有实数根! \n",a,b,c);
}
```

程序中，首先利用语句 "D=b*b-4*a*c;" 计算出求根公式的判别式 $\Delta = b^2 - 4ac$ 的值，再在接下来的多分支 if 语句中对 D（即 Δ）进行判断，然后根据 D 的不同值去执行不同的语句。

程序中的 sqrt() 是一个数学函数，它用于计算并返回参数的平方根。sqrt() 函数在文件 math.h 中声明，因此，在程序的开头使用了语句#include "math.h"进行包含。

提示：在语句 if(0==D)中使用了 0==D 来进行比较，而不是习惯上的 D==0，这是一种较好的编程方法，它可以有效减少因将关系表达式 D==0 输入成赋值表达式 D=0 的错误。如果输入为 0=D，将对 0 进行赋值，在程序编译时会报错，能及时进行更改；如输入为 D=0 则将 D 赋值为 0，程序编译时不会报错，但运行结果会出错，而且这种逻辑错误不容易检查到。

【实例 3-7】两位整数四则运算练习。

"两位整数四则运算练习" 程序用来练习四则运算。该程序运行后，显示图 3-19 所示的前两行提示性息，输入一个两位整数四则运算表达式，例如输入 "45+35" 并按 Enter 键，显示 "请输入结果：" 提示性息，再输入计算结果（例如，80）并按 Enter 键，显示结果如图 3-19 左图所示。如果输入其他的计算结果（例如，70），显示结果如图 3-19 右图所示。又如，输入 "4*25" 并按 Enter 键，输入正确答案后的显示结果如图 3-20 所示。

图 3-19　"两位整数四则运算练习" 程序运行结果

图 3-20 "两位整数四则运算练习"程序运行结果

程序代码如下：

```
/* TC3-7.C */
/* 两位整数四则运算练习 */
#include "stdio.h"
void main( )
{
    int a,b,m,n;
    char sc;
    printf("    两位整数四则运算练习 \n");
    printf("请输入一道两位整数的四则运算题: ");
    scanf("%2d%c%2d",&a,&sc,&b);
    if(sc=='+')m=a+b;
    else if(sc=='-')m=a-b;
    else if(sc=='*')m=a*b;
    else if(sc=='/')m=a/b;
    printf("%2d%c%2d=?\d\n",a,sc,b);
    printf("请输入结果: ");
    scanf("%d",&n);
    if(n==m)
        printf("计算正确: %2d%c%2d=%3d\n",a,sc,b,n);
    else
        printf("计算不正确: %2d%c%2d=%3d\n",a,sc,b,m);
}
```

3.3　switch 开关分支语句和选择结构的嵌套

在程序设计中，当有很多个分支时，可以使用 if…else if…else 多分支语句，还可以使用 switch 语句，该语句称为开关分支语句，它的用途类似于 if…else if…else 多分支语句。不同的是，该语句的多路分支选择仅取决一个表达式不同的值。

3.3.1　switch 开关分支语句

1. 语句格式和功能

【格式】switch 开关分支语句的使用格式如下：

```
switch(常量表达式)
{
  case <常量表达式1>:
        [语句序列1]
        [break;]
  case <常量表达式2>:
```

```
            [语句序列 2;]
            [break;]
            …
    case <常量表达式 n>:
            [语句序列 n;]
            [break;]
    [default:
            [语句序列 n+1;]
            [break;]]
}
```

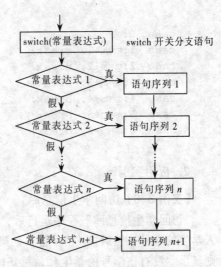

图 3-21　switch 语句的程序流程

switch 语句的执行流程如图 3-21 所示。

注意： switch 中常量表达式的值只能是整型、字符型或枚举型，switch 中常量表达式值的类型必须与 case 中的常量表达式值的类型一致，即其值只能是整数、字符或枚举值。

语句执行时，先对 switch 右边小括号内的常量表达式（即计算结果是一个整型、字符型或枚举型的表达式）进行计算，将计算结果与 case 后的常量表达式的值进行比较，如果相符，则转去执行 case 后面的语句，最后执行 break 语句后跳出整个 switch 语句。break 语句的作用是使程序的执行跳出整个 switch 语句。

如果省略 case 语句序列内的 break 语句，则从该 case 语句开始以后的 case 语句将不再进行条件检查，而是直接执行各语句序列内的语句，直到 switch 语句结束或遇到 break 语句。

default 是一个可选项，可以省略。使用 default 的意义在于，当所有 case 都不能与 switch 相匹配时，转去执行 default 后的语句。在 default 后边的 break 并不是多余的。虽然很多情况下 break 可以省略，但是当 default 不是 switch 结构末尾的最后一个语句时，必须加上 break。不管 break 语句在何处，总是最后执行。

例如，根据输入的字母（英文大写字母 A、B、C、D、E、F）不同，显示的数学题目也不同。程序代码如下：

```
switch(shr1)
{
    case 'A':printf("1+2+3+…+100=? "); break;
    case 'B': printf("1+3+5+…+99=? "); break;
    case 'C': printf("10*9*…*2*1=? "); break;
    case 'D': printf(^1*1+2*2+…10*10=? "); break;
    case 'E': printf("1+1/2+1/3+…1/10=? "); break;
case 'F': printf("1+(1+2)+(1+2+3)…+(1+2+…+10)=? "); break;
    default: printf("error!");
}
```

例如，根据输入的数不同，给变量 m 累加的值也不同。当 n<20 时 k 等于 0 或 1，则 m 累加 1；20≤n<30 时 k 等于 2，则 m 累加 2；30≤n<40 时 k 等于 3，则 m 累加 3；40≤n<50 时 k 等于 4，则 m 累加 4；50≤n<60 时 k 等于 5，则 m 累加 5；当 n≥60 时 k 等于 6，则 m 累加 6。程序代码如下：

```
If(n<60) k=n/10;
else k=6;
switch(k)
```

```
{
  case 0:
  case 1:m=m+1; break;
  case 2:m=m+2; break;
  case 3:m=m+3; break;
  case 4:m=m+4; break;
  case 5:m=m+5; break;
  case 6:m=m+6; break;
}
```

2. 应用实例

【实例 3-8】访问学生信息库。

"访问学生信息库"程序运行后，会显示图 3-22 所示的第 1、2 行提示性息，要求用户输入学生的学号，然后按 Enter 键，如果存在该学号，则显示相应的学生名称、性别和总评，否则显示"没有该学号的学生！请重新输入！"信息。例如，输入 1005，再按 Enter 键，显示结果如图 3-22 所示。

图 3-22 "访问学生信息库"程序运行结果

程序代码如下：

```
/* TC3-8.C */
/* 访问学生信息库 */
#include "stdio.h"
void main()
{
  int bh;
  printf("          访问学生信息库\n");
  printf("请输入学生学号:");
  scanf("%d",&bh);
  switch(bh)
  {
  case 1001:
    printf("%d学号学生的姓名为李丽，性别为女，总评为良。\n",bh);
    break;
  case 1002:
    printf("%d学号学生的姓名为张可欣，性别为女，总评为良\n",bh);
    break;
  case 1003:
    printf("%d学号学生的姓名为沈昕，性别为女，总评为优\n",bh);
    break;
  case 1004:
    printf("%d学号学生的姓名为肖柠朴，性别为男，总评为优。\n",bh);
    break;
  case 1005:
    printf("%学号学生的姓名为移动常桂华，性别为男，总评为及格。\n",bh);
```

```
        break;
    case 1006:
        printf("%d学号学生的姓名为丰金兰, 性别为女, 总评为良。\n",bh);
        break;
    case 1007:
        printf("%d学号学生的姓名为周丽红, 性别为女, 总评为良。\n",bh);
        break;
    case 1008:
        printf("%d学号学生的姓名为付小勇, 性别为男, 总评为优。\n",bh);
        break;
        default:
        printf("没有该学号的学生! 请重新输入! \n",bh);
        break;
    }
}
```

【实例 3-9】显示学生学习总评。

通常在作学习总评时会将成绩分为几类，0～59 为不及格，60～79 为及格，80～89 为良好，90～100 为优秀。该程序可以根据输入的成绩，显示出对应的成绩分类。

由于每个成绩段的成绩有很多种情况，如果用成绩与评语一一对应的方式进行分级，则程序太冗长且繁杂。通过分析可发现，成绩是分段的，可采用如下方法解决分段识别的问题。

将成绩除以 10，得到的商取整赋给变量 n，这样，0～100 分的 101 种情况可以简化为 0～10 的 10 种情况，n 的取值为 0～10。其中，n 的值为 0～5 时，对应的分数为 0～59，评语为 "不及格!"；n 的值为 6～7 时，对应的分数为 60～79，评语为 "及格!"；n 的值为 8 时，对应的分数为 80～89，评语为 "良好!"；n 的值为 9～10 时，对应的分数为 90～100，评语为 "优秀!"。这样，算法就得到了简化。将数量最多的 0～5 分配到 default 中执行，利用 switch 语句省略 break 的特殊用法，可以方便地设计出程序。程序算法流程如图 3-23 所示。

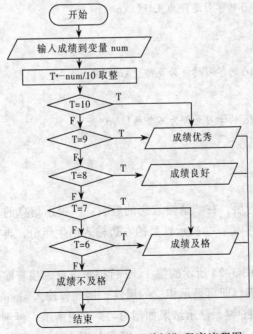

图 3-23 "显示学生学习总评" 程序流程图

程序运行后，会显示图 3-24 所示的第 1、2 行提示性息，接着输入学生成绩，按 Enter 键，即可显示相应的评语。例如，输入 89，再按 Enter 键，显示结果如图 3-24 左图所示。例如，输入 99，再按 Enter 键，显示效果如图 3-24 右图所示。

图 3-24　"显示学生学习总评"程序运行结果

程序代码如下：

```c
/* TC3-9.C */
/* 显示学生学习总评 */
#include "stdio.h"
void main()
{
  int n;
  printf("        显示学生学习总评    \n");
  printf("请输入学生成绩:");
  scanf("%d",&n);
  switch((int)(n/10)) /* 通过 int 将 n/10 的结果强制转换为整数 */
  {
  case 10:
  case 9:
    printf("成绩%d的学习总评为优秀! \n",n);
    break;
  case 8:
    printf("成绩%d的学习总评为良好! \n",n);
    break;
  case 7:
  case 6:
    printf("成绩%d的学习总评为及格! \n",n);
    break;
  default:
    printf("成绩%d的学习总评为不合格! \n",n);
    break;
  }
}
```

【实例 3-10】猜猜属相。

"猜猜属相"程序运行后，在"请输入您的姓名："提示信息的右边输入姓名，按 Enter 将后在"请输入您的出生年份："提示性息的右边输入出生年份，再按 Enter 将后，即可显示出其属相。

程序运行后，会显示图 3-25 所示的第 1、2 行提示信息，接着输入姓名再按 Enter 键，再输入出生年份并按 Enter 键，即可显示相应的属性。例如，输入 shendalin，按 Enter 键，再输入出生年份 1947，按 Enter 键，显示结果如图 3-25 左图所示；再例如，输入 "shenxin"，按 Enter 键，再输入出生年份 1977，按 Enter 键，显示如图 3-25 右图所示。

图 3-25　"猜猜属相"程序运行结果

程序代码如下:

```c
/* TC3-10.C */
/* 猜猜属相 */
#include "stdio.h"
void main()
{
  #define  YEARC 2006        /* 定义一个符号常量 YEARC，其值为 2006 */
  /* 变量 gap 保存输入年份与 YEARC（2006）年的差，变量 year1 保存输入年份 */
  int gap, year1;
  char xm[12];
  printf("       猜猜属相 \n");
  printf("请输入您的姓名:");
  scanf("%12s",xm);            /* 输入姓名字符串 */
  printf("请输入您的出生年份:");
  scanf("%d",&year1);
  gap =(YEARC-year1)%12     ;  /* 年份分为 12 类 */
  if(gap<0)                    /* 如果输入年份大于 2006 年，则 gap=12 +gap */
     gap=12+gap;
  switch(gap)
  {
    case 0:
      printf("%s 的属相为 狗! \n", xm);
      break;
    case 1:
      printf("%s 的属相为 鸡! \n", xm);
      break;
    case 2:
      printf("%s 的属相为 猴! \n",xm);
      break;
    case 3:
      printf("%s 的属相为 羊! \n",xm);
      break;
    case 4:
      printf("%s 的属相为 马! \n",xm);
      break;
    case 5:
      printf("%s 的属相为 蛇! \n",xm);
      break;
    case 6:
      printf("%s 的属相为 龙! \n",xm);
      break;
    case 7:
      printf("%s 的属相为 兔! \n",xm);
```

```
        break;
    case 8:
        printf("%s的属相为 虎! \n",xm);
        break;
    case 9:
        printf("%s的属相为 牛! \n",xm);
        break;
    case 10:
        printf("%s的属相为 鼠! \n",xm);
        break;
    case 11:
        printf("%s的属相为 猪! \n",xm);
        break;
    default:
        printf("请您重新输入! \n");
        break;
    }
}
```

在上面的代码中，声明一个常量 YEARC 用来保存年份 2006，它的对应属性为"狗"。然后，以 2006 年的属相为"狗"作为标准，通过 gap =(YEARC−year1)%12 语句将用户输入的年份分为 12 类（变量 gap 取值分别为 0～11），分别对应"狗"……"猪"12 个属相。如果用户输入年份大于 2006 时，可以用 gap=12+gap 表达式使变量 gap 获得新值，保证 gap 值与属相的对应关系不变，如表 3-2 所示。

表 3-2 年份、属相、gap 值和 gap = 12 +gap 值的对应关系

年　份	属　相	gap 值	gap = 12+gap 值
1994	狗	0	0
1995	猪	11	11
1996	鼠	10	10
1997	牛	9	9
1998	虎	8	8
1999	兔	7	7
2000	龙	6	6
2001	蛇	5	5
2002	马	4	4
2003	羊	3	3
2004	猴	2	2
2005	鸡	1	1
2006	狗	0	0
2007	猪	−1	11
2008	鼠	−2	10

3.3.2　选择结构的嵌套

实际中有时需要对多个条件进行判断，并且这些条件不能在同一条件语句中进行判断，而

是有先后顺序，即当某个条件满足后再判断其他条件，这时就要用到选择结构的嵌套。如果选择结构的语句序列又是另一个选择结构语句，则称为选择结构的嵌套。

1．选择结构嵌套的几种形式

在选择结构中，可以在 if 条件分支语句内嵌套 if 条件分支语句，也可以嵌套 switch 语句，switch 开关分支语句与 if 条件分支语句相互间的嵌套易于识别，而在 if…else 双分支语句内嵌套 if…else 双分支语句就不容易区分了。下面重点介绍一下 if…else 语句的嵌套结构。

前面学习过的 if…else 结构中，作为结构内部的语句序列可以是任意的 C 语言语句，当然也可以是另一个 if 语句。例如：

```
if (a>b)
   if(x!=y)
      …
   else
      …
else
   …
```

if 语句的嵌套结构形式有很多，表 3-3 列出了其中的一些形式。

表 3-3　if 语句的嵌套结构的形式

形式 1	形式 2	形式 3

`if(表达式 1)`
　`if(表达式 2)`
　　`语句 1;`
　`else`
　　`语句 2;`
`else`
　`语句 3;`
	`if(表达式 1)`
	　`语句 1;`
	`else`
	　`if(表达式 2)`
	　　`语句 2;`
	　`else`
	　　`语句 3;`
		`if(表达式 1)`
		　`{ if(表达式 2)`
		　　　`语句 1;`
		　`}`
		`else`
		　`语句 2;`

形式 4	形式 5	形式 6

`if(表达式 1)`
　`语句 1;`
`else`
　`if(表达式 2)`
　　`语句 2;`
	`if(表达式 1)`
	　`if(表达式 2)`
	　　`语句 1;`
	　`else`
	　　`语句 2;`
		`if(表达式 1)`
		　`switch(表达式 2)`
		　`{ case <常量表达式 1>:`
		　　　　`:`
		　`}`
		`else`
		　　`语句 n;`

这些嵌套的 if 语句在执行时，先对表达式 1 进行判断，按判断的结果再决定是否要对嵌套语句中的表达式 2 进行判断。

在以上格式中，需要注意的是形式 3 中的大括号是不能省略的，如果省略了该大括号，则变为形式 5。因为 if 语句嵌套时，C 语言语法规定，else 总是与之前最近的、尚未配对的 if 语句相匹配。为了使程序不发生如上所述的错误，在 if 语句的嵌套结构中，最好用花括号将内部的语句块括起来，以免产生歧义。上面的形式 1～形式 4 的 if 语句的嵌套结构形式的流程如图 3-26 所示（与形式 1～4 按顺序依次对应）。

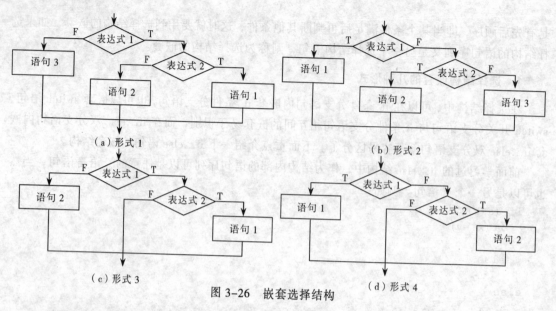

（a）形式1　　　　　　　　　　　　　　　（b）形式2

（c）形式3　　　　　　　　　　　　　　　（d）形式4

图 3-26　嵌套选择结构

2. 应用实例

【实例 3-11】登录程序 2。

在前面学过的相关程序中，仅能对用户的密码进行判断，而不对用户名进行判断，在本实例中，将添加上对用户名的判断。在程序执行过程中，将提示输入用户名，如果用户名正确，再提示输入密码，如果用户名不正确，则直接退出程序。

程序运行后，输入用户名为 shendalin，按 Enter 键后再输入密码为 1947，按 Enter 键后显示结果如图 3-27 所示。如果输入用户名错误，则会显示"用户名错误！"，然后退出程序运行；如果输入密码错误，则会显示"密码错误！"，然后退出程序运行。

程序代码如下：

```
/* TC3-11.C */
/* 登录程序 2 */
#include "stdio.h"
#include "string.h"
void main()
{
  int  key,hk;
  char yh[10];
  printf("        登录程序\n");
  printf("请输入用户名（9个英文字母）: ");
  scanf("%s",yh);           /* 接受键盘输入的用户名 */
  /* 比较输入的用户名是否为 shendalin 将返回值赋给 hk */
  hk=strcmp(yh,"shendalin");
  if (0==hk)               /* 比较 hk 是否为 0，以确定用户名是否为 shendalin */
  {
     printf("请输入密码（4位数字）: ");
     scanf("%d",&key);     /* 输入密码 */
     if (1947==key)        /* 比较密码是否为 1947 */
        {
           printf("密码正确!\n");
```

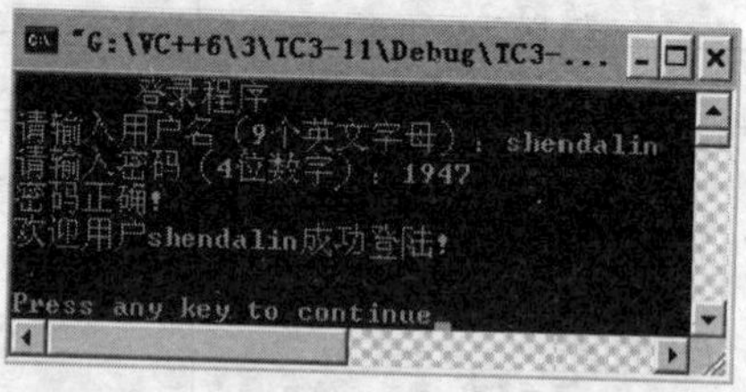

图 3-27　"登录程序 2"程序运行结果

```
        printf("欢迎用户%s 成功登陆！\n\n",yh);
            }
        else
            printf("密码错误！\n\n");
    }
    else
        printf("用户名错误！\n\n");
}
```

本例的程序采用选择结构的嵌套方式，可以实现在姓名正确时，再检验密码是否正确。

由于在 C 语言中不能使用 "=="来进行字符串的比较，程序中使用了 strcmp()函数来判断两个字符串是否相等。strcmp()函数的格式与功能如下：

【格式】int strcmp(char str1[],char str2[]);

【功能】strcmp()函数用于比较两个字符串是否相等。其中，参数 str1 和 str2 是两个等待比较的字符串，如果 str1 等于 str2，函数返回 0；如果 str1 大于 str2，函数返回正数；如果 str1 小于 str2，函数返回负数。

strcmp()函数在 C 语言头文件 string.h 中定义，因此在程序的开头使用了#include "string.h" 语句来包含文件 string.h。关于 strcmp()函数将在第 7 章章进行详细介绍。

【实例 3-12】计算时间差。

程序将提示输入两个时间，计算并显示它们的时间差。程序运行后，输入第一个时间为 10:11，按 Enter 键后再输入第二个时间为 12:58，按 Enter 键后的显示结果如图 3-28 所示。程序代码如下：

```
/* TC3-12.C */
/* 计算时间差 */
#include "stdio.h"
void main()
{
    int  h,m,h1,m1,h2,m2;
    printf("     时间计算\n");
    printf("输入第一个时间(hh:mm):");
    scanf("%d:%d",&h1,&m1);
    printf("输入第二个时间(hh:mm):");
    scanf("%d:%d",&h2,&m2);
    if(h1>h2)
    {
        h=h1-h2;
        if(m1>=m2)
            m=m1-m2;
        else
        {
            m=m1-m2+60;
            h--;
        }
    }
    else if(h1<h2)
    {
        h=h2-h1;
```

图 3-28　"计算时间差"程序运行结果

```
    if(m2>=m1)
        m=m2-m1;
    else
    {
        m=m2-m1+60;
        h--;
    }
}
else
{
    h=0;
    m=m1>m2?m1-m2:m2-m1;
}
printf("时间差为: %d:%d\n",h,m);
}
```

思考与练习

1．填空题

（1）一个源程序文件由一个或多个_____组成，它是组成程序的基本单位。

（2）根据语句功能的不同可以将语句分为_____、_____、_____、_____ 4类。

（3）"#include〈头文件〉"后边_____添加";"，每条语句后边_____有分号";"，大括号后边_____分号";"。

（4）一个算法具有_____、_____、_____、_____和_____ 5个重要特性。

（5）任何复杂的算法都可以用_____、_____和_____这3种控制结构的组合来描述。

（6）switch 语句后用于比较的表达式值的数据类型只能是_____、_____和_____类型的表达式。

（7）switch 后边的常量表达式值的类型必须与_____后边的常量表达式值的类型一致。

（8）在选择结构中可以在 if 条件分支语句内嵌套_____语句和_____语句。

（9）if 语句嵌套时，C 语言语法规定，else 总是与_____、_____的 if 语句相匹配。

2．简答题

（1）什么是算法？

（2）算法有许多描述方法，主要有哪几种描述方法？

（3）循环结构分为哪两种类型？它们的特点分别是什么？

（4）if 条件分支语句有哪 3 种形式？它们各有什么特点？

（5）switch 结构中关键字 default 的作用是什么？break 语句的作用是什么？

3．分析程序的运行结果

（1）运行下边的程序，然后输入 66、空格、99，再按 Enter 键，则输出什么内容？输入 66、空格、22，再按 Enter 键，则输出什么内容？简述该程序的作用。

```
#include "stdio.h"
void main( )
{
    int a,b,m;
    printf("请输入两个整数: ");
    scanf("%d  %d",&a,&b);
    if(a<b)
        {m=a;a=b;b=m;}
    printf("%d,%d\n",a,b);
}
```

（2）运行下边的程序，然后输入-60，再按 Enter 键，则输出什么内容？如果输入 60，再按 Enter 键，则输出什么内容？简述该程序的作用。

```
#include "stdio.h"
void main( )
{
    int a;
    printf("请输入一个整数: ");
    scanf("%d",&a);
    D=b*b-4*a*c;
    if(a<0)
        a=-a;
    else
        a=a;
        printf("a\n",a);
}
```

（3）运行下边的程序，然后输入 11、空格、22、空格、33，再按 Enter 键，则输出什么内容？简述该程序的作用。

```
#include "stdio.h"
main( )
{
    int a,b,c,m;
    printf("请输入三个整数: ");
    scanf("%d  %d  %d",&a,&b,&c);
    if(a>b&&a>c)
        m=a;
    else if(b>a&&b>c)
        m=b;
    else
        m=c;
    printf("%d\n",m);
}
```

（4）运行下边的程序，分析运行结果。

```
#include "stdio.h"
void main()
{
    int  a=0,b=0,c=1,d=1,n=1,m=1;
    if(a)d=d-5;
```

```
    else if(!b);
        if(!c)n=n+6;
        else m=m+6;
      printf("d=%d,n=%d,m=%d\n",d,n,m);
}
```

提示：else 总是和它前面紧挨着的 if 配对。

（5）运行下边的程序，输入 x（1～5 的正整数）和 y（1～4 的正整数）的值，分析程序运行结果。

```
#include "stdio.h"
void main()
{
  int  x,y,n=3,m=4;
  printf("请输入 X(1～5)和 y(1～4)的值: ");
  scanf("%d %d",&x,&y);
   switch(x)
   {
       case 1:switch(y)
           {
              case 1:n--;m++;break;
              case 2:n++;m--;break;
              case 3:m--;n++;break;
              case 4:m++;n--;break;
           }
       case 2:m--;n--;m=m+2;;break;
       case 3:m++;n++;m=m+3;;break;
       case 4:m++;n--;m=m-2;;break;
       case 5:m--;n++;m=m-3;;break;
   }
   printf("n=%d,m=%d\n",n,m);
}
```

（6）运行下边的程序后，分别输入 3、-6、0 后输出结果是什么？

```
#include "stdio.h"
void main()
{
  int  x,y;
  scanf("%d",&x);
  y=x-1;
  if(x!=0)
  if(x>0)y=x+1;
  else y=x+2;
  printf("y=%d\n",y);
}
```

（7）运行下边的程序后，分别输入 10、-10、0 后输出结果是什么？简述该程序的作用。

```
#include "stdio.h"
void main()
{
  int  x,y;
  scanf("%d",&x);
```

```
    if(x<=0)
        if(x<0)y=-1;
        else y=0;
    else  y=1;
    printf("y=%d\n",y);
}
```

4. 指出并修饰以下程序内的错误

（1）
```
int a,b;
if(a>=b && a>5 && b<=5);
    a++;
    b--;
```

（2）
```
int a,b;
if(a>=b);  a--
else  b--;
```

（3）
```
int a,b,w,s;
if(a<b)
   w=a+b;
   s=a-b;
else
   w=a*b;
   s=a/b;
```

（4）
```
if(a<b)printf("a<b!");
else (a>b)printf("a>b!");
else if(a=b)printf("a=b!");
```

（5）
```
int a=1,b=1;
switch(a);
{
   case 10:b=66;
   case 20:b=88;
}
```

（6）
```
int a=1,b;
switch()
{
   case1:b=66;
   case2:b=77;
   case2:b=88;
   casea+3:b=99;
)
```

（7）
```
int a=6,b;
switch a
{
```

```
case 6:b=66;
case 7:b=77;
case 8:b=88;
defaut:b=99;
}
```

5．根据要求设计程序

（1）设计一个计算 1+2+3+4+5+6 值的程序，其算法是：计算 0+1 为 1→计算 1+2 为 3→计算 3+3 为 6→计算 6+4 为 10→计算 10+5 为 15，→计算 15+6 为 21，计算结果为 21。

（2）设计一个程序，该程序运行后，输入 3 个数，可显示其中最大和最小的数。

（3）设计一个"3 个数排序"程序，该程序运行后，显示图 3-29 所示第 1、2 行的提示内容，依次输入 3 个整数（例如 33、88、66，输入的各整数之间输入空格），然后按 Enter 键，可以将输入的 3 个整数按照从大到小排序显示，如图 3-29 所示。

（4）使用 if…else 双分支语句和 if…else if…else 语句设计"3 个数排序"程序。

（5）设计一个"成绩评语"程序，该程序运行后可以根据输入的分数显示相应的评语，如果成绩大于或等于 85，则显示"优！"；如果成绩大于或等于 75 且小于 85，则显示"良！"；如果成绩大于或等于 60 且小于 75，则显示"及格！"；如果成绩小于 60，则显示"不及格！"。例如，程序运行后显示如图 3-30 所示第 1、2 行的提示内容，输入一个分数（例如 89），然后按 Enter 键，显示结果如图 3-30 所示。

图 3-29　"3 个数排序"程序运行结果

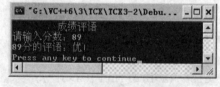

图 3-30　"成绩评语"程序运行结果

（6）设计"判断符号"程序，该程序运行后，如果输入的是正数，则按 Enter 键，即可显示"这是正数"；如果输入的是负数，则按 Enter 键，即可显示"这是负数"；如果输入的是零，则按 Enter 键，即可显示"这是零"。

（7）设计一个"判断整数是否可被 3 和 13 同时整除"的程序，该程序运行后，输入一个正整数，如果该整数可以被 3 和 13 同时整除，则显示"可以被 3 和 13 同时整除！"，同时输出该整数除以 3 和 13 的商；如果该整数不可以被 3 或 13 整除，则显示"不可以被 3 或 13 整除！"。

（8）设计一个"求分段函数的值"的程序，该程序运行后输入一个数赋给变量 X，按 Enter 键，即可显示分段函数 Y 的值。

$$Y=\begin{cases}3X-5 & (X\leq 0)\\ X^2-2X+1 & (0<X\leq 10)\\ X^3-X^2+X-5 & (X>10)\end{cases}$$

（9）设计一个"计算运费"程序，用来为货物托运站计算运费。收费标准是：如果货重小于或等于 30 kg，按每千克 2 元收费；如果货重大于 30 kg 时，除了按每千克 2 元收费外，超出 30 kg 部分需每千克加收 0.80 元。要求使用 3 种 if 条件分支语句来设计"计算运费"程序。分别使用选择结构的嵌套方法和使用 switch 语句设计"计算运费"程序。

（10）设计一个"四则运算"程序。该程序运行后，输入一个两位整数的四则运算表达式，即可根据输入的运算符完成两位整数的四则运算，显示出计算结果。例如，程序运行后，输入 55+24，再按 Enter 键，会显示 55+24=79；输入 4*25，再按 Enter 键，会显示 4*25=100；输入 100-45，再按 Enter 键，会显示 100-45=55；输入"40/5"，再按 Enter 键，会显示 40/5=8。

（11）设计一个"工资扣税"程序，该程序用来统计工资上交税款情况。程序运行后，输入一个工资数值，按 Enter 键后，即可显示出统计结果。所得税的计算方法如下：

工资在 3 000 元以内不用纳税；工资超过 3 000 元时应按超出的金额纳税。计算方法如下：

超出金额大于 3 000 元，小于或等于 5 000 元，税率为 5%；

超出金额大于 5 000 元，小于或等于 10 000 元，税率为 10%；

超出金额大于 10 000 元，小于或等于 15 000 元，税率为 15%；

超出金额大于 15 000 元，小于或等于 20 000 元，税率为 20%；

超出金额大于 20 000 元，小于等于 50 000 元，税率为 30%。

超出金额大于 50 000 元，税率为 40%。

要求采用 4 种不同的嵌套形式设计程序。

（12）设计一个"货物查询"程序，该程序运行后，要求用户输入货物编号，按 Enter 键后，如果存在该编号，则显示相应的货物名称和库存量，否则显示错误信息。

第4章 循环结构程序设计

【本章提要】循环结构语句是在某个条件成立时反复执行一段程序，直到条件不成立后才停止执行这段程序，退出循环语句。它可以提高程序设计效率。循环结构程序也可以进行嵌套。在分支和循环结构程序中，C语言提供了可以处理中断、接续、转向及返回的语句。

4.1 循环结构

C语言提供了for、while 和 do while 3种循环语句，下面分别进行介绍。

4.1.1 for 语句

当程序中要做重复的工作时，可以使用循环结构程序，例如，第3章例3-1介绍的计算6!的值，由于乘数是有序逐渐递增的，因此可以用变量的循环递增来实现。对于这种有序递变类型的数据计算，最方便的方法就是使用for循环来实现。for循环是一种比较特殊的循环，它能将循环变量初始化、循环条件以及循环变量的改变都放在同一行语句中。

1. 语句格式和功能

for循环语句的格式及其功能如下：

【格式】for(表达式1;表达式2;表达式3)
　　　　　循环体;

【功能】其中，表达式1的值为循环变量赋初值，表达式2为循环条件，表达式3对循环变量进行改变。for循环的程序流程如图4-1所示。

例如，下面的程序运行后可以计算并显示 10! =1*2*…*10 的值 3 628 800。

```c
#include "stdio.h"
void main( )
{
int min=1,max=10,sm=1,n;
for(n=min;n<=max;n++)
{
  sm=sm*n;
}
  printf("%d\n",sm);
```

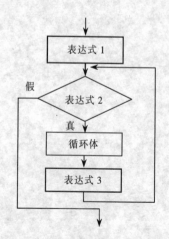

图4-1　for循环的程序流程图

```
}
```

2. for 循环语句的应用

for 循环是一个非常灵活的循环语句，循环语句中的 3 个表达式并没有固定的格式，下面列出几种不同的 for 循环使用方法。

（1）for（ ;表达式 2;表达式 3）

语句中省略了表达式 1，在不需要为循环变量赋初值或赋值在循环之前已经完成时可以使用这种格式。例如：

```
int max=10,sm=1,n=1;
for(;n<=max;n++)
   …
```

（2）for（ ;表达式 2;）

语句中省略了表达式 1 和表达式 3，此时循环变量的改变在程序体中执行。例如：

```
int max=10,sm=1,n=1;
for(;n<=max;)
{
    n++;
    …
}
```

（3）for（表达式 a,表达式 b;表达式 2;表达式 3）

语句中的表达式 1 的部分可以由两个表达式——表达式 a 和表达式 b 组成，可以同时为两个变量赋初值。当然，有更多的表达式也可以，需要注意的是，在表达式之间是以逗号","为分隔符。这种方法对表达式 3 也适用。例如：

```
int max=10,sm,n;
for(n=1,sm=1;n<=max;n++)
   …
```

（4）for（;;）

语句中的 3 个表达式均省略，此时，for 循环为无限循环，需要用别的方法来退出循环，如 return、break、goto 等，在后面将学习这些语句的用法。例如：

```
int max=10,sm=1,n=1;
for(;;)
{
   if(n>max)
        break; /* 退出循环 */
   …
   n++;
}
```

上面这几个例子中的语句都执行了相同的功能，这说明 C 语言的循环语句功能很灵活，在程序设计中应该灵活应用。

3. 应用实例

【实例 4-1】计算 n 的阶乘（n!）。

该程序运行后，要求输入一个正整数赋给变量 n，按 Enter 键，即可计算 n 的阶乘，即 n!=1*2*3*…*(n-1)*n 值，并显示该阶乘的值。程序运行后，显示图 4-2 所示的第一行提示信息，输入 n 的值（例如，10）以后按 Enter 键，即可显示 10! =1*2*…*10=3628800.00。

图 4-2 "计算 n 的阶乘（n!）"程序运行结果

程序代码如下：

```
/* TC4-1.C */
/* 计算 n 的阶乘 n! */
#include "stdio.h"
void main()
{
    int  n,m;
    double sm=1;              /* 定义 sm 为双精度浮点型变量 */
    printf("请输入一个正整数: ");
    scanf("%d",&n);
    for(m=1;m<=n;m++)
    {
        sm=sm*m;
    }
    printf("%d!=1*2...*%d=%.2f\n",n,sm);
}
```

由于 int 型数据最大值仅为 32 767，为防止在计算阶乘时发生数据溢出错误，在程序中将存储阶乘的变量 sm 定义为 double 类型（但还是要注意输入数据时不能太大）。同时，由于 double 型数据在输出时有小数位，而在输出阶乘时不应该有小数位，因此，在输出语句中使用格式符 %.2f，表示小数位数为 2 位，f 表示输出 double 型数据。

程序运行后，先将存储总和的变量 sm 置 1，然后提示输入一个整数到 n。输入整数后，程序进行到循环部分。在进入循环之前，程序先对 n 进行判断，看是否满足循环条件（m <= n），如果满足则进入循环内部；如果条件不满足，则跳过循环部分，直接运行循环后面的语句。

进行循环之后计算 sm=sm*m，然后再次判断循环条件……，如此反复执行，一直到条件不再满足（即 m>n）为止。此时程序退出循环，执行循环后面的语句，输出 sm 值。

【实例 4-2】计算连续整数的和。

该程序运行后，要求输入 2 个正整数分别赋给变量 n1 和变量 n2（n2 大于 n1），按 Enter 键，即可计算 n1+（n1+1）+（n1+2）+…+（n2-1）+n2 的值，并显示该值。

程序运行后，显示图 4-3 所示的前两行提示信息，输入 2 个正整数，分别赋给变量 n1 和 n2（例如，10 和 100），再按 Enter 键，即可计算 n1+（n1+1）+（n1+2）+…+（n2-1）+n2=10+11+…+100 的值，如图 4-3 所示。

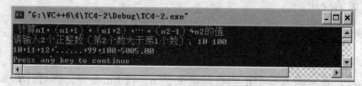

图 4-3 "计算连续整数的和"程序运行结果

程序代码如下：

```
/* TC4-2.C */
/* 计算 n1+ (n1+1) + (n1+2) +…+ (n2-1) +n2 的值 */
#include "stdio.h"
void main()
{
    int  n1,n2,k=0;
    double sum=0;                        /* 定义 sum 为双精度浮点型变量 */
    printf(" 计算 n1+ (n1+1) + (n1+2) +…+ (n2-1) +n2 的值\n");
    printf("请输入 2 个正整数（第 2 个数大于第 1 个数）: ");
    scanf("%d %d",&n1,&n2);
    if((n1>=1)&&(n2>n1)&&(n2>1))         /* 判断输入的数是否符合要求 */
    {
        for(k=n1;k<=n2;k++)
        {
            sum=sum+k;
        }
        printf("%d+%d+%d+......+%d+%d=%.2f\n",n1,n1+1,n1+2,n2-1,n2,sum);
    }
    else
        printf("输入数据错误!\n");
}
```

【实例 4-3】计算等差数列的和。

该程序运行后，提示用户输入数列的下限（数列中的最小数）、上限（数列中的最大数）和差值（相邻两个数列数的差），按 Enter 键后即可显示数列中的上限和下限之间所有数列的数值，以及这些数值的和。程序运行后，显示图 4-4 所示第 1 行的提示信息，输入 3 个正整数（例如，1、40 和 3），分别赋给变量 min、max 和 base，再按 Enter 键，即可显示差值为 3，最小值为 1，最大值为 40 的等差数列内的数值，如图 4-4 所示。

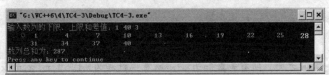

图 4-4　"计算等差数列的和"程序运行结果

程序代码如下：

```
/* TC4-3.C */
/* 计算等差数列的和 */
#include "stdio.h"
void main()
{
    int base,max,min,k;
    long sum=0
    printf("输入数列的下限、上限和差值:");
    scanf("%d %d %d",&min,&max,&base);
    for(k=min;k<=max;k+=base)
    {
        printf("%8d",k);
```

```
        sum= sum+k;
    }
    printf("\n 数列总和为: %ld\n",sum);
}
```

【实例 4-4】计算奇数和与偶数和。

运行程序后，输入一个整数，并赋给变量 k，按 Enter 键后，即可显示 1～k 的自然数内所有奇数和偶数的分组求和。

程序运行后，显示图 4-5 所示的前两行提示信息，输入一个奇数和一个偶数，要求偶数大于奇数（例如，3 和 12），再按 Enter 键，即可计算出 3～12 之间所有奇数和为 35，所有偶数和为 40，如图 4-5 所示。

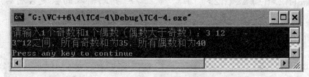

图 4-5　"奇数和与偶数和"程序运行结果

程序代码如下：

```
/* TC4-4.C */
/* 奇数和与偶数和 */
#include "stdio.h"
void main()
{
    int a,b,m=0,n=0,min,max;
    printf("请输入 1 个奇数和 1 个偶数（偶数大于奇数）: ");
    scanf("%d %d",&min, &max);
    /* 循环中，a 依次赋奇数,b 依次赋偶数 */
    for(a=min,b=min+1;b<=max;a+=2,b+=2)
    {
        m+=a;             /* 计算奇数和 */
        n+=b;             /* 计算偶数和 */
    }
    printf("%d~%d 之间，所有奇数和为%d，所有偶数和为%d\n",min,max,m,n);
}
```

在程序中，利用了 for 循环语句的特点，在循环初始化时，分别为循环变量 a 和 b 赋初值 min 和 max（a=min,b=max），在循环条件的改变部分，对 a 和 b 同时进行修改（a+=2,b+=2），从而实现所需的功能。

【实例 4-5】计算前 32 个斐波那契数列的和 1

设计一个"计算前 32 个斐波那契数列的和 1"程序，该程序运行后会分 5 行显示斐波那契数列前 32 个数，然后间隔 2 行再显示斐波那契数列前 30 个数的和 sum=3524577.00。斐波那契数列的第 1 个数是 0，第 1 个数是 1，以后的数总是前两个数的和，因此以后的数是：1、2、3、5、8、13、21、44、65……程序运行后的界面如图 4-6 所示。

图 4-6　"计算前 32 个斐波那契数列的和"
程序运行结果

下面介绍两种程序设计方法。

（1）方法 1：使用 for 循环语句，用来控制显示 16 次，每次显示 2 个斐波那契数列的数。

```
/* TC4-5(1).C */
/* 前 32 个斐波那契数列的和 */
#include "stdio.h"
void main()
{
float  N,A=1,B=1,K=0;
double sum=0;                        /* 定义 sum 为双精度浮点型变量 */
printf("        前 32 个斐波那契数列的和\n");
    for(N=1;N<=16;N++)
    {
        sum=sum+A+B;                 /* 累加语句，进行变量 A 和 B 的累加运算 */
        printf("%.0f\t%.0f\t",A,B);/* 定位显示变量 A 和 B 的值 */
        if(K>4)                      /* 每行显示 6 个数后换行 */
         {
           printf("\n");             /* 换行 */
             K=-3;                   /* 重设变量 K 的值，以保证下一次循环时 K 为 0 */
         }
        A=A+B;
        B=A+B;                       /* 产生两个新的斐波那契数列的数 */
        K=K+3;
    }
    printf(" \n\n       sum=%.2f\n",sum);        /* 两次换行后，显示计算的和 */
}
```

（2）方法 2：使用 for 循环语句，循环次数为 32 次，每次显示 1 个斐波那契数列的数。

```
/* TC4-5(2).C */
/* 前 32 个斐波那契数列的和 */
#include "stdio.h"
void main()
{
    float  N,A=1,B=1,K=0,C=0;
    double sum=0;                    /* 定义 sum 为双精度浮点型变量 */
    printf("        前 32 个斐波那契数列的和\n");
    for(N=1;N<=32;N++)
    {
        sum=sum+A;                   /* 累加语句，进行变量 A 的累加运算 */
        printf("%.0f\t%",A);         /* 定位显示变量 A 的值 */
        if(K==5)                     /* 每行显示 6 个数后换行 */
        {
          printf("\n");              /* 换行 */
            K=-1;                    /* 重设变量 K 的值，以保证下一次循环时 K 为 0 */
        }
        C=A;                         /* 产生一个新的斐波那契数列的数 */
        A=B;
        B=A+C;
        K++;                         /* 重设变量 K 的值 */
    }
    printf(" \n\n       sum=%.2f\n",sum);        /* 两次换行后，显示计算的和 */
```

```
}
```

4.1.2　while 语句

While 语句循环是当型循环，其格式及其功能介绍如下：

1. 语句格式和功能

【格式】while (表达式)
　　　　 循环体；

【功能】while 循环的程序流程如图 4-7 所示。执行到 while 语句后，先对表达式进行判断，当值为真（非 0）时，就依次执行循环体中的各条语句，然后再检查表达式的值，再循环，直到表达式值为假（0）时结束循环，执行循环后面的语句。由图 4-7 可以看出，当型循环的特点是"先判断，后执行"。

可以看到，for 循环程序等价于如下的 while 循
环程序：

```
表达式 1；
while(表达式 2)
    {
        循环体；
        表达式 3；
    }
```

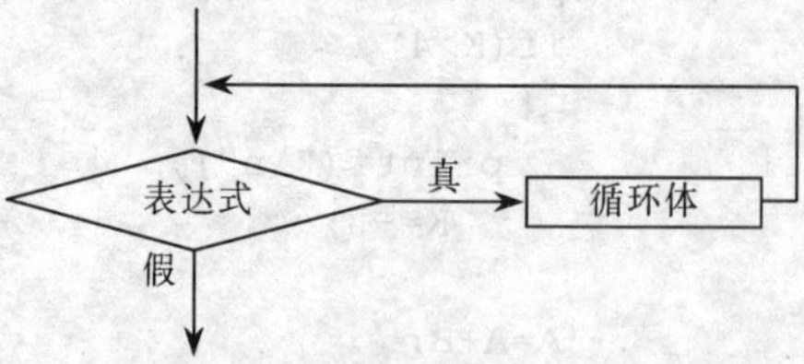

例如，下面程序可以完成计算 6!=1*2*…*6 的任务。

```
int max,n,sm=1;
max=6;
while(n<=max)          /* 判断循环条件 */
{
    Sm=sm*n;
    n++;
}
```

图 4-7　while 语句程序流程

2. 应用实例

【实例 4-6】计算连续整数的积。

该程序运行后，要求输入 2 个正整数分别赋给变量 n1 和变量 n2（n2 大于 n1），按 Enter 键，分别赋给变量 n1 和 n2（例如，3 和 12），即可计算 n1*（n1+1）*（n1+2）+…*（n2-1）*n2=3*4*…*12 的值，并显示该值，如图 4-8 所示。

图 4-8　"计算连续整数的积"程序运行结果

程序代码如下：
```
/* TC4-6.C */
/* 计算连续整数的积 */
#include "stdio.h"
```

```
void main()
{
   int  n1,n2,n=0;
   double  sm=1;                         /* 定义 sum 为双精度浮点型变量 */
   printf("    计算连续整数的积\n");
   printf("请输入 2 个正整数（第 2 个数大于第 1 个数）: ");
   scanf("%d %d",&n1,&n2);
   if((n1>=1)&&(n2>n1)&&(n2>1))          /* 判断输入的数是否符合要求 */
   {
       n=n1;
       while(n<=n2)                      /* 判断循环条件 */
       {
         sm=sm*n;
         n++;
       }
       printf("%d*%d*%d+......+%d*%d=%.2f\n",n1,n1+1,n1+2,n2-1,n2,sm);
   }
   else
     printf("输入数据错误!\n");
}
```

【实例 4-7】计算 e 的近似值 1。

程序中使用泰勒级数展开式来求自然对数的底 e 的近似值，泰勒级数展开式如下：

$$e \approx 1 + \frac{1}{1!} + \frac{1}{2!} + \frac{1}{3!} + \cdots + \frac{1}{N!}$$

设 N=20，程序中利用循环求 e 的值，当 N>20 时则退出循环。程序运行后，可以显示 e 的近似值 2.718 282，如图 4-9 所示。

程序代码如下：

```
/* TC4-7.C */
/* 计算 e 的近似值 */
#include "stdio.h"
void main()
{
   int i=1;
   float e=1,n=1;
   printf("     计算 e 的近似值\n\n");
   while(i<=20)
   {
      n=n*i;
      e=e+1/n;
      i=i+1;
   }
   printf("e 的近似值为%f\n",e);
}
```

图 4-9 "计算 e 的近似值" 程序运行结果

【实例 4-8】统计输入字符的个数。

该程序运行后，通过键盘输入一个字符串，当输入 "." 后，即可显示输入字符的个数（不含 "."），如图 4-10 所示。

图 4-10 "统计输入字符的个数"程序运行结果

程序代码如下：
```c
/* TC4-8.C */
/* 统计输入字符的个数 */
#include "stdio.h"
void main()
{
    int count=0;
    printf("   请输入一个字符串，按 "." 后按 Enter 键结束！\n");
    while(getchar()!='.')
    {
        count++;
    }
    printf("输入的字符串由%d个字符组成！\n",count);
}
```

4.1.3　do…while 语句

在程序执行过程中，有时需要先执行循环体内的语句，再对输入的条件进行判断（即直到型循环）。在 C 语言中，直到型循环可以使用 do…while 循环来实现。

1. 语句格式和功能

do…while 循环语句的使用格式和其功能如下：

【格式】do {
　　　　　循环体；
　　　　}while（表达式）；

【功能】程序执行后，先执行循环体，再对表达式进行判断，如果表达式的值为真（非 0），就重复执行循环，直到表达式的值为假（0）时结束循环，执行循环结构后面的语句。其特点是"先执行，后判断"。do…while 循环的程序流程如图 4-11 所示。

可以看出，do…while 循环和 while 循环的不同仅在于，在检查条件表达式之前，是否先执行过一遍循环体，do…while 循环至少要执行一遍循环体。

例如，下面的程序运行后可以显示 1+2+…+100 的值 5 050。

```c
#include "stdio.h"
void main( )
{
    int m=100,n=1,sum=0;
    do{
        sum=sum+m;
        m--;
    }while(m>=n);
```

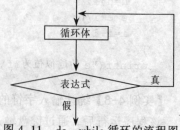

图 4-11　do…while 循环的流程图

```
    printf("%d\n",sum);
}
```

上述程序执行到循环结构后，先执行 "sum=sum+m;" 语句，然后 m 进行自减，再判断 m 是否小于或等于 n，如果大于或等于 n，则返回执行 "sum=sum+m;" 语句，m 进行自减，再判断 m 是否大于或等于 n；如果小于 n，则退出循环结构。

2．应用实例

【实例4-9】计算斐波那契数列的和 2。

使用 do...while 循环语句设计例 4-5 "计算斐波那契数列的和" 程序，循环 32 次，每次显示 1 个斐波那契数列的数，显示结果如图 4-6 所示。

程序代码如下：

```
/* TC4-9.C */
/* 前 32 个斐波那契数列的和 */
#include "stdio.h"
void main()
{
    float  N=1,A=1,B=1,K=0,C=0;
    double sum=0;                        /* 定义 sum 为双精度浮点型变量 */
    printf("     前 32 个斐波那契数列的和\n");
    do{
        sum=sum+A;                       /* 累加语句，进行变量 A 的累加运算 */
        printf("%.0f\t",A);              /* 定位显示变量 A 的值 */
        if(K==5)                         /* 每行显示 6 个数后换行 */
        {
            printf("\n");                /* 换行*/
            K=-1;                        /* 重设变量 K 的值，以保证下一次循环时 K 为 0 */
        }
        C=A;                             /* 产生一个新的斐波那契数列的数 */
        A=B;
        B=A+C;
        K++;                             /* 重设变量 K 的值 */
        N++;
    }while(N<=32);
    printf(" \n\n        sum=%.2f\n",sum);   /* 两次换行后，显示计算的和 */
}
```

【实例4-10】计算 1+（1+3）+…+（1+3+…+n）的值。

该程序运行后，显示图 4-12 所示的前两行提示信息，输入输入一个正整数赋给变量 n（例如，30），再按 Enter 键，即可计算并显示 1+2+…+（n−1）+n 的值，如图 4-12 示。

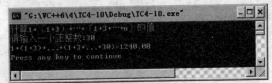

图 4-12　"计算 1+（1+3）+…（1+3+…+n）的值" 程序运行结果

程序代码如下：

```
/* TC4-10.C */
```

```
/* 计算 1+（1+3）+…+（1+3+…+n）的值 */
#include "stdio.h"
void main()
{
    int  n,m=1;
    double  sum1=0,sum=0;               /* 定义 sum 为双精度浮点型变量 */
    printf("计算 1+（1+3）+…+（1+3+…+n）的值\n");
    printf("请输入一个正整数:");
    scanf("%d",&n);
    if(n>1)                            /* 判断输入的数是否符合要求 */
    {
        do{
            sum1=sum1+m;
            sum=sum+sum1;
            m=m+2;
        }
        while(m<=n) ;                  /* 判断循环条件 */
        printf("1+(1+3)+…+(1+3+…+%d)=%.2f\n",n,sum);
    }
    else
        printf("输入数据错误!\n");
}
```

【实例 4-11】计算 1+1*3+…+1*3*…*n 的值。

该程序运行后，显示图 4-13 所示的前两行提示信息，输入一个正整数赋给变量 n（例如，15），按 Enter 键，即可计算 1+1*3+…+1*3*…*n 的值，并显示该值，如图 4-13 所示。

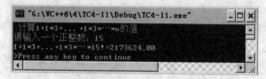

图 4-13 "计算 1+1*3+…+1*3*…*n"程序运行结果

程序代码如下：

```
/* TC4-11.C */
/* 计算 1+1*3+…+1*3*…*n 的值 */
#include "stdio.h"
void main()
{
    int  n,m=1;
    double sum1=1,sum=0;               /* 定义 sum 为双精度浮点型变量 */
    printf(" 计算 1+1*3+…+1*3*…*n 的值\n");
    printf("请输入一个正整数: ");
    scanf("%d",&n);
    if(n>1)                            /* 判断输入的数是否符合要求 */
    {
        do
        {
            sum1=sum1*m;
            sum=sum+sum1;
            m=m+2;
```

```
    }
    while(m<=n);                   /* 判断循环条件 */
    printf("1+1*3+…+1*3*…*%d!=%.2f\n)",n,sum);
    }
    else
        printf("输入数据错误!\n");
}
```

【实例 4-12】职工工资统计系统菜单。

该程序运行后会显示如图 4-14 左图所示的"职工工资统计系统"主菜单,并提示用户选择输入要执行的菜单命令序号 1～5,即显示执行相应命令的提示信息,例如,输入 1 并按 Enter 见后,即可执行"printf("执行输入职工工资命令! \n");"语句,显示"执行输入职工工资命令!"(以后可以用一段执行程序替代这条语句),如图 4-14 右图所示。当输入 5 时退出程序。

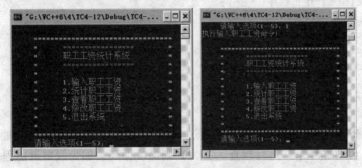

图 4-14 "职工工资统计系统菜单"程序的运行结果

程序代码如下:

```
/* TC4-12.C */
/* 选择菜单 */
#include "stdio.h"
void main( )
{
    int n;
    do{                            /* 进入循环 */
        printf("\n");
        printf("    ********************************\n");
        printf("    *    ==================          *\n");
        printf("    *      职工工资统计系统          *\n");
        printf("    *    ==================          *\n");
        printf("    *                                *\n");
        printf("    *      1.输入职工工资            *\n");
        printf("    *      2.统计职工工资            *\n");
        printf("    *      3.查找职工工资            *\n");
        printf("    *      4.修改职工工资            *\n");
        printf("    *      5.退出系统                *\n");
        printf("    *                                *\n");
        printf("    ********************************\n");
        printf("    请输入选项(1--5): ");
        scanf("%d",&n);
        switch(n)
        {
```

```
        case 1:
            printf("执行输入职工工资命令! \n");
            break;
        case 2:
            printf("执行统计职工工资命令! \n");
            break;
        case 3:
            printf("执行查找职工工资命令! \n");
            break;
        case 4:
            printf("执行修改职工工资命令! \n");
            break;
        case 5:
            printf("退出程序! \n");
            break;
        default:
            printf("输入错误! \n");
            break;
        }
    }while(n!=5);                    /* 判断循环条件 */
}
```

在程序中，在 do...while 循环语句内，通过 switch 语句选择执行相应的功能语句，从 switch 语句中退出后，再对循环条件进行检查，如为真则继续循环，如为假则退出程序。

在程序设计中需要对 for、while 和 do...while 这 3 种语句灵活使用，虽然选用任何一种循环语句都可以完成一样的功能，但选择了合适的循环语句能让程序更加简洁、有效，而且易读。通常情况下，可以按下面的原则选择合适的循环语句。

（1）如果循环的次数是在循环体外决定，可选择 for 语句；

（2）如果循环次数由循环体内的执行情况而决定，可以选用 while 或 do...while 语句；

（3）如果循环体最少要执行一次，应该选用 do...while 语句；

（4）如果循环体可能一次也不执行，应该选用 while 语句。

4.2　循环嵌套及中断和转向语句

有时在程序中，还会遇到一些特殊情况，例如在循环中途因为某种原因需要退出循环，在程序中满足某种条件时转去执行相应语句等，这就需要使用中断或转向语句来达到目的。C 语言提供了能够实现这些要求的语句：goto（无条件转向语句）、break（中断）、continue（接续）和 return（返回）语句。本节除了介绍这些语句外，还介绍了循环的嵌套。

4.2.1　循环嵌套

1. 循环嵌套的概念

循环结构中包含了另一个循环结构时，被称为循环的嵌套或多重循环。前面所学过的循环语句 while、do...while、for 都可以用在循环的嵌套中，循环的嵌套可以是相同类型的循环嵌套，也可以是不同类型的循环嵌套。循环嵌套有多种形式，下面给出几种循环嵌套形式。

```
形式1:                 形式2:                 形式3:
while(…)               for(…)                  do{
{                     {                        …
    for(…)                for(…)                  for(…)
    {                     {                        {
        …                     …                        …
    }                     }                        }
    …                     …                     }while(…)
}                     }
```

在循环嵌套时，应该注意循环嵌套不能够交叉，要避免由于嵌套而使程序变得复杂，出现交叉循环的问题。

2. 应用实例

【实例4-13】求3种水果各几个。

菠萝卖6元1个，石榴卖4元1个，金橘卖1元4个，用120元钱买124个水果。问菠萝、石榴、金橘各有几个？设计一个"3种水果各几个"程序，该程序运行后可以求解上述问题，并显示结果，如图4-15所示。可以看到，符合上述条件的菠萝有7个，石榴有13个，金有104个。

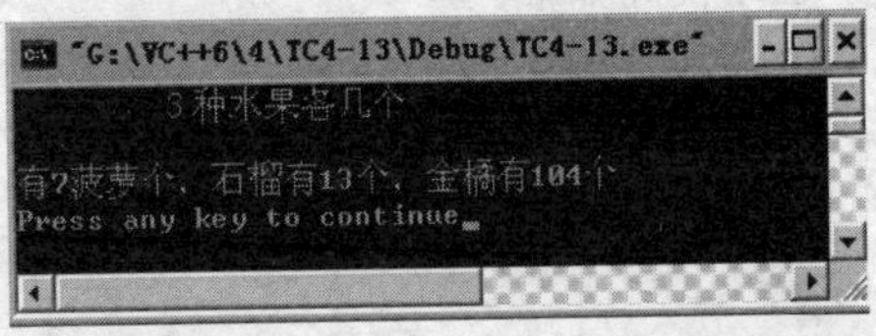

根据题意，设菠萝 x 个，石榴 y 个，金桔 z 个，将其归纳为方程组如下：

$$\begin{cases} 6x+4y+z/4=120 \\ x+y+z=124 \end{cases}$$

图4-15 "3种水果各几个"程序运行结果

这个方程有3未知数却只有两个方程式，是一个不定方程。对其求解可以从方程的定义出发，将可能的解都列出来，如果符合上述方程则为合法的解。要将所有可能的解列出，可以用for循环结构程序来解决。

程序代码如下：

```c
/* TC4-13.c */
/* 3水果各几个 */
#include "stdio.h"
void main( )
{
  int x,y,z;
  printf("        3水果各几个 \n\n");
  for (x=1;x<20;x++)              /* 用嵌套的for循环依次设菠萝有1,2,3..个 */
    for(y=1;y<33;y++)            /* 设石榴有1,2,3...个 */
      for(z=4;z<124;z+=4)       /* 设金橘有4,8,12...个 */
        if(x*6+y*4+z/4==120 && x+y+z==124)/* 如果满足方程 */
          printf("有%d 菠萝个，石榴有%d 个，金橘有%d 个\n",x,y,z);
}
```

对各种结果进行验证，只有当 x=7、y=13、z=104 时，x+y+z=7+13+104=124，6*x+4*y+z/4=6×7+4×13+104/4=120 符合题意。

在上面的程序中，使用了3层嵌套循环来解决问题，从程序结构来看，简单明了，但是有时在程序设计时要注重程序的执行效率。

一般来说，在循环嵌套结构中，内层循环执行的次数等于该循环嵌套结构中每一层循环重复次数的乘积。

例如，在上面的程序中，外层的循环每循环一次，第二层的循环要循环 31 次，而第三层则要循环 31×124/4=31×31=961 次，这样，程序执行下来，最内层的 if 语句总共要执行 20×31×31=19 220 次。这样计算下来，循环的层数越多，程序执行的速度就越慢，所以，一个好的程序设计应该将循环的次数控制在一个适当的范围内。

【实例 4-14】九九乘法表。

设计一个"九九乘法表"程序，该程序运行后即可显示一个九九乘法表，如图 4-16 所示。

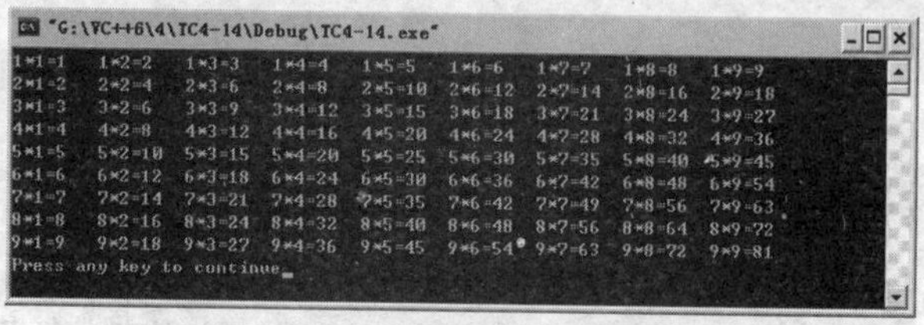

图 4-16 "九九乘法表"程序的运行结果

程序代码如下：

```c
/* TC4-14.C */
/* 九九乘法表 */
#include "stdio.h"
void main()
{
    int a,b;
    for(a=1;a<=9;a++)
    {
        for(b=1;b<=9;b++)
        {
            printf("%d*%d=%d\t",a,b,a*b);
        }
        printf("\n");
    }
}
```

程序中，外循环的循环变量 a 用来产生被乘数，内循环的循环变量 b 用来产生乘数，每显示完一行后换行。

【实例 4-15】存款本利统计。

每月的第一天都在银行存入 2 000、3 000、4 000、5 000、6 000，按单月利计息，月利息为 5‰，设计一个"存款本利统计"程序，求一年后它们的本利之和分别是多少。运行该程序后的显示结果如图 4-17 所示。

图 4-17 "存款本利统计"程序运行结果

程序代码如下：

```
/* TC4-15.C */
/* 存款本利统计 */
#include "stdio.h"
void main()
{
    float r=0.005, sum1,sum2;
    int m,n;
    printf("      存款本利统计\n");
    for(m=2000;m<=6000;m=m+1000)
    {
        for(n=1,sum1=0,sum2=0;n<=12;n++)
        {
            sum1=sum1+m;              /* 计算本金 */
            sum2=sum2+sum1*r;         /* 计算利息 */
        }
        printf("月存%d元,月利率%.3f,一年的本利总计%.2f元。\n",m,r,sum2+sum1);
    }
}
```

【实例 4-16】显示字符菱形图案。

该程序运行后，在屏幕内会显一个由不同字母组成的字符菱形图案，如图 4-18 所示。

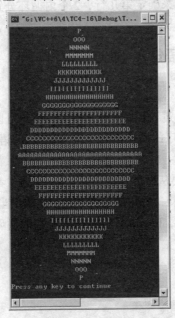

图 4-18 "字符菱形图案"程序运行结果

程序代码如下：

```
/* TC4-16.C */
/* 字符菱形图案 */
#include "stdio.h"
void  main()
{
    int n,m,L=16;
```

```
    char ch='P';
    /* 显示字符正三角形 */
    for(n=1;n<=L;n++)                          /* 用来控制显示的行 */
    {
       for(m=0;m<=(L-n+1);m++)                 /* 用来显示一行左边的空格 */
          printf(" ");
       for(m=1;m<=2*n-1;m++)                   /* 用来显示一行的字符 */
          printf("%c",ch+1-n);                 /* 用来显示一个字符 */
       printf("\n");                           /* 换行 */
    }
    /* 显示字符倒三角形 */
    for(n=L-1;n>=1;n--)                         /* 用来控制显示的行 */
    {
       for(m=0;m<=(L-n+1);m++)                 /* 用来显示一行左边的空格 */
          printf(" ");
       for(m=1;m<=2*n-1;m++)                   /* 用来显示一行的字符 */
          printf("%c",ch+1-n);                 /* 用来显示一个字符 */
       printf("\n");                           /* 换行 */
    }
}
```

程序中，L 用来确定正三角形和倒三角形的总行数，ch 用来确定第 1 行的字符，ch+1-n 用来确定各行的字符，外循环用来确定第几行，2 个内循环分别用来确定一行左边的空格个数和字符数。

4.2.2　break 和 continue 语句

1. 中断语句 break

在学习 switch 语句时曾介绍过 break 语句，利用该语句可以从开关 switch 语句中退出。另外，switch 语句还可以用来从程序的循环语句中跳出。break 语句的格式与功能介绍如下：

【格式】break;

【功能】一般情况下，在需要从循环中跳出时，break 通常都与条件语句合用，作为循环语句的出口，即在循环过程中，如果 if 语句的条件成立，就跳出当前循环，执行循环后面的语句。注意：如果在嵌套的多重循环中，break 只能跳出其所在的循环层，不能跳出外层循环。语句结构形式如下：

```
while(…)
{…
if (…)
break;
…
}
```

2. 接续语句 continue

continue 称为接续语句，它专用于循环结构中，表示本次循环结束，开始下一次循环。continue 语句的格式与功能介绍如下：

【格式】continue;

【功能】continue 语句用于改变一次循环的流程，作用是提前结束本次循环的执行，从而开始下一次的循环。

对于 while 或 do…while 循环，continue 语句使得程序流程直接跳转到循环条件的判断部分，根据条件判断是否进行下一次循环。

对于 for 循环，continue 语句使得程序流程直接跳转去执行"表达式 3"，然后再对循环条件"表达式 2"进行判断，根据条件判断是否进行下一次循环。

continue 语句在使用时与 break 语句相似，通常与 if 语句结合使用，在满足某项条件时，结束本次循环的执行，进入下一次循环。与 break 不同之处是，continue 并不能结束循环，它只是结束当次循环，即忽略循环中余下的尚未执行的语句，直接进入下一次循环。而 break 则是结束 break 语句所在层的循环，转到循环后面的语句去执行。

例如：在下面的程序段中，当不满足条件 a<=60 时，程序将不再执行循环体的剩余部分，而是直接转到循环开头，执行下一次循环。

```
while(…)
{
  …
  if(a<=60)
  {
    …
    continue;
  }
  …
}
```

3. 应用实例

【实例 4-17】计算偶数与奇数阶乘的和。

该程序用来计算 1～k 自然数之间所有偶数阶乘的和，同时计算 1～k 自然数之间所有奇数的个数。程序运行后显示图 4-19 所示的前两行提示，输入一个正整数（例如，4），再按 Enter 键，即可计算出 1～4 之间所有偶数阶乘的和为 26.00，奇数阶乘的和为 7.00，如图 4-19 所示。

程序代码如下：

图 4-19 "偶数与奇数阶乘的和"程序运行结果

```
/* TC4-17.C */
/* 偶数与奇数阶乘的和 */
#include "stdio.h"
void main()
{
  int n,m;
  double sum1=0,sum2=0,sum=1;      /* 定义 sum1、sum2、sum 为双精度浮点型变量*/
  printf("偶数与奇数阶乘的和\n");
  printf("请输入一个正整数: ");
  scanf("%d",&m);
  for(n=1;n<=m;n++)
  {
    sum=sum*n;
    if((n%2)==0)
      {
        sum1=sum1+sum;                 /* 计算偶数阶乘的和 */
```

```
                    continue;
                }
                Sum2=sum2+sum;                /* 计算奇数阶乘的和 */
        }
        printf("1~%d之间，偶数阶乘的和为%.2f\n",m,sum1);
        printf("1~%d之间，奇数阶乘的和为%.2f\n",m, sum2);
}
```

【实例 4-18】 显示指定范围内素数和素数的和。

"显示素数和素数的和"程序运行后可以显示输入数据指定范围内的所有素数和这些素数的和。程序运行后，显示图 4-20 所示的前两行提示信息，输入 2 个正整数（例如，10 20），再按 Enter 键，即可显示 10～20 之间所有素数，如图 4-20 所示。

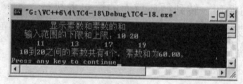

图 4-20 "显示素数和素数的和"程序运行结果

素数就是除了 1 和该数本身之外，再不能被其他任何整数整除的自然数。求素数的算法很多，最简单的方法是根据素数的定义来求：对于自然数 N，用大于 1 且小于 N 的各个自然数一一去除 N，若都除不尽，则可判定 N 是素数。素数的算法流程如图 4-21 所示。

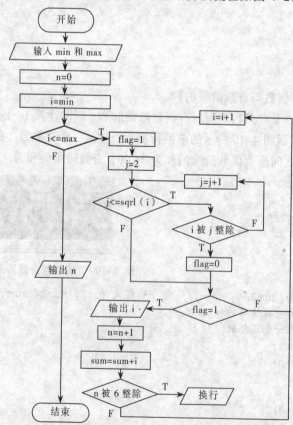

图 4-21 "显示指定范围内的素数"程序的算法流程图

从流程图内的 j<=sqrt(i)（sqrt()是求平方函数）可以看出，控制循环次数依据的是有关素数的有关定律，这样可以提高求素数的速度。有关素数的定律如下：

（1）自然数中只有一个偶数 2 是素数。

（2）不能被从 2～N 的平方根的各自然数整除的数，也一定不能被从 2～N-1 的各自然数整除。

依据上述介绍的内容和算法，设计的程序代码如下：

```
/* TC4-18.C */
/* 显示素数和素数的和 */
#include "stdio.h"
#include "math.h"
main( )
{
    int max,min,i,j,flag,n;
    double sum=0;
printf("        显示素数和素数的和    \n");
    printf("   输入范围的下限和上限: ");
    scanf("%d  %d",&min,&max);
    n=0;                            /* 置素数的个数为 0 */
    for (i=min;i<=max;i++)          /* i 为 min 到 max 之间的所有自然数 */
{
    flag=1;                         /* 设置标志为真 */
    for(j=2;j<sqrt(i);j++)          /* j 为 2 到 i 的平方根之间的自然数 */
    {
        if(i%j==0)                  /* 如果 i 能被 j 整除 */
        {
            flag=0;                 /* 设置标志为假 */
            break;                  /* 退出内循环 */
        }
    }
    if(flag==0)                     /* 如果标志为假 */
        continue;                   /* 退出本次循环，,跳过后面的语句 */
    printf("%8d",i);                /* 输出素数 */
    n++;                            /* 统计素数个数 */
     sum=sum+i;                     /* 统计素数的和 */
    if(n%6==0)                      /* 每输出 6 个素数换一行 */
        printf("\n");
    }
    printf("\n  %d到%d之间的素数共有%d个，素数和为%.2f。\n",min,max,n,sum);
}
```

程序中，变量 flag 标志的使用是一个技巧，它的值只有两个，一个是真（1），一个是假（0）。其中，flag=1 表示变量 i 是素数，flag=0 表示变量 i 不是素数。在对变量 i 进行素数判断以前，设置变量 flag=1，默认变量 i 是素数。在对变量 i 进行素数判断的过程中，如果确定变量 i 不是素数，则将变量 i 赋 0 值，并退出循环。利用 if(flag==0)判断变量 flag 是否为 0，如果 flag 为 0，说明变量 i 的值不是素数，执行 "continue;" 语句，不显示变量 i 的值，变量 i 自动加 1，进入下依次循环；如果 flag 为 1，说明变量 i 的值是素数，则执行 "printf("%8d",i)" 语句，输出变量 i 的值。

4.2.3　goto 转向语句

1．转向语句格式与功能

goto 为无条件转向语句，可以控制程序流程转到指定名称标号的地方。

goto 语句的格式与功能如下：

【格式】goto　标号名；

　　　　…

　　　　标号名：语句；

【功能】标号名为合法的标识符，后面紧跟一个冒号来表示标号。标号与 goto 语句在同一个函数中，可以在 goto 语句的前面或后面。

goto 语句可以与 if 语句一起使用，组成循环。例如：

```
int n=1,sum=0;
LABEL:
n++;
sum+=n;
if(n<=100)
  goto LABEL;
printf(%d,sum);
```

该程序用来计算 1～100 之间所有自然数的和。当 a<=100 时，转去执行标号 LABEL 后的语句"n++;"，n 自增 1，再执行"sum+=n;"（即 sum=sum+n）语句，累加 n 的值到 sum，直到 n>100 结束循环，执行 if 下面的"printf(%d,sum);"语句。

goto 语句一般与 if 语句一起使用，可以用来在满足特定条件时，跳出多重嵌套的循环。而 break 和 continue 语句仅对包含它们的本层循环有效，break 语句跳出本层循环，continue 语句回到本层循环的起始位置。例如：

```
while(…)
{
  …
  for(…)
  { …
    if(…)
       goto BK; /* 跳出多重循环 */
    …
  }
  …
}
Bk:
…
```

2．应用实例

【实例 4-19】计算 2!+4!+…+n! 的值。

该程序用来计算 2!+4!+…+n! 的值，n 的值由键盘输入。此处计算偶数阶乘和采用了不同于例 4-17 中所述的方法。程序运行后，显示图 4-22 所示的前两行提示信息，输入一个正整数（例如，6），再按 Enter

图 4-22　"计算 2!+4!+…+n!的值"
程序运行结果

键，即可计算 2!+4!+6!的值为 746.00，如图 4-22 所示。

程序代码如下：

```c
/* TC4-19.C */
/* 计算 2!+4! +…+n! 的值 */
#include "stdio.h"
void main()
{
  int n=0,m,k;
  double sum1,sum=0;                /* 定义 sum1、sum 为双精度浮点型变量 */
  printf("        计算2! +4! +…+n! 的值\n");
  printf("请输入一个正整数: ");
  scanf("%d",&m);
  BE1:                             /* 标号 */
  sum1=1;
  for(k=1;k<=n;k++)                /* 求阶乘的子程序 */
  {
      sum1=sum1*k;
  }
  while(n<=m)
  {
      n=n+2;
       sum=sum+sum1;               /* 计算偶数阶乘的和 */
      goto BE1;
  }
   printf("2! +4! +…+%d! =%.2f\n",n-2,sum-1);
}
```

【实例 4-20】五家共井。

五户人家共在一口井中打水，每家的绳都不够长，若用 A 家绳两条，B 家绳一条，刚好可以打到水；或用 B 家绳三条，C 家绳一条；或用 C 家绳四条，D 家一条；或用 D 家绳五条，E 家一条；或用 E 家绳六条，A 家绳一条，也都刚好可以打到水。已知井深度不超过 10m，求井的深度和各家绳的长度（单位为 cm）。设计一个"五家共井"程序，解决上述问题。

该程序运行后的显示结果如图 4-23 所示。

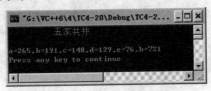

图 4-23 "五家共井"程序运行结果

这道题也是一个不定方程。根据题意，列出方程组（设井深 h，各家绳长为 a、b、c、d、e）。方程组中有 6 个变量，如果还按前面实例 4-13 "3 种水果各几个"程序中解决问题的方法来编程，则需要六重嵌套的循环，程序执行时间太长，效率太低，因此，应该用别的方法来解决。

分析方程组，可以发现，6 个变量有 5 个方程，如果当 h 一定时，如果 a、b、c、d、e 中有一个变量可以确定，其他变量也就可以定下来，以 e 为例，解

$$\begin{cases} h=2a+b \\ h=3b+c \\ h=4c+d \\ h=5d+e \\ h=6e+a \end{cases}$$

方程组可以得到关系式 $a=h-6e$、$b=h-2a$、$c=h-3b$ 和 $d=h-4c$。

因此，只需要将 h 和 e 的所有可能列出，就能求出变量。从题意可知，各家绳长不得短于 1cm，则 h 的范围为 $7\sim1\,000$，e 的范围为 $1\sim h/6$，这样，只用两个循环嵌套就可以解决问题。根据上面的分析，作出算法流程如图 4-24 所示。

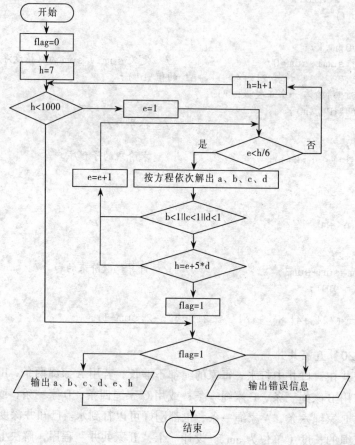

图 4-24 "五家共井"程序算法流程图

程序代码如下：

```
/* TC4-20.C */
/* 五家共井 */
#include "stdio.h"
void  main( )
{
    int a,b,c,d,e,h,flag;
    printf("        五家共井   \n\n");
    flag=0;                              /* 初始化标志 */
    for(h=7;h<1000;h++)                  /* 枚举井深值 h */
    {
        for(e=1;e<h/6;e++)               /* 枚举 e */
        {
            a=h-6*e;                     /* 求出各家绳长 */
            b=h-2*a;
```

```
        c=h-3*b;
        d=h-4*c;
        if(b<1||c<1||d<1)
            continue;              /* 跳过后面语句,进入下一次循环 */
        if(h==e+d*5)               /* 验证 h、e 是否正确 */
        {
            flag=1;                /* 设置标志为真 */
            goto END;              /* 跳出多重循环 */
        }
    }
}
END:                               /* 标号 */
  if(1==flag)
    printf("a=%d,b=%d,c=%d,d=%d,e=%d,h=%d\n",a,b,c,d,e,h);
  else
    printf("方程无解!\n");
}
```

从前面的程序可以看到,break、continue 和 goto 语句的转向非常方便,都可以很随意地控制程序的流程,特别是跳出多重循环。这种随意有时是有好处的,它方便了对流程的控制。

但是,这种随意的转向也使得程序的结构化受到破坏,导致程序流向无规律,破坏程序的易读性,因此应当慎用。过多的程序转向会导致程序流程混乱,影响程序的易读性,严重时还会导致程序出现不易查找的错误,不易于程序的维护。

在通常情况下,流程转向语句都可以使用合适的循环语句或条件语句来替代。

思考与练习

1. 填空

(1)for 语句的表达式由 3 部分构成,分别是_____、_____和_____。

(2)while 语句循环是_____循环,其特点是_____。

(3)执行到 while 语句后,先对表达式进行判断,当值为_____时,就依次执行循环体中的各条语句,然后再检查表达式的值,再循环,直到表达式值为_____时结束循环,执行循环后面的语句。

(4)do…while 语句循环是_____循环,其特点是_____。

(5)循环嵌套的特点是_____。循环语句_____、_____、_____都可以用在循环嵌套中,循环嵌套可以是_____循环嵌套,也可以是_____循环嵌套。

(6)在循环嵌套结构中,内层循环执行的次数等于_____,循环的层数越多,程序执行的速度就越_____。

(7)在嵌套的多重循环中,break 只能跳出_____循环层,不能跳出_____循环层。

(8)_____和_____仅对包含它们的本层循环有效,_____可以跳出多重嵌套循环。

(9)_____只是能结束当前循环,并不能结束所有循环;_____可以退出当前循环。

(10)过多的程序转向会导致_____,影响程序的_____,严重时还会导致程序_____,不易于_____。

2．分析程序的运行结果

（1）
```c
#include "stdio.h"
void main()
{
int n=1, max=3,s1=0,s2=1;
while(n<=max)
    {   s1=s1+n;
        s2=s2*n;
        n++;
    }
    printf("%d %d \n",s1,s2);
}
```

（2）
```c
#include "stdio.h"
void main()
{
    int a=1,b=2,c=3,n,k=1;
    while(k<=3)
    {
        n=a;
        a=b;
        b=c;
        c=n;
        k++;
    }
    printf("%d %d %d\n",a,b,c);
}
```

（3）
```c
#include "stdio.h"
void main()
{
    int m=10,n=1,sum=0;
    do{
      sum=sum+m;
      m--;
    }while(m>=n);
    printf("%d\n",sum);
}
```

（4）
```c
#include "stdio.h"
void main()
{
  int a=1,b=2,k=6,c;
  do{
      c=a;
      a=b;
      b=c;
```

```
      printf("%d %d %d\n",a,b,c);
      k=k-2;
   }while(k>=0);
}
```

（5）

```
#include "stdio.h"
void main()
{
  int min=0,max=10,i=0,sum=0;
  for(i=min;i<=max;i++)
  {
   sum=sum+i;
  }
  printf("%d\n",sum);
}
```

（6）

```
#include "stdio.h"
void main()
{
    int a,b,c=0,sum=0;
    for(a=1,b=1;a<=10;a=a+2)
  {
    b=b+a;
     sum=sum+a+b;
     b++;
     printf("%d\n",sum);
  }
}
```

（7）

```
#include "stdio.h"
void main()
{
    int N1,N2,SUM=0;
    for(N1=1;N1<=5;N1=N1+2) {
      for(N2=6;N2>=4;N2--)
      {
        SUM=SUM+N1+N2;
        printf("%d\n",SUM);
      }
   }
}
```

（8）

```
#include "stdio.h"
void main()
{
   int N1,N2,SUM=0;
   for(N1=2;N1<=5;N1=N1+2)
  {
      for(N2=3;N2>=N1;N2--)
      {
```

```
            SUM=SUM+N1+N2;
            printf("%d \n",SUM);
        }
    }
}
```

（9）
```c
#include "stdio.h"
void main()
{
    int N1=1,N2=6,SUM=0;
    while(N1<=5)
    {
        while(N2>=3)
        {
            SUM=SUM+N1+N2;
            printf("%d\n",SUM);
            N2--;
        }
        N1++;
    }
}
```

（10）
```c
#include "stdio.h"
void main()
{
    int N1=1,N2=6,SUM=0;
    do
    {
        do
        {
            SUM=SUM+N1+N2;
            printf("%d\n", SUM);
            N2--;
        }while(N2>=3);
        N1++;
    }while(N1<=5);
}
```

（11）
```c
#include "stdio.h"
void main()
{
    int n,m,L=30;
    char ch='P';
    for(n=0;n<L;n+=2)
    {
        for(m=0;m<(L-n)/2;m++)
            printf(" ");
        for(m=0;m<=n;m++)
            printf("%c",ch-n/2);
        printf("\n");
```

```
    }
}
```

3．根据要求设计程序

（1）设计一个"计算连续整数的积"程序，该程序运行后，要求输入 2 个正整数分别赋给变量 n1 和变量 n2（n2 大于 n1），按 Enter 键，即可计算 n1*（n1+1）*（n1+2）*…*（n2-1）*n2 的值，并显示该值。

（2）设计一个程序，该程序运行后，循环提示从键盘输入正整数，当输入 0 时，退出循环，并显示输入的正整数中最大的数和最小的数。

（3）设计一个程序，该程序运行后，提示输入多个学生的语文、数学和英语成绩，并分别统计显示 3 个学科的平均成绩和总成绩。

（4）有一个数列如下，设计一个程序求出这个数列前 20 项的和。

$$C = 1 - \frac{1}{2} + \frac{1}{3} - \frac{1}{4} + \cdots + \frac{1}{9} - \frac{1}{10} + \cdots$$

（5）设计一个"学生成绩统计系统"主菜单程序，该程序运行后，显示图 4-25 所示的菜单，提示用户选择输入要执行的命令，直到用户输入 5 时退出程序。

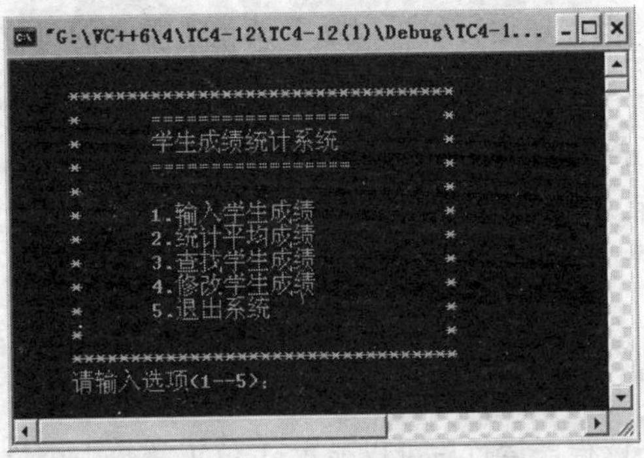

图 4-25　"学生成绩统计系统"主菜单程序运行结果

（6）某单位发放年奖金，有 6 000、7 000、8 000、9 000 和 10 000 元几个档次，按 3% 缴纳税金，计算并显示这几个档次奖金的税金数和实发奖金数是多少。

（7）设计一个"九九乘法表"程序，该程序运行后可显示如图 4-26 所示的九九乘法表。

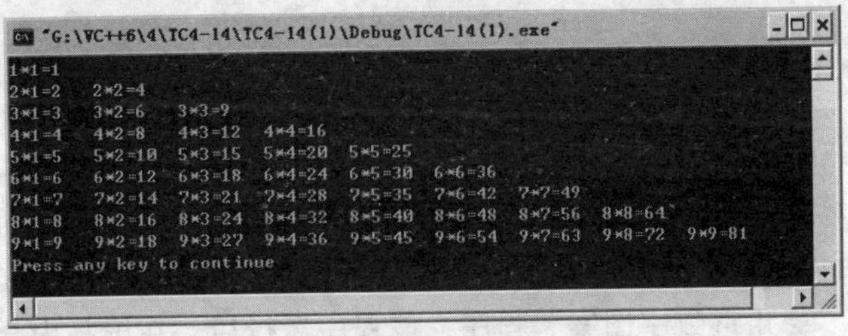

图 4-26　九九乘法表

（8）设计一个"乘法表"程序，该程序运行后可显示如图 4-27 所示的乘法表。

（9）一张面值为 100 元的人民币要换成面值分别为 5 元、1 元和 5 角的人民币共 100 张，要求每种面额的人民币不少于一张。编写程序，采用运行时间较短的方法，显示所有的兑换方案。

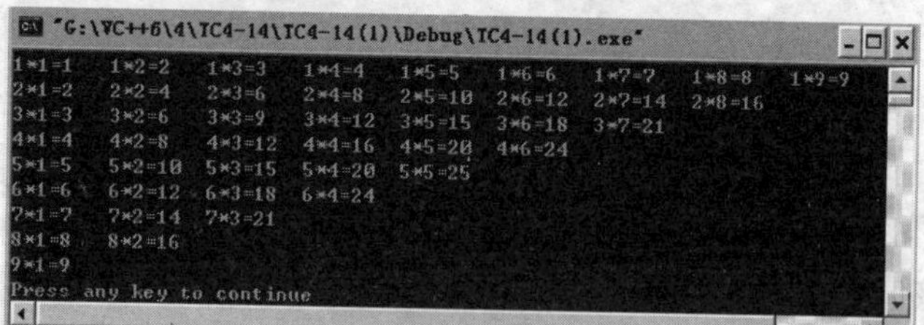

图 4-27　乘法表

提示：由于每种面额的人民币不少于一张，所以 5 元人民币最多 12 张，如果 5 元人民币 12 张，总金额为 60 元，剩下 40 元都兑换成 5 角，5 角人民币为 80 张，也不够 100 张；如果 5 元人民币张数为 a，则 1 元人民币张数最多为 99−a；如果 5 元人民币张数为 a，1 元人民币张数为 b，则 5 角人民币张数为 100−a−b。

（10）有 72 个桃子，有 36 个猴子，公猴子一次可以搬 8 个桃子，母猴子一次可以搬 6 个桃子，小猴子可以一次搬 1 个桃子。要求一次搬完，问公猴子、母猴子和小猴子各多少只？编写程序解决该问题，显示公猴子、母猴子和小猴子的个数。

（11）设计一个程序，该程序运行后可以显示两位正整数的每位数的乘积小于每位数的和的正整数。

提示：将保存在变量 n 的两位数的十位数字取出来赋给变量 m，将变量 n 的两位数的个位数字取出来赋给变量 s 的程序如下：

```
int n=12,m,s;
m=n/10;
s=n-n/10*10;
printf("\n %d %d",m,s);
```

（12）设计一个程序，该程序运行后可以显示 3 位正整数中个位数字加百位数字等于十位数字的 3 位正整数。

提示：将保存在变量 n 的 3 位数的百位数字取出来赋给变量 w，将变量 n 的 3 位数的十位数字取出来赋给变量 m，将变量 n 的两位数的个位数字取出来赋给变量 s 的程序如下：

```
int n=123,w,m,s;
w=n/100;
m=n/10-n/100*100;
s=n-n/10*10;
printf("\n %d %d %d",w,m,s);
```

（13）有一种特殊的 3 位自然数，其特点是：每位的数字互不相同且都大于 7，十位数字正好等于百位数字与个位数字的差。显示所有符合上述特点的特殊的 3 位自然数。

（14）编写一个"三角形数字图案"程序，该程序运行后，在屏幕内会显一个由不同数字组成的三角形图案。程序运行结果如图 4-28 所示。

（15）编写另一个"三角形数字图案"程序，该程序运行后，在屏幕内会显一个由不同数字组成的三角形图案。程序运行结果如图 4-29 所示。

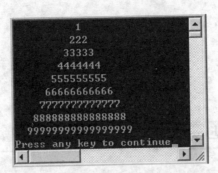

图 4-28　"三角形数字图案" 程序运行结果

（16）编写一个 "三角形字符图案" 程序，该程序运行后，在屏幕内会显一个由不同字母组成的三角形图案。程序运行结果如图 4-30 所示。

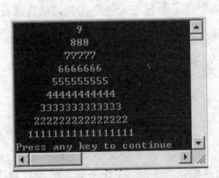

图 4-29　"三角形数字图案" 程序的运行结果

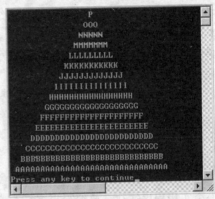

图 4-30　"三角形字符图案" 程序运行结果

第5章　函数定义和参数传递

【本章提要】C 语言源程序是由函数构成的，它必须包含一个主函数 main()，还可以包含多个功能不同的其他函数。例如，前面介绍过的 scanf()、printf()和 sqrt()等 C 语言系统提供的库函数，也可以由用户根据需求自行编写函数。本章介绍了如何定义一个函数，以及函数参数的传递。

5.1　函数的定义与调用

5.1.1　函数概述

1. 函数简介

一个实用程序往往需要编写很多行程序代码，而且如果发生错误，程序员也很难找到错误。同时，程序中的某些功能（如数据的查找、排序等）可能会反复使用，如果每一次应用都编写新的代码，会使程序过于庞大。另外，大部分情况下程序的所有功能并不是都需要同时使用，如果都调入内存，就会加大资源的负担。

考虑到以上的种种情况，在编写程序时，C 语言程序和其他语言一样也采用了模块化和结构化的编程方法，将一个程序分割为若干个模块，每一个模块都用来实现一个特定的功能，模块之间可以互相调用。这样既可以增强程序的层次感，同时还便于阅读、开发和调试。图 5-1 所示为一种 C 语言程序的层次结构图。

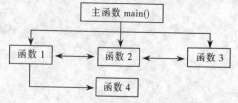

图 5-1　C 语言程序的层次结构

这样，一个较大的程序可以实现多个程序员分别开发程序的不同模块，实现程序的并行开发，提高了程序设计的效率，而且不容易产生错误，也容易调试程序和查找程序中的错误，从而提高了程序的可靠性。

在 C 语言程序中，使用函数来实现模块功能，函数是 C 语言程序的最基本单位，一个 C 语言程序可以由一个主函数和多个其他函数构成。在主函数内可以调用其他函数，各函数之间可以互相调用，但是不可以调用主函数。

调用其他函数的函数叫主调函数（不一定是主函数），被其他函数调用的函数叫被调函数。通过函数之间的互相调用，可以实现函数之间数据的访问。可以说 C 语言是函数式语言。

下面通过"显示标题栏"程序来进一步了解函数。该程序运行后可以显示图 5-2 所示的标题栏。在该程序中使用了自定义函数和函数的调用。

图 5-2 "显示标题栏"程序运行结果

程序代码如下:

```
/* TC5-0.C */
/* 显示标题栏 */
#include "stdio.h"
void HZF()                    /* 用来显示一行"*"字符的函数 HZF() */
{
      printf("**********************************************\n");
}
void HWZ()                    /* 用来显示一行文字的函数 HWZ() */
{
      printf("        我们都来认真学习C语言程序设计\n");
      HZF();                  /* 调函数 HZF() */
}
void main()                   /* 主函数 */
{
      HZF();                  /* 调函数 HZF() */
      HZF();                  /* 调函数 HZF() */
      HWZ();                  /* 调函数 HWZ() */
      HZF();                  /* 调函数 HZF() */
}
```

在该程序内,用户自定义了两个函数,一个是 HZF()函数,用来显示一行"*"字符;另一个是 HWZ ()函数,用来显示一行文字。程序内的下边是主函数 main(),用来两次调用 HZF()函数,一次调用 HWZ()函数。该程序运行后的显示结果如图 5-2 所示。

结合"显示提示文字"程序,对 C 语言程序的特点做进一步说明。

(1)一个 C 语言程序由一个或多个源程序组成,源程序是 C 语言程序的基本单位。

(2)一个 C 语言源程序由一个主函数 main()和多个函数(此处是 HZF ()和 HWZ ()两个函数)组成。每个函数都具有一种独立的功能。

(3)主函数 main()是可以由 C 语言系统自动调用的函数,所以只能有一个,而且可以位于源程序的任何位置。在 C 程序运行后,系统会自动去执行主函数 main()。

(4)在主函数 main()中调用函数,被调函数执行完相应的语句后会自动返回主函数调用语句的下一条语句。除了主函数外,其他函数之间也可以互相调用。

(5)C 语言系统以源程序为基本单位进行编译。每个源程序文件可以单独编译。

2. 函数分类

从用户使用角度来说,函数可以分为标准函数和自定义函数两类。

（1）标准函数：也叫标准库函数，它是C语言系统自带的已经编写好的函数，它可以实现一个特定的功能，例如，前面介绍过的scanf()、printf()和sqrt()等函数均是标准函数。

要使用某一个标准函数，需要使用include命令声明该函数所在的头文件。例如，#include "stdio.h"命令用来声明要使用的scanf()和printf()函数在stdio.h头文件内；#include "math.h"命令用来声明要使用的数学函数在stdio.h头文件内。

include是命令，不是语句，其后边不可以添加分号"；"。头文件名称应该用双引号""""或"<>"括起来。include命令最前面必须加"#"符号。

（2）自定义函数：这种函数需要用户在程序内编写相应的程序。

另外，从函数的形式来看，函数还可以分为无参函数和有参函数两种。

5.1.2　定义函数

函数和变量一样，在调用函数以前必须对这个函数进行定义，用来说明函数的结构和特点，下面介绍函数定义的方法。定义的函数分为有参函数和无参函数两种，前者有形参，后者没有。

1．定义函数的格式及其说明

函数定义通常由函数首部与函数体两部分组成。函数的一般定义格式如下：

【格式】存储类型　数据类型　函数名（形参列表）；　　　/* 函数首部 */
　　　　形参类型说明语句
　　　　{
　　　　　　语句体　　　　　　　　　　　　　　　　/* 函数体 */
　　　　}

【说明】

（1）函数首部的存储类型用来指出函数的作用范围，可以是static和extern（默认选项）中的一个存储类型标识符。static说明函数作用范围是所在的源文件，此类函数称为内部函数；extern说明函数可以被其他源文件中的函数调用，此类函数称为外部函数。

（2）函数首部的数据类型指出了函数返回值的数据类型，例如int（整型，默认选项）、char（字符型）和float（单精度型）等。如果函数没有返回值（即函数的运算结果），则返回类型为void类型（空类型）。如果一个函数是void类型，则该函数没有返回值。

（3）函数首部的函数名为有效的标识符。函数首部的末尾不要加分号"；"。

（4）有形参表的函数称为有参函数，形参列表由一个或多个用逗号分隔的形参组成。形参的数据类型可以在形参表内定义，也可以在"形参类型说明语句"处定义。

（5）函数体部分用一对大括号"{}"包含起来，包括数据类型定义、赋值、函数调用、分支结构、循环结构、函数返回等可执行语句。

例如，在"显示标题栏"程序内定义的HZF()函数如下：

```
void HZF()       /* 用来显示一行"*"字符的函数HZF() */
{
    printf("*************************************************\n");
}
```

例如，定义一个可返回两个数差的绝对值函数subt()的程序如下：

```
int subt(int a,int b)
{
```

```
    int n;
    if(a>b) n=a-b;
    else n=b-a;
    return(n);
}
```

上边定义了函数 subt()有两个形参 a 和 b，均为 int 型。如果调用函数时不需要传递参数，则形参列表可以省略，但是括号不能省略。大括号内是函数体，即函数的主体执行部分。

2．定义函数的注意事项

（1）在定义有参函数时，需要指定形参的数据类型，有以下两种方法：

方法 1：

```
int subt(int a,int b)
{
    语句
}
```

方法 2

```
int subt(a, b)
int a,b
{
    语句
}
```

（2）空函数：这是一种特殊的函数形式，只有函数首部和"{}"，没有函数体。它只起到占位的作用。通常用在程序设计的第一阶段，为程序中预计的各个模块预留出空位，以后再进行补充编写。

（3）当函数的参数是数组或字符串时，应按如下方式进行定义。

【格式 1】*存储类型 数据类型 函数名（char *形参 1，*形参 2，…）*

【格式 2】*存储类型 数据类型 函数名（char 形参 1[ ]，形参 2[ ]，…）*

【说明】上面的两种方法都可以用于字符串参数或数组参数，例如：

```
int strl(char *s)
{…}
char *str2(char s1[ ],char s2[ ][ ]);
{…}
```

（4）函数定义不能嵌套，函数定义应该在所有函数之外。可以在主调函数之前，也可以在主调函数之后。下面是错误的定义方法。

```
int ZDYHS1a()
{
    …
    int ZDYHS2()                /* 函数定义不能嵌套 */
    {
        …
    }
    …
}
```

5.1.3 函数声明和调用

1．函数声明

在程序中，函数遵守"先定义，后使用"的原则。在一个函数中调用另一个函数时，不仅要保证被调函数的存在，还需要在函数被调用之前让 C 语言编译系统知道该函数已经存在。

如果被调函数是为 C 语言系统提供的标准函数，可以在程序的开头部分用#include 命令进行文件包含，在前面见过的 printf()、sqrt()等函数，就属于这种形式。printf()函数包含于 stdio.h 文件，sqrt()函数包含于 math.h 文件，则在使用这两个函数之前，应在程序开头部分用下面的语句进行包含。

```
#include "stdio.h"
#include "math.h"
```

如果被调用的函数是自定义函数，函数与主调函数在同一程序文件中，则可以采用以下 3 种方法中的一种。声明函数采用的格式及其相应的说明介绍如下：

【格式】存储类型 数据类型 函数名（实参列表）；

【说明】函数声明有点像函数定义的首部，但进行函数定义时，存储类型、数据类型、函数名、形参表及函数体是一个整体，而函数声明仅是对被调函数的说明，其作用是告知 C 语言系统被调函数的类型及名称（存储类型、参数名称在声明时可以省略）。

（1）不用声明函数的方法：如果函数定义在主函数 main()之前，可以不用声明函数。例如，"显示标题栏"程序就是采用这种方法。

（2）在所有函数外部进行声明：在所有函数外部声明的函数，在函数声明语句之后的所有函数中都可调用。通常，把函数声明语句放在程序文件的头部，以方便其后的程序对其进行调用。例如：

```
int ZDYHS1();        /* 声明函数 ZDYHS1() */
int ZDYHS2();        /* 声明函数 ZDYHS2() */
main()
{
    …
    n=ZDYHS1();      /* 调用函数 ZDYHS1() */
    m=ZDYHS2();      /* 调用函数 ZDYHS2() */
    …
}
int ZDYHS2()         /* 定义函数 ZDYHS2() */
{
    s=ZDYHS1();      /* 调用函数 ZDYHS1() */
    …
int ZDYHS1()         /* 定义函数 ZDYHS1() */
{
    …
}
```

上面程序段中，函数 ZDYHS1()和 ZDYHS2()在程序头部进行了说明，所以在函数 main()和 ZDYHS2()中都可以调用函数 ZDYHS1()，也可以在函数 ZDYHS1()中调用函数 ZDYHS2()。

（3）在函数内部进行声明：在某一函数内部声明的函数，仅可以在声明它的函数内部被调用。例如：

```
int main()
{
    int ZDYHS1();    /* 声明函数() */
    …
    n=ZDYHS1();      /* 调用函数() */
    …
}
int ZDYHS2()         /* 定义函数 */
```

```
{
    …
}
int ZDYHS1()            /* 定义函数 */
{
    …
}
```

在程序中，由于函数 ZDYHS1() 仅在主函数 main() 中进行了声明，并且 ZDYHS1() 函数的定义在 ZDYHS2() 函数之后，因此，可以在 main() 函数中调用函数 ZDYHS1()，在 ZDYHS1() 函数中调用函数 ZDYHS2 ()，而不能够在函数 ZDYHS2() 中调用函数 ZDYHS1()。

2．函数调用格式

当调用函数运行到某处需要实现某个特定功能时，执行函数调用，执行完被调函数后，返回调用函数，继续执行调用函数中调用语句后边的其他语句。调用函数的格式及说明如下：

【格式】函数名 (实参列表)

【说明】实参列表由一个或多个用逗号分隔的实参组成。实参的数据类型需要在调用函数前定义。实参数目一定要与相应函数定义中的形参数目一样，在数据类型上应该一致或匹配（在赋值时可以按照规则进行转换）。另外，函数调用语句中的函数名应与相应函数定义中的函数名一样。调用函数的方法有以下 3 种：

（1）在函数调用语句中调用：把函数调用单独作为一行语句使用。例如：

```
subt(x,y);
printf(…);
```

这种方法调用函数没有返回值，这种函数通常是实现某一结果可预期的功能。

（2）在赋值表达式中调用：函数出现在一个表达式中，作为表达式的一部分使用。例如：

```
k=sqrt(x);
m=subt(x1,y1)- subt(x2,y2);
```

这种方式用于从被调用函数中获取返回值，并将返回值或进行计算后的值赋给变量 k 或和 m。在使用这种方式调用时，通常要求函数与变量具有相同的数据类型，或将函数返回值强制为与变量相同的数据类型。

（3）作为函数参数调用：把函数调用的结果作为另一个函数的参数（实参）。例如：

```
m=subt(min(x1,x2),max(x3,x4));
```

其中 min(x1,x2) 和 max(x3,x4) 是一次函数的调用，它们的返回值再作为 subt() 函数调用的参数（实参）。

5.1.4　应用实例

下面 3 个实例都使用了调用函数，但都没有返回值。具有返回值的调用将在 5.2 节介绍。

【实例 5-1】显示直角三角形字符图案。

"直角三角形字符图案"程序运行后，在屏幕内会显示图 5-3 所示的直角三角形字符图案。下面介绍采用 3 种不同的函数声明方法设计的不同程序。

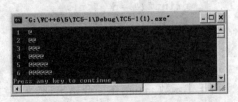

图 5-3　"直角三角形字符图案"程序运行结果

（1）程序 1：采用"不用声明函数"方法。

程序代码如下：

```
/* TC5-1(1).C */
/* 直角三角形字符图案 */
#include "stdio.h"
void xsyhzf(int n)              /* 用来显示一行字符的函数 */
{
    int m;
    printf(" %d ",n);
    for(m=1;m<=n;m++)
        printf("@");
    printf("\n");
}
void main()                     /* 主函数 */
{
    int k;
    for(k=1;k<=6;k++)
        xsyhzf(k);
}
```

程序中，自定义的函数 xsyhzf() 在主函数 main() 前面，则在程序中不需要进行函数 xsyhzf(int n) 的声明。主函数内的程序用来创建 6 次循环，每一次循环执行一次就将变量 k 的值传送给函数 xsyhzf(int n) 的变量 n 并执行函数 xsyhzf(int n) 内的语句。函数 xsyhzf(int n) 用来显示变量 n 的值，接着显示一行字符"@"，字符的个数由变量 n 的值确定。

（2）程序 2：采用"在主函数外部声明函数"方法。

程序代码如下：

```
/* TC5-1(2).C */
/* 直角三角形字符图案 */
#include "stdio.h"
void xsyhzf(int n) ;            /* 声明函数 xsyhzf(intn) */
void main()                     /* 主函数 */
{
    int k;
    for(k=1;k<=6;k++)
        xsyhzf(k);
}
void xsyhzf(int n)              /* 用来显示一行字符的函数 xsyhzf(intn) */
{
    int m;
    printf(" %d ",n);
    for(m=1;m<=n;m++)
        printf("@");
    printf("\n");
}
```

由于主函数 main() 在一开始出现，自定义的函数 xsyhzf() 在后边，所以需要在开始处声明函数 xsyhzf()，声明函数 xsyhzf() 的语句是"void xsyhzf(int n);"。

（3）程序 3：采用"在主函数内部声明函数"方法。

程序代码如下：

```
/* TC5-1(3).C */
/* 直角三角形字符图案 */
#include "stdio.h"
void main()                          /* 主函数 */
{
    void xsyhzf(int n) ;             /* 声明函数 xsyhzf(intn) */
    int k;
     for(k=1;k<=6;k++)
         xsyhzf(k);
}
void xsyhzf(int n)                   /* 用来显示一行字符的函数 xsyhzf(n) */
{
    int m;
    printf(" %d ",n);
    for(m=1;m<=n;m++)
        printf("@");
    printf("\n");
}
```

在主函数 main() 内声明了函数 xsyhzf()，因此只可以在主函数内调用函数 xsyhzf()。

【实例 5-2】选出 5 个数中最小的数。

"5 个数中最小的数"程序运行后，输入 5 个整数，按 Enter 健后即可显示这 5 个数中最小的数，如图 5-4 所示。

图 5-4 "5 个数中最小的数"程序运行结果

程序代码如下：

```
/* TC5-2.C */
/* 5 个数中最小的数 */
#include "stdio.h"
void min(int a,int b,int c,int d,int e)  /* 选出五个数中最小的数 */
{
    int n;
    if(a<b)  n=a;
    else n=b;
    if(c<n) n=c;
    if(d<n) n=d;
    if(e<n) n=e;
    printf("\n%d、%d、%d、%d和%d  5 个数中最小的数是: %d\n",a,b,c,d,e,n);
}
void main()
{
    int u,v,x,y,z;
    printf("      5 个数中最小的数\n");
    printf("输入 5 个整数:");
    scanf("%d  %d  %d  %d  %d",&u,&v,&x,&y,&z);
    min(u,v,x,y,z);
}
```

程序中 min(int a,int b,int c,int d,int e) 是一个自定义函数，该函数对传入的 5 个整数进行比较，并显示其中最小的数。在函数 min() 定义命令的首部，void min() 说明函数是一个无返回值函数，如果函数在定义时未说明其类型，则默认为 int 型。

类型标识符 int 后面是函数名称 min，后面括号内是形参列表，表示函数有 5 个整型参数 a、b、c、d、e。min()定义命令的首部也可以写为：

```
void min(a, b, c, d, e)
int a,int b,int c,int d,int e;
```

调用函数 min()可以有 3 种方法，本例采用"函数语句调用"方法。

可以看出，在函数定义时，a 和 b 并没有具体值，它们由调用语句中的实际值所决定，因此，函数定义时的参数称为形参（形式参数），而调用语句中的参数称为实参（真实参数）。

【实例 5-3】显示菱形对称字母图案。

"菱形对称字母图案"程序运行后，在屏幕上会显示图 5-5 所示的菱形对称字母图案。

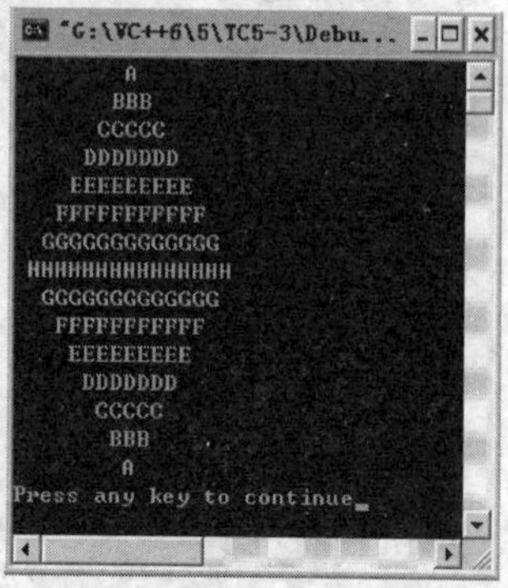

图 5-5　"菱形对称字母图案"程序运行结果

程序代码如下：

```
/* TC5-3.C */
/* 菱形对称字母图案 */
#include "stdio.h"
void DCZM1(int n)          /* 用来显示一行字符的函数 DCZM1(int  n) */
{
    int a,b;
    for(a=0;a<=7-n;a++)    /* 该循环用来显示每行左边的空格 */
      printf(" ");
    for(b=0;b<2*n+1;b++)   /* 该循环用来显示每行的字符 */
      printf("%c",65+n);
    printf("\n");
}
void main()                /* 主函数 */
{
    int m;
    for(m=0;m<7;m++)       /* 该循环用来显示上边的三角形字符图案 */
      DCZM1(m);
    for(m=7;m>=0;m--)      /* 该循环用来显示上边的倒三角形字符图案 */
      DCZM1(m);
}
```

在主程序 main()中，第 1 个循环用来显示每行左边的空格，第 2 个循环用来显示每行的字母，变量 m 的值用来控制每行显示的空格和字母的个数以及字母。

在函数 DCZM1()中，第 1 个循环用来显示上边的三角形字符图案，第 2 个循环用来显示下边的三角形字符图案，变量 n 的值用来控制行数。

5.2　函数参数传递

函数定义时的参数称为形参，函数调用时的参数称为实参，函数之间的数据传输通常是由参数的传递来完成的。

5.2.1　函数参数和函数返回

函数之间的数据传输通常是由参数的传递来完成的,参数是主调函数和被调函数传递数据的载体。对于带参数的函数,主调函数要将参数的数据传递给被调函数的参数,被调函数根据调用函数传递过来的数据进行计算和处理,最后将运行结果通过参数传递给主调函数的参数。被调函数通过参数传递给调用函数的数据叫返回值。

1. 函数参数

(1)参数的类型:在 C 语言中,函数有形参和实参两种类型。

◎ 形参:即形式参数,在定义函数时,函数名后面的小括号内列出的就是形参,它们可以用类型标识符来定义参数的数据类型,用逗号","分隔。例如:

```
int min(int a,int b)
```

其中,a 和 b 就是形参。形参在定义时没有赋予具体的数据,所以是形式上的参数。

◎ 实参:即实际参数,在函数调用中,函数名称后面的小括号内列出的就是实参,它们用逗号","分隔,例如语句"km=min(x,y);"中 x 和 y 就是实参。

(2)参数的传递:在 C 语言程序中,实参与形参是一一对应的,其个数相同,对应的数据类型也相同或匹配。在程序执行过程中,实参向形参传递数据,如图 5-6 所示。也就是说,在函数运行时,将会用实参的内容去代替形参进行运算。

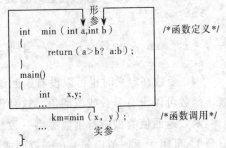

2. 函数值返回

图 5-6　函数参数传递

在函数进行调用完成后,需要返回到主调函数中调用的位置,以执行后边的语句。函数返回时,可以使用关键字 return 返回,也可以等函数执行到结尾的花括号时,自动返回主调函数。当函数需要有返回值时,可以用关键字 return 返回。函数返回值类型要求与函数类型一致。如果函数无返回值,则须将函数类型定义为 void(无值型)。

使用关键字 return 的返回语句的使用格式如下:

【格式 1】return;　　　　　/* 不需要返回数据时 */

【格式 2】return 表达式;　　/* 需要返回数据时 */

【说明】

(1)返回语句中的表达式可以是有具体值的变量、常量或常量表达式。如果函数使用了"return 表达式"形式返回数据,则表达式的数据类型应与函数类型一致,实际上,函数的数据类型也就是函数返回值的数据类型。例如:

```
int gud(int a)              /* 函数为 int 型 */
{
    int n;
    n=a*10;
    return n;               /* 返回的变量值也是 int 型 */
}
```

可以看到,对于 int 型的函数,其返回值也是 int 型。

（2）除了返回单个变量的值以外，还可以返回一个表达式的计算结果，但要求表达式的计算结果与函数类型相同。例如，上面的函数定义还可以改为如下形式：

```
int gud(int a)        /* 函数为 int 型 */
{
    return a*10;       /* 返回语句中表达式的运算结果也是 int 型 */
}
```

（3）返回语句可以用在需要返回的任一位置，也可以有多个返回语句，但只有一个在返回时被执行。前面比较数值大小的程序段也可改为如下形式：

```
int max(int a,int b)
{
    if(a>b)
        return a;
    else
        return b;
}
```

如果使用返回语句返回表达式的值，上述程序段还可改为如下形式：

```
int max(int a,int b)
{
    return(a>b?a:b);       /* 利用三目运算符比较 a,b 大小并返回较大值 */
}
```

（4）函数在定义时也可以没有返回语句，这时程序执行到结尾的花括号时自动返回主调函数。函数可以没有参数或返回值，这种函数通常是实现某一结果可预期的功能，如打印等。

函数返回值类型应与函数类型一致，如果函数无返回值，则需将函数类型定义为 void（无值型），可用无返回值语句 return 返回或等函数执行到结尾的花括号时自动返回主调函数。

可以将函数的返回值作为表达式的一部分进行计算，还可以将函数返回值作为另一个函数的参数进行调用。要求被调用函数与调用它的函数参数具有相同数据类型，或者能强制为调用它的函数参数的数据类型。例如：

```
int max(x,y);       /* 声明函数 max() 为 int 型 */
char m(x,y);        /* 声明函数 m() 为 char 型 */
main()
{ …
    printf("%d",max(x,y));
    printf("%d",(int)(m(x,y)));
    …
}
```

Printf()函数中的格式符"%d"说明它需要后面的参数为 int 型数值，函数 max()为 int 型，max()的返回值与格式符"%d"说明的类型相同，可以直接使用；而函数 m()为 char 型，与格式符"%d"说明的类型不同，所以需要强制转换后再使用。

如果函数是一个有参数的函数，在调用语句中的实参必须与函数定义中的形参个数、类型一一对应。下面是错误的调用：

```
int max(int a,int b);
main( )
{
    float x=10,y=5;
    int m=1,n=2;
```

```
n=max(m);              /* 错误! 参数个数不符 */
m=max(x,y);            /* 错误! 参数类型不符 */
…
}
```

5.2.2　函数间参数的传递方式

函数间参数的传递方式可分为：数据赋值方式（即赋值调用）、被调函数返回值给主调函数方式、传址方式（即传址调用）和全局变量传递方式 4 种。此处主要介绍前 3 种。

1．数据赋值方式

数据赋值方式就是将调用函数中的实参的值赋给函数定义中的形参，即由主调函数向被调函数传递数据，实现赋值调用。数据赋值方式的特点如下：

（1）在赋值调用时，函数将实参的值复制一份，传递给形参，实现参数的赋值调用传递。

（2）实参向形参传递数据是单向的，且按照顺序一一对应赋值，要求实参和形参的类型应一致。实参可以是常量、变量或表达式，要求有确定的值。形参一定是局部变量。

（3）形参和实参各占独立的存储空间。形参在函数被调用时，系统为其动态分配临时的存储空间，函数返回时，自动释放临时的存储空间。因此，实参和形参可以同名，也可以不同名。因此，在程序运行过程中，形参的变化不会影响实参，参看后面的实例 5-4。

2．被调函数返回值给主调函数方式

被调函数返回值给主调函数方式就是，在被调函数调用完成后使用 return 语句将返回值返回主调函数。使用 return 语句只可以将一个返回值传递给主调函数，这个返回值可以是变量或表达式的值，也可以是一个地址值。函数返回值类型要求与函数类型一致。

被调函数返回值给主调函数方式的应用参见后面将介绍的实例 5-6、实例 5-7 和实例 5-8。

3．传址调用

传址调用时，函数将把实参的地址传递给形参，通过对地址指示的存储单元内容进行访问，可以在被调函数中对该地址存储单元内容进行调用和修改。传址调用的方法如下：

```
void max(int *a,int *b);
main()
{
  int x,y;
  …
  max(&x,&y);
  …
}
```

能进行传址调用的函数，其参数一般均为指针形式，程序段中函数 max（int *a,int *b）参数前的 "*" 说明该项参数是一个 int 型指针，实参传递过来的值应该是一个指向 int 型数据的内存地址。而在调用语句 "max(&a,&b);" 中，符号 "&" 表示传递的是变量的内存地址。由于实参和形参都是指向同一地址的存储单元，因此这种调用会引起实参内容的改变。

赋值调用和传址调用都是程序设计中的常用方法，在使用时，要根据具体情况进行选择。对于需要在被调用函数中改变实参内容的，也可以使用传址调用。如果在被调用函数中只是对

实参数据进行简单引用，不要求改变实参内容，应该使用赋值调用。由于传址调用可能会改变实参数据，在操作中具有一定危险性，因此在程序设计中，能够使用赋值调用的，尽量使用赋值调用方式来完成。

另外，对于数组、字符串以及以后将要学习的结构等复杂数据类型的数据，通常应该采用传址调用，因为数组、字符串和结构都不能进行简单的赋值，只能传递指针。

5.2.3　应用实例

【实例5-4】形参改变不影响实参验证。

该程序是一个验证程序，用来验证如下结论：在赋值调用中，形参的改变不会对实参产生影响。程序运行结果如图5-7所示。可以看到，虽然在函数swap1()内部形参a和b的内容进行了互换，但是这种互换并不能对主函数中实参a、b的值产生影响。

图5-7　"形参改变不影响
实参验证"程序运行结果

程序代码如下：

```
/* TC5-4.C */
/* 形参改变不影响实参验证 */
#include "stdio.h"
void swap1(int a,int b);                /* swap1 声明函数() */
void main()
{
    int a=10,b=20;
    printf("   形参改变不影响实参验证\n");
    printf("未交换前:a=%d b=%d\n",a,b);
    swap1(a,b);                         /* 赋值调用 */
    printf("调用函数 swap1(a,b)后:a=%d b=%d\n",a,b);
}
void swap1(int a,int b)
{
    int t;
    t=a;                                /* 交换形参内容 */
    a=b;
    b=t;
    printf("在函数 swap1()中，a=%d,b=%d\n",a,b);
}
```

在调用函数swap1()时，使用"swap1（a,b）;"语句进行调用，由于是赋值调用，因此只是将实参a、b的值复制了一份，赋给函数swap1()中的形参a、b。在函数swap1()内部，通过语句"t=a; a=b; b=t;"对形参a、b的内容进行了互换。主函数中实参a、b的值不会变化。

图5-8　"形参改变影响
实参验证"程序运行结果

【实例5-5】形参改变影响实参验证。

该程序是一个验证程序，用来验证如下结论：在传址调用中，形参的改变会对实参产生影响。程序运行结果如图5-8所示。可以看到，虽然只是在函数swap2()中，形参a和b的所指地址内容发生了交换，但是由于 a、b 所指的地址也是实参 a、b 的地址，因此这种交换也对主函数中的实参 a、b 的内容产生了影响。

程序代码如下：

```
/* TC5-5.C */
/* 形参改变影响实参验证传址调用验证 */
#include "stdio.h"
void swap2(int *a,int *b);          /* 声明函数 swap2() */
void main()
{
  int a=10,b=20;
  printf("    传址调用验证  \n");
  printf("未交换前:a=%d b=%d\n",a,b);
  swap2(&a,&b);                     /* 传址调用 */
  printf("调用函数 swap2 后:a=%d b=%d\n",a,b);
}
void swap2(int *a,int *b)            /* 参数为 int 型指针，以获取实参地址 */
{
  int t;
  t=*a;                             /* 交换指针所指存储空间的内容 */
  *a=*b;
  *b=t;
  printf("在函数 swap2 中，*a=%d,*b=%d\n",*a,*b);
}
```

在程序中，形参 a、b 为 int 型指针，使用了 "swap 2（&a,&b）;" 语句调用函数 swap2()。在此通过取地址运算将实参 a、b 的地址赋给函数 swap2()中的形参 a、b。在函数 swap2()中，通过 "t=*a; *a=*b; *b=t;" 语句将指针 a、b 所指地址存储单元内容进行了交换。

【实例 5-6】显示 5 个数中最大的数。

"5 个数中最大的数" 程序运行后，输入 5 个整数，按 Enter 健后即可显示这 5 个数中最大的数，如图 5-9 所示。该程序的设计也可以参看实例 5-2 中程序的设计方法进行。下面程序采用的是函数返回值的方法设计的。

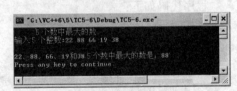

图 5-9　"5 个数中最大的数"
程序运行结果

程序代码如下：

```
/* TC5-6.C */
/* 5 个数中最大的数 */
#include "stdio.h"
int max(int a,int b)                /* 选出两个数中最大的数 */
{
  int n;
  if(a>b) n=a;
  else n=b;
  return n;
}
void main()
{
  int u,v,x,y,z,m;
```

```
    printf("      5 个数中最大的数\n");
    printf("输入 5 个整数:");
    scanf("%d  %d  %d  %d  %d",&u,&v,&x,&y,&z);
    m=max(u,v);
    m=max(m,x);
    m=max(m,y);
    m=max(m,z);
    printf("\n%d、%d、%d、%d 和%d 五个数中最大的数是: %d\n",u,v,x,y,z,m);
}
```

在程序的函数定义中，使用"return n;"语句来返回函数的运算结果，即将函数返回值返给调用它的主函数内的变量 m。函数的功能也改为将两个数中最大的数作为返回值。

在主函数中，使用"m=max(u,v);"语句将 u、v 两个数传递给函数 max()中的形参 a 和 b，在函数内选出其中最大的数赋给变量 n，再通过"return n;"语句返给主函数中的变量 m。

接着再使用"m=max(m,x);"语句将 m、x 两个数传递给函数 max()中的形参 a 和 b，在函数内选出其中最大的数赋给变量 n，再通过"return n;"语句返给主函数中的变量 m；接着再使用"m=max(m,y);"语句将 m、y 两个数传递给函数 max()中的形参 a 和 b，选出最大的数赋给主函数中的变量 m；接着再使用"m=max(m,z);"语句将 m、z 两个数传递给函数 max()中的形参 a 和 b，选出最大的数赋给主函数中的变量 m。

【实例 5-7】统计 10 个学生的平均分。

"统计 10 个学生的平均分"程序运行后，依次输入 10 个学生的分数，每输入完一个学生的分数按一次 Enter 键，输入完 10 个学生的成绩后，即可显示这 10 个学生的总分和平均分。程序运行结果如图 5-10 所示。

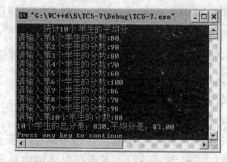

图 5-10　"统计 10 个学生的平均分"程序的运行结果

程序代码如下：

```
/* TC5-7.C */
/* 统计 10 个学生的平均分 */
#include "stdio.h"
int fsqh(int a,int b);
void main()
{
    int fs,sum=0,n;
    float pj;
    printf("      统计 10 个学生的平均分\n");
    for(n=1;n<=10;n++)
    {
        printf("请输入第%d 个学生的分数:",n);
        scanf("%d",&fs);
        sum= fsqh(sum,fs);              /* 调累加分数的函数 fsqh */
    }
    pj=sum/10;                         /* 求平均分 */
    printf("10 个学生的总分是: %d,平均分是: %.2f\n",sum,pj);
}
int fsqh(int a,int b)            /* 定义一个累加分数的函数 */
{
    int sum1;
    sum1=a+b;
```

```
    return(sum1);                    /* 返回累加分数的结果 */
}
```

【实例 5-8】 计算 e 的近似值 2。

该程序与例 4-7 程序一样，也是使用泰勒级数展开式来求自然对数的底 e 的近似值，只是采用的算法不一样。本程序将求 M! 单独定义为一个函数，用于计算 M!，并返回结果。程序运行后，需要输入一个正整数，确定泰勒级数展开式的项数（例如，30），按 Enter 键后，即可显示 e 的近似值 2.71828，如图 5-11 所示。

程序代码如下：

```
/* TC5-8.CPP */
/* 计算 e 的近似值 */
#include "stdio.h"
double QJC(int m);                   /* 函数 QJC 声明 */
void main()
{
    int n,xs;
    float esum=0;
    printf("     计算 e 的近似值\n");
    printf("请输入一个正整数: ");
    scanf("%d",&xs);
    for(n=1;n<=xs;n++)
        esum=esum+(float)(1/QJC(n)); /* 函数 QJC 调用 */
    printf("e 的近似值为: %f\n",esum);
}
double QJC(int m)                    /* 定义计算 m 阶乘的函数 QJC () */
{
    int a;
    double k=1;
    for(a=1;a<=m;a++)
        k=k*a;
    return k;                        /* 返回计算结果 */
}
```

图 5-11 "计算 e 的近似值 2"
程序运行结果

思考与练习

1. 填空

（1）在 C 语言中，_____是构成程序的最基本单位，用它来实现一个特定的功能，通过_____之间的互相调用，来实现_____之间的数据访问。可以说 C 语言是_____式语言。

（2）函数的类型实际上是指_____的类型。

（3）一个 C 语言程序必须有且只有一个_____，可以包含_____个其他函数。在主函数内可以调用其他函数，_____之间可以互相调用，但是函数不可以调用_____。调用其他函数的函数称为_____，被其他函数调用的函数称为_____。

（4）函数首部的数据类型标识符的作用是指_____的数据类型，函数名为有效的标识符，形参列表是指_____。如果有多个不同的参数，则每个参数都需要_____，各形参之间应用_____分隔。

（5）函数调用语句中的参数称为_____，它的数目一定要与相应函数定义中的数目一样，在数据类型上应该_____或_____。

（6）函数调用语句中的函数名应与_____中的函数名一样。

（7）在定义函数时，函数名后面小括号内列出的是_____；在函数调用中，函数名称后面小括号内列出的是_____，它们都用_____分隔。这两种参数的_____应该相同，_____应该相同或匹配。

（8）在_____时，函数将实参的值复制一份，传递给形参，从而实现参数的传递，在程序运行过程中，_____的变化不会影响_____。

（9）在_____时，函数将把实参的地址传递给形参，通过对地址指示的存储单元内容进行调用和修改。

2．程序设计

（1）利用函数设计一个可以显示如图 5-12 所示的图案。

（2）修改实例 5-2 程序，使该程序可以将 10 个数中最大的数和最小的数都显示出来。

（3）修改实例 5-3 程序，使该程序运行后可以显示如图 4-18 所示的"字符菱形图案"。

（4）参考实例 5-1 程序的设计方法，分别使用 3 种不同的函数声明方法设计"等腰三角形字符图案"程序。

（5）利用函数设计一个"菱形字母图案"程序。

（6）采用 3 种不同的函数声明方法设计"菱形数字图案"程序。

（7）"计算两个数的乘积"程序运行后，输入两个整数，按 Enter 键后，显示输入两个数的乘积。程序运行结果如图 5-13 所示。

图 5-12　字符和文字图案

图 5-13　"计算两个数的乘积"程序运行结果

（8）修改实例 5-6 程序，使该程序可以将 10 个数中最大的数和最小的数显示出来。

（9）参考实例 5-7 程序的设计方法，设计一个统计 10 名职工总工资金额的程序。

（10）利用函数设计一个能计算 2!+4!+6!+8!+10! 值的程序。

（11）利用函数设计一个"显示 100 以内所有素数"的程序。该程序运行后，可以按照一行 6 列显示 100 以内的所有素数。

（12）设计一个程序，该程序运行后要求输入一个数并赋给变量 n，按 Enter 键后，即可显示 $1+\dfrac{1}{2}+\dfrac{2}{3}+\cdots+\dfrac{n-1}{n}$ 的值。

（13）设计一个"勾股弦数"程序，该程序运行后输入一个正整数，按 Enter 键后，即可显示 10 000 以内的勾股弦数，勾股弦数满足要求：$A^2+B^2=C^2$，勾股弦数的验证由单独的函数完成。

（14）修改实例 5-7 程序，使该程序可以统计 20 个职工的工资以及上交的税金。

第6章 函数应用和变量作用域

【本章提要】C 语言系统提供的库函数除包含了第 2 章介绍过的标准输入/输出函数等以外，还有大量的其他标准函数。本章介绍了一些常用的标准函数的应用。另外，还介绍了函数的嵌套与递归，变量作用域和变量存储类型等内容。在 C 语言的函数调用中，函数可以间接或直接地调用函数自身，这种调用称为函数的递归调用。递归算法结构简单清晰，易于阅读和理解。往往用少量的语句即可实现多次重复计算，起到事半功倍的作用。

6.1 标准函数应用

6.1.1 标准函数简介

C 语言的核心部分是很小的，但 C 语言编译系统提供了丰富的函数库来扩充 C 语言的功能，Turbo C 3.0 和 Visual C++ 6.0 都提供了大量函数以供用户使用。标准函数（即标准库函数）按数据类型保存在不同的头文件中，例如，stdio.h 头文件中是与标准输入/输出有关的函数，string.h 头文件中是与字符有关的函数，ctype.h 头文件中是与字符串有关的函数，math.h 头文件中是与数学有关的函数，time.h 头文件中是与时间有关的函数，stdlib.h 头文件和 process.h 中是与进程有关的函数，stdlib.h 和 math.h 头文件中有与数据转换有关的函数，头文件 dir.h 和 dos.h 中有与数据转换有关的函数。

在使用这些库函数之前必须使用包含命令将头文件包含到程序中。例如，#include "stdio.h" 命令可以将与标准输入/输出有关的函数包含到程序中。下面介绍几种标准函数中的常用函数的应用实例。

6.1.2 验证程序和应用实例

【实例 6-1】字符串中各类字符统计。

该程序运行后，首先显示图 6-1 所示的前两行提示，然后可以从键盘连续输入键盘字

图 6-1 "输入的各类字符统计"程序运行结果

符，例如输入"ABCDEFGHIJKlmnopqrstuvwxyz1234567890_+=-*/!@#$%^&"字符串，按 Enter 键，再按 Ctrl+Z 键，然后按 Enter 键结束，即可显示各类字符（大写字母、小写字母、数字、空格、控制字符和其他字符等）的个数，如图 6-1 所示。

程序代码如下：
```
/* TC6-1.C */
/* 字符串中各类字符统计 */
```

```
#include "stdio.h"
#include "ctype.h"
void main()
{
    int numsum=0,csum=0,xsum=0,dsum=0,spsum=0,qsum=0;
    char ch;
    printf("    字符串中各类字符统计\n");
    printf("请输入字符串(按 Enter 键,再按 Ctrl+Z 键, 然后按 Enter 键结束):\n");
    while((ch=getchar())!=EOF)        /* 当输入的字符为 Ctrl+Z 时退出循环 */
    {
        if (iscntrl(ch))              /* 判断是否为控制字符 */
            csum++;
        else if(isdigit(ch))          /* 判断是否为数字 */
            numsum++;
        else if(islower(ch))          /* 判断是否为小写字母 */
            xsum++;
        else if(isupper(ch))          /* 判断是否为大写字母 */
            dsum++;
        else if(isspace(ch))          /* 判断是否为空格符 */
            spsum++;
        else
            qsum++;                   /* 其他字符计数 */
    }
    printf("控制字符有%d 个    数字有%d 个\n",csum, numsum);
    printf("小写字母有%d 个    大写字母有%d 个\n",xsum, dsum);
    printf("空格符有%d 个      其他字符有%d 个\n",spsum, qsum);
}
```

程序中的 getchar()用来获取从键盘输入的一个字符；EOF 是一个常量（值为–1），在 stdio.h 中定义，通常用来判断是否已到文件结束，在键盘输入时代表 Ctrl+Z 组合键。

【实例 6-2】显示三角函数表。

三角函数表是数学计算中常用的函数，这个程序给出了三角函数 sin、cos 和 tan 在 0～90° 时对应的数值。程序运行结果如图 6-2 所示。

程序代码如下：

```
/* TC6-2.C */
/* 三角函数表 */
#include "stdio.h"
#include "math.h"              /* 包含数学函数库 */
void main()
{
    float m;
    int i;
    for(i=0;i<=90;i++)
    {
        m=i*3.1415926/180;
```

图 6-2 "三角函数表"程序运行结果

```
    printf("sin(%2d)=%5.4f\tcos(%2d)=%5.4f\ttan(%2d)=%5.4f\n", i,sin(m),
i,cos(m),i,tan(m));
    }
}
```

程序中用到了 C 语言 math.h 库中的 3 个函数 sin()、cos()和 tan()，它们用于求参数对应的正弦、余弦和正切值，使用的参数为弧度。

【实例 6-3】小写字母转换为大写字母。

该程序运行后显示图 6-3 所示的前两行提示信息，输入字符，程序即可将其中的小写字母转换为大写字母，其他字符不变。例如，边输入 "I wish you a happy birthday！" 字母，便将其中的英文小写字母转换为大写字母，如图 6-3 所示。输入数字 "0" 字符后，程序运行结束，如图 6-3 所示。

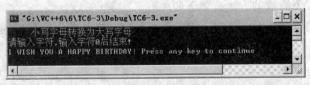

图 6-3　"小写字母转换大写字母" 程序运行后的显示结果

程序代码如下：

```
/* TC6-3.C */
/* 小写字母转换为大写字母 */
#include "conio.h"
#include "stdio.h"
char chupper(char ch);               /* 说明转换函数 chupper() */
void main()
{
    char ch;
    printf("     小写字母转换为大写字母\n");
    printf("请输入字符,输入字符 0 后结束!\n");
    do
    {
        ch=getch();                  /* 输入一个字符，该字符不会显到屏幕上 */
        if(ch>='a'&&ch<='z')         /* 如果是小写字母，则转化为大写 */
            ch=chupper(ch);          /* 调字符转换函数 chupper() */
        if (ch=='0')
            break;
        printf("%c",ch);             /* 显示单字符变量 ch 的值 */
    }while(ch!='0');                 /* 当输入的字符为"0"后退出循环 */
}
char chupper(char ch)                /* 定义字母小写转换为大写的转换函数 chupper() */
{
    return ch>='a'?ch-'a'+'A':ch;
}
```

其中，getch()函数在 conio.h 头文件内，他可以接收一个字符，该字符不会显到屏幕上。chupper()函数是自定义的小写字母转换成大写字母的转换函数。

【实例 6-4】求最大公约数和最小公倍数。

"最大公约数和最小公倍数" 程序运行后显示如图 6-4 所示的前两行提示信息，输入两个数字（例如，48 和 72）后按 Enter 键，即可显示两个自然数的最大公约数和最小公倍数，如图 6-4 所示。关于最大公约数和最小公倍数的计算方法，以及该程序的设计方法如下：

1．求两个数的最大公约数的方法

约数也叫因数，最大公约数也叫最大公因数。最大公约数的定义是：设 A 与 B 是不为零的整数，若 C 是 A 与 B 的约数，则称 C 为 A

图 6-4　"最大公约数和最小公倍数"
程序运行结果

与 B 的公约数，公约数中最大的叫最大公约数。对于多个数的最大公约数，如果公约数 C 是它们所有公约数中最大的一个，则公约数 C 就是它们的最大公约数。

求两个数的最大公约数的方法有如下两种。：

（1）方法一（根据定义的求法）：找到两个数 A、B 中最小的数(假定是 A)，用 A、A−1、A−2……依次去除 A、B 两数，当能同时整除 A 与 B 时，则该除数就是 A、B 两数的最大公约数。

（2）方法二（辗转相除法）：设两个数为 A、B，则用 A 除以 B（可以 A>B 或 A<B），以后按下述步骤进行：$A / B \rightarrow$ 商 S_1，余 R_1

$$B / R1 \rightarrow 商 S_2, 余 R_2$$

$$R_1 / R_2 \rightarrow 商 S_3, 余 R_3$$

$$……$$

$$R_n / R_n+1 \rightarrow 商 S_3, 余 0$$

当余数为 0 时，则这次的除数值 R_n+1 为最大公约数。

例如：求 1024 与 160 的最大公约数可按照下述步骤进行：

160/1024→商 0，余 160

1024 / 160→商 6，余 64

160 / 64→商 2，余 32

64 / 32→商 2，余 0

则 32 就是 1024 与 160 的最大公约数。

2．求两个数的最小公倍数的方法

若干数均能被某个数整除，则该数是这若干数的公倍数，所有公倍数中最小的公倍数，是这若干数的最小公倍数。求两个数的最小公倍数的方法有如下两种：

（1）方法一：找出两个数中最大的一个数赋给变量 L，用 L 的 1 倍、2 倍……的数分别除以另一个数，如果 N 倍的 L 能整除另外一个数，则 N 倍的 L 就是这两个数的最小公倍数。

（2）方法二：两个数 A、B 的最小公倍数等于这两个数的乘积 A*B，再除以这两个数的最大公约数 Q，即最小公倍数等于 A*B / Q。

3．程序设计

求"最大公约数和最小公倍数"程序代码如下。程序代码中，模拟用辗转相除法求最大公约数的函数名称为 HSGS。

```
/* TC6-4.C */
```

```
/* 最大公约数和最小公倍数 */
#include "stdio.h"
int HSGS(int M,int N);
int main()
{
    int A, B, Q;
    double S;
    printf("最大公约数和最小公倍数\n");
    printf("请输入两个正整数: ");
    scanf("%d %d",&A,&B);
    Q=HSGS(A, B);              /* 调求 A 和 B 最大公约数的函数，将最大公约数赋给变量 Q */
    S=A*B/Q;                   /* 求最小公倍数 */
    printf("最大公约数是%d    最小公倍数分别是%f\n",Q,S);
}
/* 模拟用辗转相除法求最大公约数的函数 HSGS */
int HSGS(int M,int N)
{
    int R;
    if(N>M)
    {
        R=M;
        M=N;
        N=R;
    }
    R=M%N;                     /* 变量 R 保存余数 */
    while(R!=0)
    {
        M=N;
        N=R;
        R=M%N;
    }
    return N;
}
```

【实例 6-5】四则运算练习。

　　该程序运行后，会显示图 6-5 所示的前两行提示信息，要求输入运算类型编号，如果输入 1，则随机产生一道一位数或两位数的加法练习题；如果输入 2，则随机产生一道一位数或两位数的减法练习题（此处输入 1）；如果输入 3，则随机产生一道一位数或两位数的乘法练习题；如果输入 4，则随机产生一道一位数或两位数的除法练习题，因为除法运算的两个操作数都是整数，因此运算结果为整数，将小数部分截取掉。按 Enter 键后，即可显示一道随机的四则运算题（此处是减法题）。输入计算结果后（此处输入 53）按 Enter 键，如果计算正确，则显示"正确!"，否则显示"错误!应为×××"的评语。此处输入正确，显示结果如图 6-5 所示。

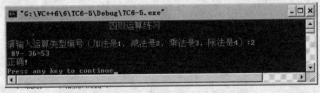

图 6-5　"四则运算练习"程序运行结果

程序代码如下：

```c
/* TC6-5.C */
/* 四则运算练习 */
#include <stdio.h>
#include <math.h>
#include <stdlib.h>
#include "time.h"
void main()
{
    int N,X,Y,L,SUM1,SUM2,I,M=100;
    printf("        四则运算练习\n\n");
    printf("请输入运算类型编号（加法是1，减法是2，乘法是3，除法是4）:");
    scanf("%d",&N);
    /* 下面的语句和循环结构程序用来产生2个[1,99]范围的随机整数 */
    srand(time(0));                  /* 设置种子,并生成伪随机序列 */
    for(I=0;I<M;++I)
    {
        X=rand()%99+1;             /* 获得[1,99]伪随机数赋给变量X */
        Y=rand()%99+1;             /* 获得[1,99]伪随机数赋给变量X */
    }
    /* 为了保证X大于Y */
    if(X<Y)
    {
        L=X;X=Y;Y=L;
    }
    if(N==1)
    {
        printf("%3d+%3d=",X,Y);
        scanf("%d",&SUM1);
        SUM2=X+Y;
        if(SUM2==SUM1)
        {
            printf("正确!\n");
        }
        else
            printf("错误!应为%d\n",SUM2);
    }
    if(N==2)
    {
        printf("%3d-%3d=",X,Y);
        scanf("%d",&SUM1);
        SUM2=X-Y;
        if(SUM1==SUM2)
        {
            printf("正确!\n");
        }
        else
            printf("错误!应为%d\n",SUM2);
    }
    if(N==3)
    {
        printf("%3d*%3d=",X,Y);
```

```
        scanf("%d",&SUM1);
        SUM2=X*Y;
        if(SUM1==SUM2)
        {
            printf("正确!\n");
        }
        else
            printf("错误!应为%d\n",SUM2);
    }
    if(N==4)
    {
        printf("%3d/%3d=",X,Y);
        scanf("%d",&SUM1);
        SUM2=X/Y;
        if(SUM1==SUM2)
        {
            printf("正确!\n");
        }
        else
            printf("错误!应为%d\n",SUM2);
    }
}
```

下面的 3 条语句用来产生 2 个[1,99]范围的随机整数。另外，还需要在程序的开始处添加 #include "time.h"和#include "stdlib.h"命令。

```
srand(time(0));          /* 设置种子,并生成伪随机序列 */
X=rand()%99+1;           /* 获得[1,99]伪随机数赋给变量 X */
Y=rand()%99+1;           /* 获得[1,99]伪随机数赋给变量 Y */
```

如果使用 Turbo C 3.0 软件运行程序，则在程序中可以使用随机函数 random()来产生随机整数。该函数的格式与功能如下：

【格式】random(N);

【功能】在使用随机函数 random()以前应执行一次函数 randomize()，初始化随机数种子。由于函数 random()产生的随机数是伪随机数，是按一定的数学公式计算出来的，如果不对其进行随机数种子初始化，则每次程序运行产生的随机数都是相同的序列。

random(N)函数可以产生 0～N-1 之间的随机整数。例如：

```
X=random(99)+1;          /* 获取 1~99 间的随机数 */
Y=random(99)+1;          /* 获取 1~99 间的随机数 */
```

6.2　函数的嵌套与递归调用

6.2.1　函数嵌套调用

在函数调用中，允许在函数中调用另一个已定义的函数，例如在 5.1.1 节"显示标题栏"程序中的相应程序，在 HWZ ()函数中又调用了函数 HZF()函数。这种在一个函数中调用另一个函数的用法称为函数的嵌套。下面是另一个函数嵌套调用的实例。

```
void fh1(int a)      /* 声明函数 fh1() */
void fh2(int b)      /* 声明函数 fh2() */
void main( )
```

```
{
    …
    n=fh1(x);          /* 调用函数 fh1() */
    …
}
int fh1()
{
    …
    m=fh2(y);          /* 嵌套调用函数 fh2() */
    …
    return …
}
int fh2()
{
    …
    return …
}
```

在上面的函数嵌套中，函数的执行过程如图 6-6 所示。注意，每一层函数返回时，将返回到调用它的函数，再依次执行调用语句后面的其他语句。

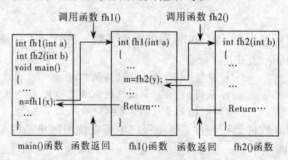

图 6-6   函数嵌套的执行过程

在程序执行时，先执行主函数 main()，当执行到 "n=fh1(x);" 语句后，将调用 fh1()函数。在 fh1()函数中执行到 "m=fh2(y);" 语句后，将调用 fh2()函数。

在函数 fh2()中执行到 "return…" 语句时，返回到调用 fh2()的 "m=fh2 (y);" 语句，将返回值赋给变量 m，再继续执行函数 fh1()中 "m=fh2(y);" 语句后面的语句。

在 fh1()函数中执行到 "return…" 语句时，返回到调用 fh1()函数的 "n=fh1(x);" 语句，将返回值赋给变量 n，再继续执行 main()函数中 "n=fh1(x);" 语句后面的语句，直到程序结束。

6.2.2 函数的递归调用

1. 递归调用的概念

如果在函数的函数体内，又使用语句来调用函数自身，这种调用称为直接递归调用，如图 6-7（a）所示。如果函数 a()中有语句调用函数 b()，而函数 b()中又有语句调用了函数 a()，…这种调用称为函数的间接递归调用，如图 6-7（b）所示。

上述两种递归调用都是无休止的循环调用。因此，为了防止递归调用出现无休止的循环主调用，必须在函数内部有终止调用的语句。通常，在函数内部加上一个条件判断语句，在满足条件时停止递归调用，然后逐层返回。

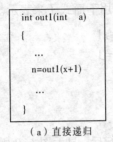 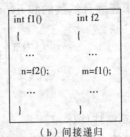

（a）直接递归　　　　　　　　（b）间接递归

图 6-7　递归调用

递归调用可以使得复杂问题变得更好理解，容易解决，并且程序显得简洁，但是函数的调用不可避免地会占用过多的资源，容易产生错误。如果嵌套过多，可能会导致内存资源耗尽而发生错误。在设计程序时，可以将递归调用转换为循环结构；当资源占用不大，且问题易于用递归算法解决时，考虑用函数递归；而在资源占用比较大，而问题可以用循环来解决时，可以考虑用循环来解决。

2．递归的条件

许多问题都具有递归的特性，用递归调用描述是非常方便的。递归调用不可以无限地调用下去，必须在一定的条件满足后，结束递归调用。一个有意义的递归算法应该满足以下条件：

（1）可以用递归形式来表示一个问题：可以将要解决的问题分解为一个新的问题，而这个新问题是原问题的一个子问题，即新问题的解法仍与原问题相同，只是原问题的处理对象有规律地变化，而且这种转化过程可以使问题得到解决。例如，计算 5+4+3+2+1。

将 5+4+3+2+1 即 f（5）看做是 5+（4+3+2+1），即 5+f（4），而 f（4）又看做是 4+f（3），而 f（3）又看做是 3+f（2），而 f（2）又看做是 2+f（1）。这样，问题的对象由 5+4+3+2+1 转化为一个式子的嵌套计算，即由内至外的计算 5+（4+（3+（2+1））），问题变得简单了，如图 6-8 所示。

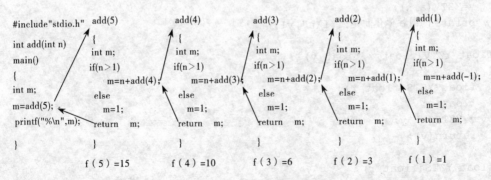

图 6-8　利用递归算法计算连续自然数和的示意图

（2）有递归结束的条件：程序的运行可使递归结束，在满足条件时返回。例如，当上面的问题对象等于 1 时就结束了递归，返回到上级调用，依次计算，最终得到正确的运算结果。

使用递归的算法可以解决许多问题，而且可以使问题的解决非常简洁、明了。例如，使用递归算法求连续自然数的和、阶乘、最大公约数和最小公倍数，斐波那契数列数等。递归最典型的又一个例子是求连续自然数的和 $n+(n-1)+\cdots+2+1$，可用下面式子来表示。

$$f(n)=\begin{cases}n+f(n\text{-}1) & n>1 \\ 1 & n=1\end{cases}$$

6.2.3 应用实例

【实例 6-6】 计算圆柱体体积。

该程序将利用函数嵌套调用计算圆柱体体积。程序运行后，显示图 6-9 所示的前两行提示信息，输入圆柱体底面圆半径和圆柱体高（此处输入 4.2 和 6.8）后按 Enter 键，即可显示圆柱体的体积，如图 6-9 所示。程序代码如下。

图 6-9 "圆柱体体积"程序运行结果

```c
/* TC6-6.C */
/* 圆柱体体积 */
#include "stdio.h"
#define  PI 3.1416      /* 定义一个符号常量PI，它代表十进制数3.1416 */
float YZTS(float r),YZTV(float x,float y);
void main()
{
    float a,h,v;
    printf("请输入圆柱体底面圆半径和圆柱体高度: ");
    scanf("%f %f",&a,&h);
    printf("\n圆柱体底面圆半径是: %f 圆柱体高度是: %f\n",a,h);
    v=YZTV(a,h);
    printf("圆柱体体积是: %f\n",v);
}
float YZTV(float x,float y)
{
    float YZTS(float r);
    float v;
    v=YZTS(x)*y;
    return(v);
}
float YZTS(float r)
{
    float sc;
    sc=3.14*r*r;
    printf("圆柱体底面积是: %f\n",sc);
    return(sc);
}
```

在程序中，定义了一个 float 类型的函数 YZTS(float r)，用来根据圆半径（r）计算圆面积；定义了一个 float 类型的函数 YZTV(float x,float y)，用来根据底面积圆半径（x）和圆柱体高度（y）计算圆柱体体积。运行主函数 main()后，输入圆半径和圆柱体高度，分别赋给变量 a 和 h，接着"v=YZTV(a,h);"语句中的"YZTV(a,h)"调用函数 YZTV()，将变量 a 和 h 的值分别赋给函数变量 x 和 y。

在函数 YZTV()程序中的"v=YZTS(x)*y;"语句中的"YZTS(x)"函数调用 YZTS()函数，将变量 x 的值赋给 YZTS()函数变量 r，计算出的圆面积赋给变量 sc，在执行"return(sc);"语句时返回到 YZTV()函数。在 YZTV()函数程序中"v=YZTS(x)*y;"语句将计算的圆柱体体积赋给变量 v，在执行"return(v);"语句时返回到 main()函数。

【实例 6-7】利用递归算法求阶乘。

该程序是利用递归算法计算输入正整数的阶乘，即计算 n! =n*（n-1）+…+2*1 的值。程序运行后，显示图 6-10 所示的前两行提示，输入 10 后按 Enter 键，即可计算出 10! =1*2*3*…*10 的值 3 628 800，如图 6-10 所示。

图 6-10　"利用递归算法求阶乘"程序运行结果

程序代码如下：

```
/* TC6-7.C */
/* 利用递归算法求阶乘 */
#include "stdio.h"
long FACT(int n);              /* 声明函数 FACT */
void main()
{
  int n;
  long m;
  printf("           利用递归算法求阶乘\n");
  printf("输入一个正整数:");
  scanf("%d",&n);
  m=FACT(n);
  printf("%d!=1*2*3*…*%d=%ld\n",n,n,m);
}
long FACT(int n)               /* 定义递归函数 */
{
  long m;
  if(n>1)
    m=n*FACT(n-1);             /* 当 n>1 时 */
  else
    m=1;                       /* 当 n=1 时 */
  return m;
}
```

由程序可以看出，当 n>1 时，在 FACT()函数过程中调用 FACT()函数过程，只是参数变为 n-1。这样的调用一直到 n=1 时为止。当 n=1 时，FACT()函数过程的值为 1，不再调用 FACT()函数过程，所以，此处的递归结束条件是 n=1。

递归算法的执行过程分递推和回归两个阶段。在递推阶段，把较复杂的问题（规模为 n）的求解简化到比原问题简单一些的问题（规模小于 n）的求解。例如求 5!，利用上面的定义式子，可将 5!转换为 5*4!，再将 4!转换为 4*3!，3!可转换为 3*2!，2!可转换为 2*1!。因为已知

1!=1，所以递推阶段可以结束。在回归阶段，当获得最简单情况的解后，逐级返回，依次获得稍复杂问题的解。当得到 1! 为 1 后，返回上一级，获得 2!=2*1! =2 的结果；再返回上一级，获得 3!=3*2!=6 的结果；再返回上一级，获得 4!=4*3!=24 的结果；再返回上一级，获得 5!=5*4!=120 的结果。当 N=5 时，N! 递归算法的递推和回归两个阶段如图 6-11 所示。

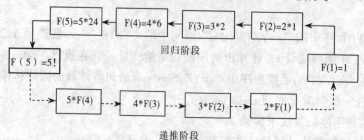

图 6-11　5!递归算法的递推和回归两个阶段

【实例 6-8】显示斐波那契数列的和。

斐波那契数列是这样的一个数据序列，序列中的第 1、2 个数据值都为 1，以后的每一个数据值为前两个数据之和，即 1、1、2、3、5、8……。程序运行后，显示图 6-12 所示的前两行提示，输入 30 后按 Enter 键，即可显示斐波那契数列前 30 个数，如图 6-12 所示。

图 6-12　"显示斐波那契数列"程序运行结果

这个问题如果用递归算法来解决，可以用如下公式来描述：

$$f(n) = \begin{cases} f(n\text{-}1) + f(n\text{-}2) & n > 2 \\ 1 & n = 1 \text{ or } n = 2 \end{cases}$$

因此，由公式得到下面的递归算法程序。程序代码如下：

```
/* TC6-8.C */
/* 显示斐波那契数列的和 1 */
#include "stdio.h"
long int BPNQ(int n);
void main()
{
    int n,k;
    long s,sum=0;
    printf("    显示斐波那契数列的和\n\n");
    printf("请输入斐波那契数列数的个数: ");
    scanf("%d",&n);
    for(k=1;k<=n;k++)                    /* 每次循环打印出数列中第 k 个数据的值 */
    {
        s=BPNQ(k);                      /* 每次调用求出第 k 个数据的值 */
        sum=sum+s;
```

```
      printf("%8d",s);
   }
   printf("斐波那契数列前%d 个数的和是: %d\n",n,sum);
}
long BPNQ(int n)
{
   long s;
   if(n==1||n==2)
      s=1;                        /* 当 n 为 1 或 2 时 */
   else
      s=BPNQ(n-1)+BPNQ(n-2);      /* 当 n>2 时 */
   return s;
}
```

6.3　变量的作用域和存储类型

6.3.1　变量的作用域

变量的作用域是指变量的作用范围，在这个范围内，变量是有效存在的。变量在退出这个范围时，将释放为其分配的存储空间，如果在范围之外，对该变量的引用将会发生错误。

按变量作用域的不同，分为局部变量和全局变量。

1．全局变量

全局就是整体，一个 C 语言程序就是一个整体，它可以由多个源程序组成。C 语言编译系统是以源程序文件为编译单位，因此一个源程序也是一个整体。在任意一个源程序文件中任何函数之外定义的变量都是全局变量，也称为外部变量，可以为本程序中的所有函数共享。全局变量从变量的定义开始，到程序文件结束，变量一直有效。在一个函数内变量值的改变，会影响其他函数中该变量的值。

使用全局变量可以增加各函数之间数据联系的渠道，减少形参的个数，节省内存空间，提高运行速度。但是，由于使用了全局变量，使程序的可读性、通用性、可靠性降低。因此，在较大的 C 语言程序中，使用全局变量时要慎重考虑，尽量少用。

但是，如果定义了与全局变量同名的局部变量，则局部变量优先。另外，由于全局变量定义的位置不同，一些函数在使用全局变量时需要进行引用说明。引用说明的格式及其说明如下：

【格式】extern 数据类型　已经定义的全局变量名表；

【说明】

（1）引用说明和变量定义是不同的。变量定义只能一次，它的位置在所有函数之外，系统根据变量定义分配存储单元；引用说明可以有多次，可以在函数内，也可以在函数外，这时系统不再为它分配存储单元。

（2）如果一个 C 语言程序只有一个源程序文件，并且全局变量的定义又放在文件的开头，这时程序中的所有函数在使用全局变量时都不用进行引用说明。

（3）如果全局变量的定义在源程序中函数之外，这时从变量定义语句直到源文件结束之间的所有函数使用全局变量可以不进行引用说明，而在变量定义语句之前的函数使用全局变量时，则必须进行引用说明。

（4）如果一个 C 语言程序由多个源程序文件组成，要引用另外的源文件中定义的全局变量时，必须进行引用说明。

2．局部变量

在 C 语言程序中函数内部定义的变量称为局部变量，它只在定义它的作用域内有效，当退出作用域时，其存储空间被释放。例如，函数的形参，在函数定义时并不给形参分配存储单元，只是在函数被调用时才为其形参分配存储空间，在退出作用域空间（该函数）时自动释放。前面各章节所定义过的变量都是局部变量。

在不同函数内部可以定义有相同名称的变量，但这些变量代表不同的对象，仅对于定义它们的函数有效。例如：

```
void main()
{
    int n;          /* 变量n仅在函数main()中可以使用 */
    …
}
FH1()
{
    int n;          /* 变量n仅在函数FH1()中可以使用 */
    …
}
```

在上面的程序段中，主函数 main()中的变量 n 与函数 FH1()中的变量 n 是不同的变量，只不过是名称相同罢了。

在同一函数的不同复合语句块内也可以定义局部变量，变量仅在该复合语句块内有效。

6.3.2　变量存储类型

全局变量和局部变量都有两种属性，一种是数据类型属性，用来定义变量占有的存储空间大小；另一种是变量的存储属性，定义了变量占存储空间的区域。在内存中供用户使用的存储空间有程序区、静态存储区和动态存储区 3 部分。在 C 语言中，变量的存储类型分为静态存储和动态存储两大类。对变量的存储类型定义有 auto、register、static 和 extem 4 种类型。auto型变量（自动变量），保存在内存的动态存储区域内；register 型变量（寄存器变量），保存在寄存器内；static 型变量（静态变量）和 extern 型变量（外部变量）是在系统编译时在静态存储区内为它们分配的存储空间。自动变量和寄存器变量属于动态存储变量，静态内部变量和外部变量属于静态存储变量。

1．动态存储变量

使用 auto 或 register 关键字定义的变量都是动态存储变量，包括自动变量和 register 型寄存器变量，它们只能是局部变量。动态存储变量的定义格式及其说明如下：

【格式】存储类型（auto 或 register） 数据类型 变量名表；

【说明】

（1）存储类型标识符可以是 auto 或 register，当为 auto 时定义的是自动变量，当为 register时定义的是寄存器变量。在定义时，存储类型项关键字 auto 可以省略，也就是说 auto 是默认项，在本节以前所定义的变量都是自动变量。例如：

```
auto int x=1,y=1;              /* 定义整型自动变量 x 和 y，同时变量进行初始化 */
int x,y;                       /* 定义整型自动变量 x 和 y */
register float f1,f2;          /* 定义单精度型寄存器变量 f1 和 f2 */
```

（2）动态存储变量只能是局部变量，在函数中定义的动态存储变量只在该函数内有效；在函数被调用使用该变量时才分配存储空间，调用结束后就释放。函数中复合语句内定义的动态存储变量，只在该复合语句中有效；退出复合语句后，也不能再使用，否则将引起错误。

（3）动态存储变量可以在定义时进行初始化（例如，int x=1;），程序运行时每调用一次函数，就给动态存储变量赋一次初值。因为动态存储变量是在程序运行期间根据需要随时分配存储单元，所以在使用前必须给变量赋值，否则变量值不确定。

（4）由于动态存储变量的作用域和生存期，都局限于定义它的个体内（函数或复合语句），因此不同的个体中允许使用同名的变量而不会混淆。即使在函数内定义的动态存储变量，也可以与该函数内部的复合语句中定义的动态存储变量同名。

（5）通常，变量的值都是存储在内存中的，有些变量由于要大量重复调用（例如，for 循环中的循环变量），为了提高执行效率，C 语言允许将变量的值存放到 CPU 的寄存器中，这种变量就称为寄存器变量（存储类型项关键字是 register）。寄存器变量有其特殊性，只有局部变量而且是整型变量，才能定义为寄存器变量。

对寄存器变量的实际处理随系统而异，在系统不支持寄存器变量，或者 CPU 中的寄存器不够时，实际上是将寄存器变量当做自动变量处理。由于 CPU 的寄存器数目是有限的，不能定义过多的寄存器变量，一般以 2、3 个为宜。由于寄存器变量不在内存中，因此不能进行地址的运算；最好在使用时定义寄存器变量，在用完后立即释放。

下面求 1+2+…+100 的值的程序中使用了寄存器变量作为程序的循环变量。

```
main()
{
    int sum;
    register int n;            /* 定义寄存器变量 n */
    for(n=1;n<=100;n++)
        sum=sum+n;
    printf("%d",sum);
}
```

2．静态存储变量

使用 static 或 extem 关键字定义的变量都是静态存储变量，它包括静态变量和外部变量。静态存储变量的定义格式及其说明如下：

【格式】存储类型（static 或 extern） 数据类型 变量名表；

【说明】

（1）定义的静态存储变量都分配固定的存储空间，并一直保持不变，直至整个程序结束。静态变量在退出其作用域时，依然保留其存储空间，也不释放，并在下一次进入时，继续使用。换句话说，在程序执行期间，静态内部变量始终存在。由于静态变量在程序运行中会一直保留其存储空间，如果定义过多的静态变量，则可能会引起内存空间不足。因此，最好是在需要保留变量上一次退出作用域时的值时使用静态变量。

（2）当存储类型标识符是 static 时定义的是静态变量，当存储类型标识符是 extem 时定义的是外部变量，定义外部变量时可以省略 extem。使用 static 定义的静态变量可以是局部静态变量，也可以是外部静态变量（也叫全局静态变量），举例如下：

外部静态变量

```
static int x;
main()
{
    ...
}
```

局部静态变量

```
main()
{
    static int y;
    ...
}
```

（3）在使用 static 定义局部静态变量时，可以对局部静态变量进行初始化，如果再次进入作用域也不用再进行定义和重新初始化，变量保留上次调用结束时的值，如果定义局部静态变量时没有进行初始化，系统会自动为其赋初值 0（整型和实型）或 "\0"（字符型）。例如：

```
static int sum=1;
static char str1[]="apple";
```

（4）在使用 static 定义全局静态变量时，变量的有效范围是定义该全局静态变量语句所在的源文件，其他源文件不能使用。

（5）外部变量（即前面学过的全局变量）是在函数外部定义的变量，对于外部变量来讲，其作用域为从定义处开始到程序的末尾，即在此变量定义后的函数都可以对此变量进行存取，而在此前定义的函数则不能调用该变量。通常，外部变量是在程序的开头定义的，这样才能在外部变量所在源程序的全程进行调用。

（6）如果需要在多个源程序文件间进行变量的引用，就需要将变量声明为外部变量。声明外部变量需要使用关键字 extern（参看前面介绍全局变量的内容）。关键字 extern 用来定义外部变量时往往被省略。如果外部变量定义在后使用在前，或者引用其他源文件的外部变量，就需要使用 extem 对该外部变量进行说明。例如：

```
/* 文件 f1.C */
int a;                /* 定义外部变量 a */
int sfh1();
void main()
{
...
a=1;                  /* 调用外部变量 a */
}
/* 文件 f2.C */
extern int a;         /* 说明外部变量 a */
sfh1()
{
...
  a--;                /* 调用外部变量 a */
    ...
}
```

在上面程序中，f1.CPP 和 f2.CPP 是两个不同的源程序文件，它们都使用了同一个变量 a。在文件 f1.CPP 中定义了变量 a 为外部变量，而在 f2.CPP 文件中只是说明 a 是外部变量。

6.3.3　验证程序和应用实例

【实例 6-9】全局变量作用域验证。

该程序用来说明全局变量的作用范围。程序运行结果如图 6-13 所示。

程序代码如下：

```
/* TC6-9.C */
/* 全局变量作用域验证 */
#include "stdio.h"
int n1=789;              /* 定义全局变量 n1 */
void QJY1();
void QJY2();
void main()
{
  printf("        全局变量作用域验证 \n");
  printf("在 main() 函数中，n1=%d\n", n1);    /* 使用全局变量 n1 */
  n1++;                                      /* 改变全局变量 n1 */
  QJY1();                                    /* 调用函数 QJY1() */
  QJY2();                                    /* 调用函数 QJY2() */
}
void QJY1()
{
  int n1=123;                              /* 定义局部变量 n1 */
  printf("在 QJY1() 函数中，n1=%d\n",n1);    /* 使用局部变量 n1 */
  n1++;                                    /* 改变局部变量 n1 */
}
void QJY2()
{
  printf("在 QJY2() 函数中，n1=%d\n", n1);  /* 使用全局变量 n1 */
}
```

图 6-13 "全局变量作用域验证"
程序运行结果

从图 6-13 所示的运行结果和程序可以看到，因为全局变量 n1 在程序中一直存在，因此在 main() 函数中改变 n1（语句 n1++；）会在函数 QJY2() 中继续保留。当全局变量与局部变量同名（此处都为 n1）时，程序将对其分别进行处理，以局部变量优先。在局部变量的作用域内，全局变量被屏蔽，因此在函数 QJY1() 中的局部变量 n1 不会受全局变量 n1 影响，也不会影响全局变量 n1。在退出局部变量的作用域后，全局变量 n1 继续有效。

引入全局变量的目的是为了函数间相互通信，但也易造成程序混乱。例如，在某个函数内部引用时发生了错误，则全局范围内，变量都受到影响，且不易找出错误，因此要慎用。

【实例 6-10】局部变量作用域验证。

该程序用来说明局部变量的作用范围，其运行结果如图 6-14 所示。

图 6-14 "局部变量作用域验证"程序运行结果

程序代码如下：

```
/* TC6-10.C */
/* 局部变量作用域验证 */
#include "stdio.h"
void main( )
```

```
{
    int x,n;                  /* 此处定义的 x 和 n 是一个函数级局部变量 */
    printf("      局部变量作用域验证\n");
    x=200;
    printf("函数级变量 n 在执行 for 循环前的值为: %d\n",x);
    for(n=1;n<4;n++)
    {
        int x=100;            /* 此处定义的 x 是一个语句块级局部变量 */
        printf("for 循环内的变量 n 的值为: %d\n",x);
    }
    printf("函数级变量 x 在执行 for 循环后的值为: %d\n",x);
}
```

程序中两次定义变量 x，它们是不同作用域的变量，在主函数开头部分定义的 n 变量是函数级的局部变量，在主函数全程都是有效的。在 for 循环的复合语句中定义的 x 变量是语句块级局部变量，它仅对复合语句内部有效，在退出复合语句时，该变量的存储空间被释放。如果语句块级的变量与函数级变量同名，则以语句块级的变量优先。

【实例 6-11】静态存储变量验证。

该程序运行后的显示结果如图 6-15 所示。从程序运行结果可以看出，静态变量 jtb 从定义后就保留其存储空间。在下一次进入循环时，不再重新进行定义和赋初值，对上次保留下的值继续进行使用。

图 6-15 "静态存储变量验证"程序运行结果

程序代码如下：

```
/* TC6-11.C */
/* 静态存储变量验证 */
#include "stdio.h"
static int n, jtb;           /* 此处定义的 jtb 是一个外部静态变量 */
main( )
{
    int n;                   /* 此处定义的 n 是一个函数级局部变量 */
    printf("      静态存储变量验证\n");
    jtb=100;
    printf("在函数 main() 中，执行循环语句前，jtb=%d\n",jtb);
    for(n=1;n<4;n++)
    {
        static int jtb=200;  /* 此处定义的 jtb 是一个语句块级局部静态变量 */
        printf("在函数 main() 中，第%d 次循环时，jtb=%d\n",n, jtb);
        jtb++;
    }
    printf("在函数 main() 中，执行循环语句后，jtb=%d\n", jtb);
}
```

思考与练习

1．填空

（1）在函数体内，使用语句来调用函数自身，这种调用称为_____。如果在函数 1 中调用函数 2，而函数 2 中又有语句调用了函数 1，则这种调用称为_____。

（2）全局变量是定义在_____的变量，局部变量是定义在_____的变量。

（3）使用_____或_____关键字定义的变量都是动态存储变量，使用_____或_____关键字定义的变量都是静态存储变量，它包括_____和_____。

2．程序设计

（1）设计一个"判断字符"程序，该程序运行后，要求输入一个字符，程序会判断显示该字符是否为数字、英文大写字母或英文小写字母。

（2）设计一个可以计算梯形周长和面积的程序，该程序运行后需输入梯形上边和下边长，以及高度。要求创建一个求上边和下边总长的函数和一个求梯形面积的函数。

（3）设计一个计算 1!+3!+5!+7!+9!值的程序，要求使用递归方法进行阶乘计算。

（4）编写一个程序，求组合数 $C_n^m = \dfrac{n!}{m!(n-m)!}$ 的值。用户键盘输入 m 和 n 的值，然后输出计算结果。要求使用递归方法进行阶乘计算。

（5）利用递归方法设计实例 6-4 "求最大公约数和最小公倍数"程序。

第7章 数组与字符串

【本章提要】数组是一组具有相同数据结构的元素（称为数组元素）组成的数据集合（例如，学校学生的学号等）。使用数组可以高效地解决许多实际问题。C语言数据类型中没有字符串类型，字符串的处理用数组来完成。数组用一个统一名称数组名来标识这些元素。

在数组中，数组中的数组元素是按顺排列的，可以用数组下标来方便地存取每一个数组元素，数组下标的个数称为数组的维数。数组的下标以0开始，有 n 个元素的数组，第1个元素的下标为0，第2个元素的下标为1……，第 n 个元素的下标为 n-1。例如，数组 L 有11个数组元素，则可表示为：$L(0)$、$L(1)$…$L(10)$，它由数组名称和括号内的下标组成，而且下标可以是常量、变量和数值型表达式。因此，数组元素也称为下标变量（或数组变量）。

使用循环语句，使下标变量的值不断变化，即可获取数组中的所有下标变量，可以很方便地给下标变量赋值和使用下标变量的数据。例如，20个候选人进行选票统计，如果使用简单变量，需要使用20个变量（$H0$，$H1$，…，$H19$）来分别表示各候选人。如果使用数组，只需要一个有20个数组元素的数组 H，它有20个下标变量 $H(0)$，$H(1)$，…，$H(19)$。对20个候选人选票进行统计，如果使用简单变量，程序会很复杂；如果使用数组，下标用一个整型变量，使用循环语句改变该变量的值，即可获得所有下标变量，给这些变量赋值和读取。

7.1 数值型一维数组

7.1.1 一维数组定义和初始化

只有一个下标且数组元素数据是数值型的数组称为数值型一维数组。

1. 数值型一维数组的定义

一维数组的定义与基本数据类型变量的定义一样，数组变量也需要先定义、后使用。在定义数组变量时，系统会为数组在内存中分配一块连续的空间进行存储，空间的大小由数组的类型和大小而定。一维数组的定义格式及相关说明介绍如下：

【格式】[存储类型] 数据类型 数组名[常量表达式];

【说明】存储类型的默认项为 auto；数据类型是指数据元素的数据类型，可以是 int、float 等基本类型等，不可以是 void 类型；数组名是数组的名称，它的命名规则与简单变量的命名规则一样；常量表达式中只能是整型常量或符号常量，不能用变量来作为数组定义时的下标，数组下标值必须是正整数。数组在定义时，可以为其下标变量赋初始值。

例如，下面的程序定义了一个一维整型数组 N，它有 40 个元素；同时定义一个一维整型数组 NUM,它有 25 个数组元素。

```
#define 25 N            /* 定义自定义常量 N，其值为 25 */
int fh1[40];
int NUM[N];
```

语句 "int fh1[40];" 定义了数组名为 fh1 的整型数组，该数组共有 40 个元素，每个元素都可以存储一个整型值，占用 2 字节，数组 fh1 所占的总内存大小为 2×40=80 字节。数组 fh1 的元素是 fh1[0]、fh1[1]…fh1[39]。下面的数组定义是错误的。

```
int N=25;
int NUM [N];            /* 错误的定义 */
```

2．数值型一维数组的初始化

一维数组的初始化就是给刚定义的数组元素赋初值。数组在定义时，可以为其赋初始值，具体格式及其说明如下：

【格式】数据类型 数组名[常量表达式] ={数值 1，数值 2，…};

【说明】在大括号内的数值用逗号分开，按顺序将数值赋给数组元素。如果赋值元素的个数就是所需要的数组元素的个数，则定义时的数组下标可以省略。如果在定义时为数组元素赋初值，且所赋值的元素个数少于下标定义的元素个数，对于整型（或实型）数组，系统会对未赋值元素自动赋值为 0；对于字符型数组，系统会对未赋值元素自动赋值为空（'\0'）。如果所赋值的个数多于下标定义的元素个数，则系统会报错。

【例 1】下面的程序定义了一个有 10 个元素的名称为 NUM1 的一维整型数组，并给其数组元素赋值为 NUM1 [0]=10…NUM1 [9]=19。另外，还定义了一个有 8 个元素名称为 FH 的一维整型数组，其中 FH(0)赋初值 1、FH(1)赋初值 2…FH(3)赋初值 4，其他元素赋初值 0；一个有 5 个元素名称为 AB 的一维整型数组，其元素值分别为 5、4、3、2、1。

```
int NUM1[9]={1,2,3,4,5,6,7,8,9};
int FH[8]={1,2,3,4};
int AB[]={5,4,3,2,1};
```

【例 2】下面的程序内的第 1 条语句是定义一个名称为 NUM1、数组元素个数为 9 的一维整型数组，第 2 条语句是对数组 NUM1 中单个元素 NUM1[5]进行初始化赋值，第 3 条语句是定义一个名称为 NUM2、数组元素个数为 6 的一维整型数组，并进行初始化赋值。

```
int NUM1[9];
NUM1[5]=100;
int NUM2 []={11,12,13,14,15,16};
```

7.1.2 数值型一维数组的使用和元素地址

1．数值型一维数组的使用

对数组进行访问时，只能对数组的某一个元素进行单独的访问，而不能对整个数组的全部数据同时进行访问。数组元素的使用格式及说明如下：

【格式】数组名[下标]

【说明】其中的下标可以是一个整型常量、已赋值的整型变量、整型表达式或整型符号常量。

【例1】执行下面程序后，NUM [4]的值等于NUMm[1]+NUM[2]+NUM[3]=11+22+33=66。

```
int NUM[6]= {11, 22, 33, 44, 55, 66},n=4;
NUM [n]= NUM [n-3]+ NUM [n-2]+ NUM [n-1];
```

注意：数组名NUM并不能代表整个数组的具体值，它只代表数组在内存中的首地址，即代表数组元素NUM [0]在内存中的地址。如果用NUM=10这样的语句使用数组，会出现错误。数组名在程序中不能改变，即对于数组NUM，不能有NUM ++、NUM =n之类的语句。

【例2】利用数组下标连续递增的特点，可以用for循环对数组进行使用。例如，下面的程序执行后可以为数组mum的所有元素赋值1。

```
int mum[20],n;
for(n=0;n<20;n++)
    mum[n]=1;
```

【例3】C语言本身不会对数组做边界检查，即不会检查下标值是否在规定的范围内，如果程序运行中下标值超出范围，将对数组以外邻近的内存单元进行操作，这样会具有相当的危险性，甚至会引起整个系统的崩溃。例如，下面的程序运行后会产生错误。由于数组n的下标最大只能为19，这里的n最大可以是20，因此n=20时为mum[n]赋值时已超出了数组边界，将会破坏数组所占内存空间邻近存储单元的数据，会产生无法预料的后果。因此，要求程序设计者在设计时对边界做必要的检查，以保证下标不会超出边界。

```
int mum[20],n;
for(n=0;n<=20;n++)
    mum[n]=1;
```

2．数值型一维数组中元素地址

任何一个变量都与一段内存空间相对应，对变量进行读/写操作时，必须知道变量在内存中的准确位置，即变量的存储单元地址，也称为变量的地址。在对变量进行读写操作时，首先找到变量的地址，再根据地址找到相应的存储单元，最后再进行存储单元的读/写操作。

（1）一维数组的地址：在一维数组中，数组名代表了数组第1个元素的地址，也称为数组地址。在一维数组中数组元素的地址是连续的，因此知道数组首地址后，也就知道了各元素的地址。数组首地址加上数组元素的下标值就是该数组元素的地址。例如，定义了一个一维整型数组，它有5个元素，第1个元素的地址等于数组首地址+0，第2个元素的地址等于数组首地址+1，第3个元素的地址等于数组首地址+2……

例如，前面定义了一个有10个元素的名称为NUM1的一维整型数组。编译程序会为数组NUM1开辟10个连续的整型变量的存储空间。在初始化后，数组在内存中按元素的先后顺序进行数据的存储。由于是整型数据，每个数据占两个字节，假设该数组在内存中的首地址为1000，则各元素在内存中的位置及内存中的数据如图7-1所示。

1000	1002	1004	1006	1008	1010	1012	1014	1016
1	2	3	4	5	6	7	8	9

NUM1[0] NUM1[1] NUM1[2] NUM1[3] NUM1[4] NUM1[5] NUM1[6] NUM1[7] NUM1[8]

图7-1　一维数组在内存中的存储方式

（2）取地址运算：在表示数组元素的地址时，还可以使用地址运算符"&"。在数组元素名称的前面添加一个地址运算符"&"，即可获得该元素的地址。例如，&NUM1[0]是数组 NUM1 首地址，也是数组元素 NUM1[0]的地址；&NUM1[1]是数组元素 NUM1[1]的地址。

7.1.3　应用实例

【实例 7-1】创建一维数组。

设计一个"创建一维数组"程序，该程序是一个用来创建一维数组和显示该一维数组中数组元素的程序。程序运行后显示图 7-2 所示的所有数组元素数据，这些数据是随机产生的两位正整数，一行显示 6 个数组元素数据，一共 4 行。

图 7-2　"创建一维数组"程序运行结果

程序代码如下：

```c
/* TC7-1.C */
/* 创建一维数组 */
#define MAX 24                  /* 定义符号常量 MAX 为 24 */
#include "stdio.h"
#include "math.h"
#include "stdlib.h"
#include "time.h"
void main()
{
    int PL[MAX];                /* 使用符号常量定义数组大小 */
    int k,n;
    printf("         创建一维数组\n");
    srand(time(0));            /* 设置种子,并生成伪随机序列 */
    for(k=0;k<MAX;k++)         /* 数组初始化 */
    {
        n=rand()%90+10;        /* 获得[10,99]伪随机数赋给变量 X */
        PL[k]=n;
    }
    for(k=1;k<MAX+1;k++)       /* 显示线性表数组元素数据 */
    {
        printf("%d  ",PL[k-1]);
        if(k%6==0)
            printf("\n");
    }
}
```

【实例 7-2】选择最大和最小的数。

程序运行后显示图 7-3 所示的 60 个两位随机正整数，在这 60 个数下边显示其中最大的数和该数的编号（即序号），显示其中最小的数和该数的编号，如图 7-3 所示。

如果 60 个数中有 2 个或两个以上的最大数，则显示第 1 个最大数的编号；如果 60 个数中有 2 个或 2 个以上的最小数，则显示第 1 个最小数的编号。

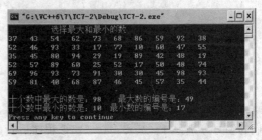

图 7-3　"选择最大和最小的数"
程序运行结果

```
/* TC7-2.c */
/* 选择最大和最小的数 */
/* 定义符号常量 MAX 为 62 */
#define MAX 62
#include "stdio.h"
#include "stdlib.h"
#include "time.h"
#include "math.h"
void main()
{
   int num1[MAX];                /* 使用符号常量定义数组大小 */
   int k,maxh,minh;
   printf("          选择最大和最小的数\n");
    srand(time(0));              /* 设置种子,并生成伪随机序列 */
   for(k=1;k<MAX-1;k++)          /* 数组初始化 */
   {
      num1[k]=rand()%90+10;      /* 获得[10,99]伪随机数赋给相应的数组元素 */
   }
    num1[0]=99;
    num1[61]=10;
   for(k=1;k<MAX-1;k++)          /* 外层循环，控制数组元素 */
   {
      if(num1[61]<num1[k])       /* 如当前元素比 num1[61]大,则保存大数到 num1[61] */
      {
         num1[61]=num1[k];       /* 保存大数到 num1[61] */
         maxh=k;                 /* 保存大数的序号到变量 maxh */
      }
       if(num1[k]<=num1[0])      /* 如当前元素比 num1[0]小，则保存小数到 num1[0] */
      {
          num1[0]=num1[k];       /* 保存小数到 num1[0] */
          minh=k;                /* 保存大数的序号到变量 minh */
      }
   }
   for(k=1;k<MAX-1;k++)          /* 外层循环，控制数组元素 */
   {
       printf("%d   ",num1[k]);
         if(k%10==0)
           printf("\n");
   }
   printf("\n 十个数中最大的数是: %d   最大数的编号是: %d",num1[61],maxh);
   printf("\n 十个数中最小的数是: %d   最小数的编号是: %d\n",num1[0],minh);
}
```

【实例 7-3】选举和统计选票。

设计一个"选举和统计选票"程序，该程序可以模拟投票选举的过程，候选人是 5 个，它们的编号分别是 1、2、3、4、5。该程序运行后，在"请输入候选人的编号"提示文字后边输入候选人的编号，输入完候选人的编号后按 Enter 键，可以再不断输入候选人的编号，不断累计各候选人的票数，直至投票表决结束。然后，输入数字 0，结束选举，显示所有候选人的得票数和总票数，如图 7-4 所示。

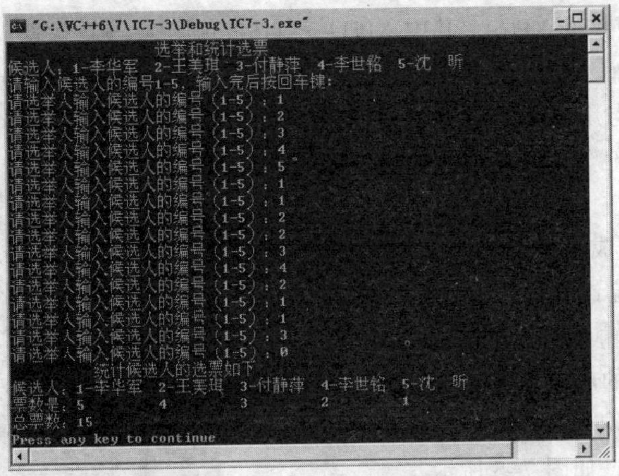

图 7-4　"选举和统计选票"程序运行结果

程序代码如下：

```c
/* TC7-3.C */
/* 选举和统计选票 */
#define MAX 6
#include "stdio.h"
void main()
{
    int XP[MAX];                    /* 使用符号常量MAX定义数组大小 */
    int n,sum=0,k=1;
    printf("          选举和统计选票\n");
    printf("候选人: 1-李华军  2-王美琪  3-付静萍  4-李世铭  5-沈  昕\n");
    for(n=0;n<MAX;n++)              /* 数组初始化 */
        XP[n]=0;
    printf("请输入候选人的编号1-5，输入完后按回车键:\n");
    while(k>0 && k<6)              /* 当输入的数不是1～5的数时退出循环 */
    {
        printf("请选举人输入候选人的编号（1-5）: ");
        scanf("%d",&k);
        if (k>0 && k<6)           /* 输入0～6间的数则进行候选人选票和总票数统计 */
        {
            XP[k]= XP[k]+1;       /* 统计各候选人票数 */
            sum++;
        }
    }
    printf("          统计候选人的选票如下 \n 候选人: ");
    printf("1-李华军  2-王美琪  3-付静萍  4-李世铭  5-沈  昕\n");
    printf("票数是: ");
    for(n=1;n<MAX;n++)              /* 外层循环，控制数组元素 */
    {
        printf("%d          ",XP[n]);
    }
    printf("\n总票数: %d\n",sum);
}
```

该程序中，使用了数组 XP 来保存各候选人的选票数，一共有 5 个候选人，因此定义一个

有 6 个元素的数值型数组 XP[6]，其中 XP[1]…XP[5]分别用来保存候选人的选票数。用变量 m
保存候选人编号，统计候选人选票的语句是：
XP[m]=XP[m]+1。这与用简单变量编写的程序
有本质的区别，可以充分体现出使用数组的优
势。

【实例 7-4】学生成绩分类统计。

"学生成绩分类统计"程序运行后，输入
学生分数，输入完后输入-1，再按 Enter 键，
结束成绩输入。输入的成绩保存在数组中，接
着统计这些学生的平均分，找出最高分，并统
计出各个等级的人数，如图 7-5 所示。

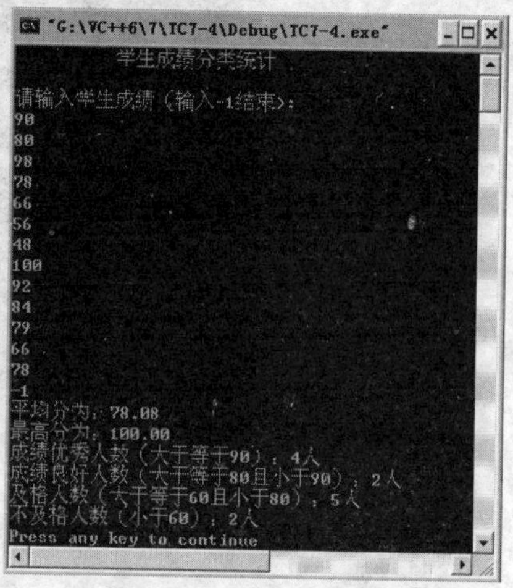

程序代码如下：

图 7-5 "学生成绩分类统计"程序运行结果

```
/* TC7-4.C */
/* 学生成绩统计 */
#define MAX 40              /* 定义一个符号常量，使用符号常量定义数组大小 */
#include "stdio.h"
void main()
{
  int k,n=0;
   int CDJ[4]={0,0,0,0};      /* 定义数组 CDJ[]用于存储各等级人数，置初值为 0 */
  float PJ,MAXCJ=0,CJ,ZCJ=0;  /* ZCJ 用于保存总分，MAXCJ 用于保存最高分 */
  float XSCJ[MAX];        /* 定义数组 XSCJ[]存储学生成绩 */
  printf("          学生成绩分类统计\n\n");
  printf("请输入学生成绩（输入-1 结束):\n");
  do
  {
     scanf("%f",&CJ);
     if(CJ==-1)              /* 输入-1 时中断，退出当前循环 */
        break;
     XSCJ[n]=CJ;
     n++;                    /* n 用来统计输入元素的个数 */
  }while(n<MAX);             /* 当数组元素个数达到数组上限时退出循环 */
  for(k=0;k<n;k++)           /* 统计总成绩 */
     ZCJ+=XSCJ[k];
  PJ=ZCJ/n;                  /* 计算平均分 */
  for(k=0;k<n;k++)
  { if(XSCJ[k]>MAXCJ)MAXCJ=XSCJ[k];   /* 比较并查找最高分 */
    if(XSCJ[k]<60)           /* 统计不及格人数 */
        CDJ[0]++;
     else if(XSCJ[k]<80)      /* 统计及格人数 */
        CDJ[1]++;
     else if(XSCJ[k]<90)      /* 统计良好人数 */
        CDJ[2]++;
     else CDJ[3]++;           /* 统计优秀人数 */
  }
  printf("平均分为: %.2f\n",PJ);
```

```
printf("最高分为: %.2f\n",MAXCJ);
printf("成绩优秀人数（大于等于90）: %d人\n",CDJ[3]);
printf("成绩良好人数（大于等于80且小于90）: %d人\n",CDJ[2]);
printf("及格人数（大于等于60且小于80）: %d人\n",CDJ[1]);
printf("不及格人数（小于60）: %d人\n",CDJ[0]);
}
```

程序中的数组 XSCJ[] 用于存储输入的学生成绩，数组 CDJ [] 用于存储各个等级的学生人数。在 do...while 循环中，输入学生成绩到数组 XSCJ[]，直到输入–1 或达到数组上限时退出循环。在第 1 个 for 循环中，对数组 XSCJ[] 的各个元素值求和，将总分存储到变量 ZCJ 中，在第 2 个 for 循环中，读取数组 XSCJ[] 的各个元素值，按值的大小对数组 CDJ [] 中对应各个等级的元素值加 1，进行成绩的分组统计。最后，计算并输出统计数据。

7.2　数值型多维数组

在数组中，除具有线性结构数特点的一维数组外，还有二维数组和多维数组，由两个下标来确定元素的数组称为二维数组，由 3 个以上下标来确定元素的数组称为多维数组。二维数组数据可以看成一个矩阵，数组元素排成多行多列（例如，二维表格、数学矩阵等）。

7.2.1　二维数组的定义

1．二维数组的定义格式及说明

二维数组与一维数组一样，也必须先定义后使用。二维数组定义格式及其说明介绍如下：

【格式】存储类型　数据类型　数组名 [常量表达式 1] [常量表达式 2]；

【说明】从定义上看，二维数组相对于一维数组多了一个下标，即多了一维。例如，"int n[4][6];" 定义了一个 4 行 6 列的二维数组，相当于一个 4 行 6 列的矩阵，如图 7–6 所示。从图中可以看到，二维数组的第一维决定矩阵的行数，第二维决定矩阵的列数。

n[0][0]	n[0][1]	n[0][2]	n[0][3]	n[0][4]	n[0][5]
n[1][0]	n[1][1]	n[1][2]	n[1][3]	n[1][4]	n[1][5]
n[2][0]	n[2][1]	n[2][2]	n[2][3]	n[2][4]	n[2][5]
n[3][0]	n[3][1]	n[3][2]	n[3][3]	n[3][4]	n[3][5]

图 7–6　二维数组的矩阵排列方式

从结构上来说，二维数组 n[4][6] 可以视为有 4 个元素（n[0]、n[1]、n[2]、n[3]）的一维数组，这个一维数组的每个元素又是一个有 6 个元素的一维数组。

从本质上来说，二维数组可以理解为一维数组的一维数组，即二维数组也是一个特殊的一维数组，这个数组的每一个元素都是一个一维数组。从这个概念推广，N 维数组就是每个元素为 N–1 维数组的一维数组。理解了二维数组，多维数组也就好理解了。

2．二维数组的初始化

可以在定义时给二维数组的各个元素赋初值，即进行二维数组的初始化。对二维数组元素赋初值的方法与一维数组类似。

【例1】使用下面的语句对二维数组 n 初始化赋值后，各数组元素如图 7-7 所示。

```
int F[4][6]={10,11,12,13,14,15,20,21,22,23,24,25,30,31,32,33,34,35,40,41,
42,43,44,45};
```

n[0][0]=10	n[0][1]=11	n[0][2]=12	n[0][3]=13	n[0][4]=14	n[0][5]=15
n[1][0]=20	n[1][1]=21	n[1][2]=22	n[1][3]=23	n[1][4]=24	n[1][5]=25
n[2][0]=30	n[2][1]=31	n[2][2]=32	n[2][3]=33	n[2][4]=34	n[2][5]=35
n[3][0]=40	n[3][1]=41	n[3][2]=42	n[3][3]=43	n[3][4]=44	n[3][5]=45

图 7-7　二维数组的初始化赋值

【例 2】按行赋初值，即赋初值是以"行"为单位把要赋值的个数据分为若干组，用大括号括起来，各数据间用","分隔，各数据组再用大括号括起来。例如：

```
int F[4][6]={{10,11,12,13,14,15},{20,21,22,23,24,25},{30,31,32,33,34,35},
{40,41,42,43,44,45}};
```

【例 3】对部分数组元素赋初值。如果在为数组赋初值时，没有足够的数据赋给数组元素，则未赋值的数组元素值为 0（对于整型/实型数组）或'\0'（对于字符数组）。例如：

```
int F1[3][4]={{1,2,3,4},{5,6,7,8}};
int F2[2][3]={1,2,,3};
```

以上定义等价于下面的数组定义和赋初值。

```
int F1[3][4]={{1,2,3,4},{5,6,7,8},{0,0,0,0}};
int F2[2][3]={1,2,0,0,3,0};
```

【例 4】当定义二维数组时，可以省略第一维下标，以赋值时的数据个数来决定第一维下标值。例如：

```
int F1[][4]={{1,2,3,4},{5,6,7,8},{9,10,11,12}};
```

该语句与 "int a[3][4]={{1,2,3,4},{5,6,7,8},{9,10,11,12}}" 具有同样的效果。

值得注意的是，定义二维数组（或多维数组）时，可以且只能省略第一维下标，下面的定义是错误的定义：

```
int F1[][]={{1,2,3,4},{5,6,7,8},{9,10,11,12}};
int F2[3][]={{1,2,3,4},{5,6,7,8},{9,10,11,12}};
```

3．二维数组中元素的地址

二维数组中各元素地址的表示方法很多，下面介绍几种。

（1）行地址：用"数组名"加行下标表示二维数组行地址。格式如下：

【格式】数组名[行下标]

（2）地址符加二维数组元素名称可以表示二维数组元素的地址。格式如下：

【格式】&数组名[行下标][列下标]

例如，二维数组元素 n[5][6]的地址是&n[5][6]。

（3）行地址加列下标可以表示二维数组元素的地址。格式如下：

【格式】数组名[行下标]+列下标

例如，二维数组元素 n[5][6]的地址是 n[5]+6。

（4）用二维数组首地址加该元素与首地址元素的间隔数值来表示该元素地址。格式如下：

【格式】二维数组首地址+ 元素行下标*数组列下标+元素列下标

二维数组首地址有 3 种写法，例如，数组 n[10][10]的首地址可以表示为 n、n[0]和 n[0][0]。其中二维数组元素 n[3][5] 的地址可以表示如下：

```
n+3*10+5
n[0]+3*10+5
n[0][0]+3*10+5
```

7.2.2 多维数组的定义和使用

1. 多维数组的定义

【格式】类型 数组名[常量表达式1][常量表达式2]…[常量表达式n];

【说明】如果要定义一个三维数组，可按下面方法定义。

```
int FH1[10][9][8];
```

上面的语句定义了一个有 720 个元素的三维数组，可以看到，数组元素的个数是按维数呈级数增长的，因此，在程序中定义的数组最好不要超过三维，以免占用太多内存空间。

2. 多维数组的使用

对二维数组的使用和一维数组的使用相似，只能对单个元素逐一进行使用，而不能用单行语句对整个数组全体成员一次性进行使用。例如：

```
int F1[4][6],F2[3][5],n=1,m=3;
F1[2][1]=20;                      /* 对单个元素的使用 */
F2[1][2]=30;
F1[n][m]=F1[n+1][m-2]+F2[n][m-1];
```

同样，当需要对数组中连续多个元素进行使用时，也可以用循环来完成，对于二维数组，则可以用两重循环嵌套来完成。例如：

```
int F1[12][12],n,m;
for(n=0;n<12;n++)                 /* 两重循环实现对二维数组 F1 的使用 */
   for(m=0;m<12,m++)
      F1[n][m]=0;
```

如果是多维数组，有多少维，用多少重的循环来进行嵌套即可。

7.2.3 应用实例

【实例 7-5】创建二维数组。

"创建二维数组"程序是一个用来创建二维数组和显示该数组中所有元素的程序。程序运行

图 7-8 "创建二维数组"程序运行结果

后显示如图 7-8 所示的所有数组元素数据，这些数据是随机产生的两位正整数，一行显示 10个数组元素数据，一共 4 行。

程序代码如下：

```
/* TC7-5.C */
/* 创建二维数组 */
#define MAXH 4              /* 定义符号常量 MAXH 为 4 */
#define MAXL 10             /* 定义符号常量 MAXL 为 10 */
#include "stdio.h"
#include "math.h"
#include "stdlib.h"
#include "time.h"
```

```
void main()
{
    int RS[MAXH][MAXL];          /* 使用符号常量定义二维数组 */
    int x,y,n;
    printf("          创建二维数组\n");
    srand(time(0));              /* 设置种子,并生成伪随机序列 */
    for(x=0;x<MAXH;x++)          /* 二维数组初始化 */
    {
        for(y=0;y<MAXL;y++)
        {
            n=rand()%90+10;      /* 获得[10,99]伪随机数赋给变量 n */
            RS[x][y]=n;
        }
    }
    for(x=0;x<MAXH;x++)          /* 显示二维数组元素 */
    {
      for(y=0;y<MAXL;y++)
          printf("%d   ",RS[x][y]);
      printf("\n");
    }
}
```

【实例 7-6】矩阵变换。

矩阵在程序中可以用二维数组来表示，矩阵元素与数组元素一一对应。该程序运行后会显示图 7-9 所示左边的二维矩阵，一行显示 5 个数组元素数据，一共 5 行。接着显示将矩阵中行列元素相互交换后的新矩阵，如图 7-9 右边的矩阵所示。

图 7-9　"矩阵变换"程序运行结果

程序代码如下：

```
/* TC7-6.C */
/* 矩阵变换 */
#define MAX 6                        /* 定义符号常量 MAX 为 6 */
#include "stdio.h"
#include "math.h"
#include "stdlib.h"
#include "time.h"
void main()
{
    int SR[MAX][MAX],SK[MAX][MAX];   /* 使用符号常量定义二维数组 */
    int x,y,n;
    printf("\t\t\t 矩阵变换\n");
    srand(time(0));                  /* 设置种子,并生成伪随机序列 */
    for(x=0;x<MAX;x++)               /* 二维数组初始化 */
    {
        for(y=0;y<MAX;y++)
```

```
        {
            n=rand()%90+10;                /* 获得[10,99]伪随机数赋给变量 n */
            SR[x][y]=n;
        }
    }
/* 将数组 SR 的元素转换后赋给数组 SK */
    for(x=0;x<MAX;x++)
    {
        for(y=0;y<MAX;y++)
            SK[x][y]=SR[y][x];
    }
/* 显示二维数组元素组成的二维矩阵和转换后的二维矩阵 */
    printf("     转换前的二维矩阵\t\t\t 转换后的二维矩阵\n");
    for(x=0;x<MAX;x++)
    {
        for(y=0;y<MAX;y++)
            printf("%4d",SR[x][y]);
            printf("\t   ");
        for(y=0;y<MAX;y++)
            printf("%4d",SK[x][y]);
        printf("\n");
    }
}
```

程序中，二维数组 SR 用来存放 6 行、6 列二维矩阵数据，矩阵转换就是将行内的各数据一次转换为列数据，转换后的 6 行、6 列二维矩阵数据存放在二维数组 SK 内。然后，利用一个双层循环嵌套，将二维数组 SR 的数据在左边显示，将二维数组 SK 的数据在右边显示。

【实例 7-7】显示矩阵内最大和最小数据。

程序运行后会显示一个二维矩阵，一行显示 20 个数组元素数据，一共 8 行。接着显示矩阵中数值最大的元素数据，以及它第 1 次出现的位置（行和列号），显示矩阵中数值最小的元素数据，以及它最后一次出现的位置（行和列号）如图 7-10 所示。

图 7-10　"显示矩阵内最大和最小数据"程序运行结果

程序代码如下：
```
/* TC7-7.C */
/* 矩阵内最大和最小数据 */
#define MAXH 8                       /* 定义符号常量 MAXH 为 8 */
#define MAXL 20                      /* 定义符号常量 MAXL 为 20 */
#include "stdio.h"
#include "math.h"
#include "stdlib.h"
```

```c
#include "time.h"
void  main()
{
  int RS[MAXH][MAXL];                /* 使用符号常量定义二维数组 */
  int x,y,n,max,maxH,maxL,min,minH,minL;
  max=10;                            /* 变量 max 用来保存最大的数 */
  min=99;                            /* 变量 min 用来保存最小的数 */
  printf("                矩阵内最大和最小数据\n\n");
  srand(time(0));                    /* 设置种子,并生成伪随机序列 */
  for(x=0;x<MAXH;x++)                /* 创建和显示二维数组 */
  {
      for(y=0;y<MAXL;y++)
      {
          n=rand()%90+10;           /* 获得[10,99]伪随机数赋给变量 n */
          RS[x][y]=n;
          printf("%3d",RS[x][y]);
      }
       printf("\n");
  }
  for(x=0;x<MAXH;x++)                /* 创建和显示二维数组 */
  {
      for(y=0;y<MAXL;y++)
      {
          if(RS[x][y]>max)
        {
            max=RS[x][y];
            maxH=x;
              maxL=y;
        }
        if(RS[x][y]<=min)
        {
            min=RS[x][y];
            minH=x;
            minL=y;
          }
      }
  }
   printf("\n");
  printf("矩阵中最大的数是: %d  它第一次出现的位置是: 行号%d, 列号%d\n",max,
                maxH+1,maxL+1);
  printf("矩阵中最小的数是: %d  它最后一次出现的位置是: 行号%d, 列号%d\n",
                min,minH+1,minL+1);
}
```

为了记录最大数第 1 次出现的位置，在判断时使用 RS[x][y]>max 表达式；为了记录最小数最后一次出现的位置，在判断时使用 RS[x][yb] <=min 表达式。

【实例 7-8】计算矩阵对角线元素和。

该程序运行后会显示一个 6 行 6 列的矩阵，矩阵元素均为两位随机整数，计算矩阵主对角线元素和副对角线元素值的和，并分别显示在矩阵下边，如图 7-11 所示。

图 7-11 "计算矩阵对角线元素和"程序运行结果

程序代码如下：

```
/* TC7-8.C */
/* 矩阵对角线元素和 */
#define MAX 8                    /* 定义符号常量 MAX 为 8 */
#include "stdio.h"
#include "math.h"
#include "stdlib.h"
#include "time.h"
void main()
{
  int RS[MAX][MAX];              /* 使用符号常量定义二维数组 */
  int x,y,n,cun1=0,cun2=0;
  printf("        矩阵对角线元素和\n");
  srand(time(0));                /* 设置种子,并生成伪随机序列 */
  for(x=0;x<MAX;x++)             /* 二维数组初始化 */
  {
      for(y=0;y<MAX;y++)
      {
          RS[x][y]=rand()%90+10; /* 获得[10,99]伪随机数赋给变量 n */
      }
  }
  for(x=0;x<MAX;x++)             /* 显示二维数组元素 */
  {
    for(y=0;y<MAX;y++)
        printf("%d   ",RS[x][y]);
    printf("\n");
  }
  /* 用来统计矩阵对角线元素值之和 */
  for(x=0;x<MAX;x++)
  {
      cun1=cun1+RS[x][MAX-x-1];  /* 求右上到左下的对角线之和 */
      cun2=cun2+RS[x][x];        /* 求左上到右下的对角线之和 */
  }
  printf("矩阵主、副对角线元素值之和分别为%d, %d\n",cun1,cun2);
}
```

【实例 7-9】选择排序。

"选择排序"程序运行后，分 3 行显示一个线性表的 30 个数据元素，其下边显示从小到大升序排序的 30 个数据元素，也分 3 行显示，如图 7-12 所示。

排序的方法很多，主要有选择排序法（也称为比较换位排序法）、一次换位排序法、冒泡法排序法、穿梭法排序法、顺序找序排序法、选大排序法等。本程序采用的是选择排序法。选择排序法也称为比较换位法，它比较简单，第一轮从 n 个数据元素中找出最小的那一个，让这个最小的数据元素与第 1 个数据元素互换。这时，最小的数据元素处于第 1 的位置上。第二轮从剩下的 n-1 个数据元素中

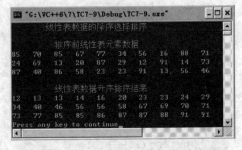

图 7-12　"选择排序"程序运行后的画面

找出最小的一个，将它与第2个位置处的数据元素互换。经过 n-1 轮的选择排序后，原来无序的序列就成为一个升序的序列。

例如，有一个数组 N，它有 5 个数据元素，将它们进行选择排序的过程是：将 N(1)与 N(2)到 N(5)中各数据逐一进行比较，若前者大于后者，则两个下标变量的值互换。全部比较完后，N(1)中存放的是最小的数。然后，再将 N(2)与 N(3)到 N(5)中各数据逐一进行比较，若前者大于后者，则两个下标变量的值互换。全部比较完后，N(2)中存放的是第 2 小的数。如此进行下去，直到将 N(4)与 N(5)的数据进行比较和更换后为止。

可以采用一个外循环，循环变量为 I，让 I 取值从 1 到 4；再利用一个内循环，循环变量为 J，让 J 取值从 1 到 5；将 N(I)与 N(I+1)到 N(5)中各数据逐一进行比较,完成上述的比较换位，就可以实现从小到大的排序。例如，在 N 数组中有 5 个下标变量，这些变量的值是 N(1)=52、N(2)=40、N(3)=18、N(4)=36，N(5)=29。5 个数据排序的过程如表 7-1 所示。

表 7-1 选择排序法排序过程（从大到小降序排序）

轮次	I	J	N(1)	N(2)	N(3)	N(4)	N(5)	注　　释
开始	0	0	52	40	18	36	29	没排序前情况
第一轮	1	2	40	50	18	36	29	N(1)、N(2)互换
	1	3	18	50	40	36	29	N(1)、N(3)互换
	1	4	18	50	40	36	29	N(1)与 N(4)比较
	1	5	18	50	40	36	29	N(1)与 N(5)比较
第二轮	2	3	18	40	50	36	29	N(2)、N(3)互换
	2	4	18	36	50	40	29	N(2)与 N(4)互换
	2	5	18	29	50	40	36	N(2)与 N(5)互换
第三轮	3	4	18	29	40	50	36	N(3)、N(4)互换
	3	5	18	29	36	50	40	N(3)、N(5)互换
第四轮	4	5	18	29	36	40	50	N(4)、N(5)互换，升序排序后情况

"选择排序"程序代码如下：

```
/* TC7-9.C */
/* 选择排序 */
#define MAX 30                    /* 定义符号常量 MAX 为 30 */
#include "stdio.h"
#include "math.h"
#include "stdlib.h"
#include "time.h"
void  main()
{
    int PL[MAX];                 /* 使用符号常量定义数组大小 */
    int k,n,temp,i,j;
    printf("      线性表数据的降序选择排序\n\n");
    srand(time(0));              /* 设置种子,并生成伪随机序列 */
    for(k=0;k<MAX;k++)           /* 数组初始化 */
    {
        n=rand()%90+10;          /* 获得[10,99]伪随机数赋给变量 X */
        PL[k]=n;
```

```
}
printf("            排序前线性表元素数据\n");
for(k=1;k<MAX+1;k++)                 /* 显示线性表数组元素数据 */
{
    printf("%d   ",PL[k-1]);
    if(k%10==0)
        printf("\n");
}
/* 线性表数据的降序选择排序 */
for(i=0;i<MAX-2;i++)              /* 外层循环，控制排序的趟数 */
    for(j=i+1;j<=MAX-1;j++)      /* 内层循环对相邻元素进行比较 */
        if(PL[i]>PL[j])          /* 如果被比较数组元素比当前元素大，则交换元素 */
        {
            temp=PL[i];          /* 交换数组元素 */
            PL[i]=PL[j];
            PL[j]=temp;
        }
    printf("\n            线性表数据降序排序结果\n");
for(k=1;k<MAX+1;k++)             /* 显示线性表降序排序后的数组元素数据 */
{
    printf("%d   ",PL[k-1]);
    if(k%10==0)
        printf("\n");
}
}
```

7.3 字 符 数 组

用来存放字符的数组称为字符数组，它主要用于存储一串连续的字符。字符数组与数值数组有许多不同点。

7.3.1 字符数组的定义和使用

1．字符数组的定义

字符数组定义的格式及其说明如下：

【格式 1】[存储类型]char 数组名[常量表达式]；

【格式 2】[存储类型]char 数组名[常量表达式1][常量表达式2]；

【说明】格式 1 用来定义一维字符数组，格式 2 用来定义二维字符数组。

例如，下面的程序定义了一个一维字符数组 SRF1[10]和一个二维字符数组 SRF2[3][6]，SRF1[10]被定义为一个可以存储 10 个字符的一维字符数组，SRF2[3][6]被定义为可以存储 3 个字符串，其中每个字符串包含 6 个字符的二维字符数组。

```
char SRF1[10];
char SRF21[3][6];
```

2．字符数组的初始化和使用

（1）字符数组的初始化：字符数组的初始化有两种方法，一种是对数组元素赋初值，另一种是用字符串为字符数组赋初值。与数值数组相同，字符数组也可以在定义时赋初值，这时可以缺省定义的数组长度，数组长度由赋给的字符个数决定。

【例 1】下面第 1 条语句定义了一个一维字符数组 SUC1，其元素的值是 SUC1[0]='x'、SUC1[1]='y'和 SUC1[2]='z'、SUC1[3]='u'和 SUC1[4]='v'。给数组 SUC1 初始化后数组 SUC1 长度为 5。第 2 条语句定义了一个字符数组 SR1，并进行初始化赋值。其中，SR1[0]赋空值（即一个空格）。给数组 SR1 初始化后数组 SR1 长度为 6。

```
char SUC1[5]={ 'x', 'y', 'z', u', 'v'};
char SR1[]={' ', a, 'b ', 'c', 'd', 'e '};
```

【例 2】字符数组可以在定义时赋初值，可以缺省定义的数组长度。例如：

```
char SUC1[]={ 'x', 'y', 'z', u', 'v'};
char SRF1[]={'a','b','c','d','e', 'f','1','2 ', '3','4','5','' };
char SRF2[3][5]={{'a','b','c','d','e'},{'A','B','C','D','E'}};
char SRF3[][]={{'a','b','c','d'},{'A','B','C','D'},{'1','2','3','4'}};
```

给数组 SUC1 初始化后数组 SUC1 长度为 5。给数组 SRF1 初始化后字符数组 SRF1 的长度为 12。字符数组 SRF2 的行数为 3，列数为 5。字符数组 SRF3 的行数为 3，列数为 4。

【例 3】对部分数组元素赋初值。如果在为数组赋初值时，没有足够的数据赋给数组元素，则未赋值的数组元素值为 0（对于整型/实型数组）或'\0'（对于字符数组），所以在定义字符数组时，应在字符串长度基础上增加一个元素，以存储'\0'或 0。例如：

```
char sf1[2][3]={{ 'a','b'},{'c'},{'d','e','f'}};
char sf2[3][2]={{ 'x'},{'y'},{'z'}}
```

以上定义等价于下面的数组定义和赋初值。

```
char sf1[2][3]={{'a','b','\0'},{'c' ,'\0' ,'\0'},{'d','e','f'}};
char sf2[3][2]={{'x','\0'},{'y' ,'\0'},{'z','\0' }};
```

【例 4】当把一个字符串赋给数组时，系统会在最后一个字符后边自动加上一个'\0'作为结束符。在有了'\0'字符串结束符标识后，字符串就可以作为整体在程序中进行调用。例如：

```
char  SR1[]="This";
char  SR2[]={"This"};
char  SR3[4][5]={"1234", "uvwx","5678" ,"abcd" ,"mnop"};
char  SR4[][] ={"1234", "uvwx","5678" ,"abcd" ,"mnop" };
```

数组 SR1 与数组 SR2 一样。数组 SR3 和 SR4 一样。数组中的每一个元素又是一个字符串，因此二维数组可以看成是若干个一维数组的组合。

【例 5】下面的两行赋初值语句结果是不同的。后者等价于 "char m[]={'T','h','i','s',' ', 'i','s',' ', 'a',' ','t','e','s','t','\0'}"。

```
char m[]={'T','h','i','s',' ', 'i','s',' ', 'a',' ','t','e','s','t' };
char m[]={"This is a test!"};
```

（2）字符数组的使用：它与一般数值型数组的使用方法一样。对字符数组的使用，也是按单个元素来进行，不能以直接赋值的方法对字符数组进行赋值。对整个字符数组内元素的使用，只能用单个元素的循环赋值来完成。

【例 6】字符数组的使用也是利用数组下标对单个元素进行使用。例如，下面程序的运行结果是 "This is a test! s"。

```
#include "stdio.h"
void main()
{
```

```
char SR[]={'T','h','i','s',' ','i','s',' ','a',' ','t','e','s','t','!'},
SK[15],n;
int r;
n=SR[6];
for(r=0;r<15;r++)              /* 数组 SR 各元素的值赋给数组 SK 相应的元素 */
    SK[r]=SR[r];
for(r=0;r<15;r++)              /* 显示数组 SK 的内容 */
    printf("%c ",SK[r]);
printf("    %c\n",n);          /* 显示变量 n 的内容 */
}
```

在上面的程序中，语句 "n=SR[6];" 将数组元素 SR[6] 的内容（即's'）赋给了字符变量 n；再利用 for 循环将字符数组 SR[] 的 15 个元素的值分别赋给了字符数组 SK[] 相应的数组元素；然后，显示数组 SK[] 各元素的值，以及变量 n 的值。

【例 7】如果在程序运行中进行字符串的输入，可以使用 scanf() 函数来完成。例如，下面的 "字符串输入与输出" 程序由 "一维数组 SR 输入和显示数据" 和 "二维数组 SR 输入和显示数据" 两段程序组成，用来验证字符串输入到一维数组和二维数组的方法。

"字符串输入与输出" 程序运行后，输入 ABCDEFGHIJKLMNOPQRSTUVWXYZ 字符串，按 Enter 键后在新的一行显示 ABCDEFGHIJKLMNOPQRSTUVWXYZ 字符串；接着输入 6 行字符串，按 Enter 键后显示这 6 个字符串。该程序运行后的结果如图 7-13 所示。

```
/* 字符串输入与输出 */
#include "stdio.h"
void main()
{
    /* 一维数组 SR 输入和显示数据 */
    char SR[80];
    scanf("%s",SR);
    printf("%s\n",SR);
    printf("\n");
    /* 二维数组 SR 输入和显示数据 */
    char SK[6][20];
    int i;
    for(i=0;i<6;i++)
        scanf("%s",SK[i]);
    printf("\n");
    for(i=0;i<6;i++)
        printf("%s\n",SK[i]);
    printf("\n");
}
```

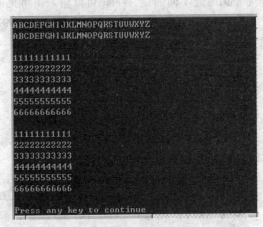

图 7-13　"字符串输入与输出" 程序运行效果

scanf() 函数中的格式符 %s 表示等待输入的是一个字符串。由于数组名表示了数组的起始地址，因此在输入字符串时，只需要使用 SR，不用写成 "scanf("%s", &SR);"。

由于 C 语言中规定函数 scanf() 在输入数据时以空格、制表符、回车来进行数据的分隔，因此在输入字符时不能有空格或制表符。如果输入了 "ABCDEFG　XYZ"，则只有字符串 ABCDEFG 被存储到数组中。

在 printf() 函数中，同样使用了格式字符 %s 来进行字符串的输出，输出时只需要使用数组名 SR 和 SK，当函数在输出到'\0'时会认为已到字符串尾而自动停止输出。

7.3.2　字符串和字符处理函数

程序只能对连续的字符串进行分析，如果字符串中出现空格符，则只存储空格以前的字符串。例如：输入了"I wish you a happy birthday!"，则输入到 SR 中的字符串只有"I"。这是由于字符串的特殊性所决定的，除了输入外，很多常规操作（例如：赋值、比较大小等）都不能用处理数值型数据的方法来完成，因此需要使用字符串和字符处理函数来解决。

字符和字符串输入/输出的函数多在头文件 stdio.h 中说明，字符串处理函数都包含在头文件 string.h 中，在使用这些函数时需要在程序的开头添加#include　"stdio.h "和#include "string.h"语句进行声明。

C 语言还提供了可以对字符进行检查、处理的字符处理函数，这些函数在头文件 ctype.h 中声明，在使用这些函数时需要在程序的开头添加#include　"ctype.h"语句来进行说明。

1．字符串和字符输入/输出函数

（1）字符串输入函数 gets()：

【格式】gets(字符数组名)

【功能】该函数用来读取从标准输入设备（键盘）输入的一个字符串赋给"(字符数组名"指示的字符数组的各元素。函数返回值是该字符数组的首地址。该函数以回车键为结束符。它与 scanf()函数不同的是，gets()可以输入不可见的字符（例如，空格、制表符）。例如：

【例 1】下面的程序用于将键盘输入的字符存储到字符数组 SR1[]中，最多可存储 10 个字符（还有一个空间存储'\0'）。

```
char SR1[11];
gets(SR1);
```

（2）字符串输出函数 puts()：

【格式】puts(字符数组名)

【功能】该函数用来将"字符数组名"指示的字符数组代表的字符串输出到标准输出设备（屏幕），输出时到'\0'时自动换行。

【例 2】下面的程序可输出字符数组 SC1 的字符串"I wish you a happy birthday！"。

```
char SR1[]=" I wish you a happy birthday! ";
puts(SR1);
```

（3）字符输入函数 getchar()：

【格式】getchar()

【功能】该函数用于从标准输入设备（键盘）输入一个字符，输入的字符可以是任意 ASCII 字符（包含回车符）。

【例 3】由于 getchar()输入的是单个字符，因此在 for 循环结束后得到的是不包含'\0'的字符数组，而不是字符串，因此要用语句"Str[9]='\0'"加上字符串结束符号，这样 Str 才是一个完整的字符串。

```
char SR1[20];
int n;
for(n=0;n<19;n++)
    SR1[n]=getchar();
str[19]='\0';              /* 添加字符串结束符号 */
```

```
puts(SR1);
```

（4）字符输出函数 putchar()：

【格式】putchar(ch)

【功能】该函数用于将一个字符 ch 输出到标准输出设备（屏幕）。

【例 4】下面的程序可以输出字符数组 SR1 内元素 SR1[0]～SR1[8]的数值。

```
char SR1[30]=" I wish you a happy birthday! ";
int n;
for(n=0;n<29;n++)
    putchar(SR1[n]);
```

2. 字符串处理函数

在 C 语言中提供了许多专门用于处理字符串的函数，例如，字符串比较、合并、连接、修改、复制、转换、计算字符串长度、查找字符串的子串等。

（1）字符串连接函数 strcat()：

【格式】strcat（字符数组名 1，字符数组名 2）

【功能】strcat()函数将"字符数组名 2"表示的字符串 2 连接到"字符数组名 1"表示的字符串 1 的后边，把两个字符串合成一个字符串，但要求定义时"字符数组名 1"表示的字符串 1 的大小能放下连接后的字符串。函数返回值是"字符数组名 1"字符数组的首地址。

【例 1】运行下面程序后，字符数组 SR1 中的字符串为"I wish you a happy birthday!"。

```
char SR1[14]={"I wish you a "};        /* 系统将对未赋值元素填充'\0' */
char SR2[]={"happy birthday!"};
strcat(SR1,SR2);
```

（2）测字符串长度函数 strlen()：

【格式】strlen（字符数组名）

【功能】该函数用来测量"字符数组名"指示的字符数组的字符串的长度，这个长度不包含结尾的'\0'。

【例 2】下面的程序运行后，变量 n1 的值等于 29。

```
int n;
char SR1[]={"I wish you a happy birthday!"};
n=strlen(SR1);
```

（3）字符串复制函数 strcpy()：

【格式】strcpy（字符数组名 1，字符数组名 2）

【功能】该函数用来进行字符串的复制，它将字符串 S2 的前 n 个字符复制到字符串 S1 中，要求 S1 的长度大于或等于 S2。

【例 3】运算结果字符串 S2 的前 4 个字符复制到 S1 中，S1 内容为"I wish"。

```
char S1[100];
char S2[]={"I wish you a happy birthday!"};
strcpy(S1,S2,5);
```

（4）字符串比较函数 strcmp()：

【格式】strcmp（字符串 1，字符串 2）

【功能】该函数可以比较两个字符串的大小，字符串可以是一个字符串常量，也可以是字符数组。字符串比较的意思是：对两个字符串从左到右按单个字符的 ASCII 码值进行逐一比较，直到第一个不相同的字符或字符串结束标志'\0'。

该函数返回值有 3 种：如果两字符串相等，则函数返回值为 0；如果字符串 1 大于字符串 2，则函数返回值为正整数；如果字符串 1 小于字符串 2，则函数返回值为负整数。

【例 4】 下面的程序用来比较字符数组 SR1 和 SR2，比较字符数组 SR1 和字符串常量 this。

```
int n;
char SR1[]={"This is a program."};
char SR2[]={"This is a test!"};
n=strcmp(SR1,SR2);           /* 返回值为-1 */
n=strcmp("this" ,SR1);       /* 返回值为 1 */
if (strcmp(SR1,SR2))         /* 返回值为-1，条件不成立 */
```

（5）大写转化为小写函数 strlwr()：

【格式】 strlwr(字符串 s)

【功能】 该函数用来将字符串 S 中的大写字母转化为小写字母。字符串 S 可以是一个字符串常量，也可以是字符数组。

（6）小写字母转化为大写函数 strupr()：

【格式】 strupr(字符串 S)

【功能】 该函数用来将字符串 S 中的小写字母转化为大写字母。字符串 S 可以是一个字符串常量，也可以是字符数组。

（7）截取子字符串函数 strchr()：

【格式】 strchr(字符串，子字符串)

【功能】 在字符串中从左向右搜索子字符串，如果搜索到子字符串，则返回字符串中搜索到的子字符串，直到字符串末尾的所有字符；如果没搜索到子字符串，则返回一个空值 Null。例如，函数 strchr("ABCDEFG","C") 的值是 CDEFG。

3. 字符处理函数

字符处理函数的格式都一样，函数名称加小括号内的字符，例如 isalnum(字符)。下面简要介绍常用字符处理函数的功能。

（1）isalnum()：检查字符是否为字母或数字，是返回 1，否则返回 0。

（2）isalpha(字符)：检查字符是否为字母，是返回 1，否则返回 0。

（3）iscntrl(字符)：检查字符是否为控制字符，是返回 1，否则返回 0。

（4）isdigit(字符)：检查字符是否为数字，是返回 1，否则返回 0。

（5）isgraph(字符)：检查字符是否为可打印字符，即 ASCII 码值为 0x21～0x7e 间的字符，是可打印字符返回 1，否则返回 0。

（6）islower(字符)：检查字符是否为小写字母，是小写字母返回 1，否则返回 0。

（7）isprint(字符)：检查字符是否为可打印字符，即 ASCII 码值为 0x20～0x7e 间的字符。是可打印字符返回 1，否则返回 0。

（8）ispunct(字符)：检查字符是否为标点符号，是返回 1，否则返回 0。

（9）isspace(字符)：检查字符是否为空格、制表符或换行符，是返回 1，否则返回 0。

（10）isupper(字符)：检查字符是否为大写字母，是返回 1，否则返回 0。

（11）tolower(字符)：如果字符是字母则转为小写字母，返回得到的小写字母。

（12）toupper(字符)：如果字符是字母则转为大写字母，返回得到的大写字母。

7.3.3 应用实例

【实例 7-10】显示字符菱形图案。

该程序运行后，会显示"输入菱形的行数（大于 1 的奇数）："提示文字，输入一个奇数（例如 19）按 Enter 键后即可显示一个由字符"*"和"$"组成的 19 行菱形图案，如图 7-14 所示。

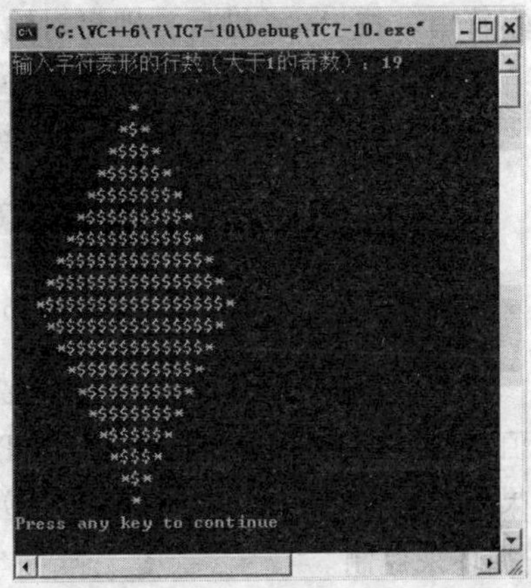

程序代码如下：

图 7-14 "字符菱形图案"程序运行结果

```c
/* TC7-10.C */
/* 字符菱形图案 */
#include "stdio.h"
void main()
{
    char SR[]={" *$$$$$$$$$$$$$$$$$$$$$$$$$$$$$$$$$$$$$$$$$"};
    char SP[]={"                    "};
    int n,m,L;
    char ch='P';
    printf("输入字符菱形的行数（大于1的奇数）: ");
    scanf("%d",&L);                   /* 输入菱形图案的行数 */
    printf("\n");
    L=L/2+1;                          /* 计算上半边字符正三角形的行数 */
    /* 显示上半边字符正三角形 */
    for(n=1;n<=L;n++)                 /* 用来控制显示的行 */
    {
      for(m=0;m<=(L-n+1);m++)         /* 用来显示一行左边的空格 */
          putchar(SP[m]);
      for(m=1;m<2*n-1;m++)            /* 用来显示一行的字符 */
          putchar(SR[m]);
      putchar(SR[1]);                 /* 输出一行中最后一个字符 */
      printf("\n");                   /* 换行 */
    }
    /* 显示下半边字符倒三角形 */
    for(n=L-1;n>=1;n--)               /* 用来控制显示的行 */
    {
      for(m=0;m<=(L-n+1);m++)         /* 用来显示一行左边的空格 */
          putchar(SP[m]);
      for(m=1;m<2*n-1;m++)            /* 用来显示一行的字符 */
          putchar(SR[m]);
          putchar(SR[1]);            /* 输出一行中最后一个字符 */
      printf("\n");                   /* 换行 */
    }
}
```

程序中，创建一个一维字符数组 SR[ ]，它保存由 1 个空格字符、一个"*"字符和 40 个"$"字符组成的字符串；还创建一个一维字符数组 SP[ ]，它保存由 20 个空格字符组成的字符串。显示字符菱形图案的程序和例 4-16 中显示字符菱形图案的程序基本一样。

【实例 7-11】字符串逆置。

所谓逆置即是将字符串置换成反向序列，也就是将字符数组中除'\0'之外的所有的元素按下标进行反转。例如：ABCDEFGHIJK 逆置后的结果为 KJIHGFEDCBA。程序运行后，输入一个字符串，按 Enter 键后，即可对输入的字符串进行逆置，效果如图 7-15 所示。

图 7-15　"字符串逆置"程序运行结果

如果字符串的内容占据了字符数组 SP[m]的前 n 个有效元素(不包括结尾的'\0')，则将 SP[0] 的值与 SP[n-1]交换，SP[1]的值与 SP[n-2]进行交换……如图 7-16 所示。从图 7-16 可以看出，如果要对有 n 个元素的字符串进行逆置，则最多经过 n/2 次交换就可完成，可以在程序中使用 for 循环来控制。

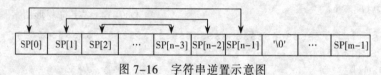

| SP[0] | SP[1] | SP[2] | … | SP[n-3] | SP[n-2] | SP[n-1] | '\0' | … | SP[m-1] |

图 7-16　字符串逆置示意图

程序代码如下：

```
/* TC7-11.C */
/* 字符串逆置 */
#define MAX 30
#include "stdio.h"
main()
{
    char SP[MAX],SF1;
    int k,n;
    printf("          字符串逆置\n\n");
    printf("请输入一个字符串: ");
    scanf("%s",SP);
    for(k=0;SP[k]!='\0';k++);              /* 统计字符串长度,注意,结尾有分号 */
    n=k;
    printf("总共输入的字符有%d个\n",n);
    for(k=0;k<n/2;k++)                      /* 对数组元素进行交换 */
    {
        SF1=SP[k];
        SP[k]=SP[n-1-K];
        SP[n-1-k]=SF1;
    }
    printf("逆置后的字符串为: %s\n",SP);
}
```

程序中使用了两个 for 循环，第 1 个 for 循环用于统计输入字符串中的字符个数，计数时从数组第一个元素 SP[0]开始，而以'\0'为结束标志。由于用 0 开头，因此在循环体内 k 并不能表示字符的个数，k 的值始终比实际元素的个数少 1，因此在退出循环后才将 k 赋予 n ，此时得到的数值才是字符的个数。

第 2 个 for 循环用于实现数组内部的字符交换，同样，由于从 0 开始计算，因此最后一个有效字符为 SP[n–1]，所以与 SP[k]进行交换的是 SP[n–1–k]。

【实例 7-12】 显示最大和最长字符串。

该程序运行后，要求输入 5 个字符串，每输入一个字符串按一次 Enter 键，输入完 5 个字符串并按 Enter 键后，进行 5 个字符串的比较，最后显示 5 个字符串中最大、最长的字符串，以及最长字符串的长度。程序运行结果如图 7-17 所示。

程序中，二维字符数组 SR[5][40]可以看成是一个二维字符数组 SR[k]，k 的取值可以是 0、1、2、3、4，一维数组元素可以保存一个含有 39 个字符和一个转义字符'/0'。程序中使用 "gets(SR[k]);"语句来接受输入的字符串，使用 strcmp(SRMAX,SR[k])<0 表达式来判断字符串大小，使用 n<strlen(SR[k])表达式来选择最长的字符串。

图 7-17 "最大和最长字符串"程序运行结果

程序代码如下：

```c
/* TC7-12.C */
/* 最大和最长字符串 */
#define MAX 40
#include "stdio.h"
#include "string.h"
main()
{
    char SR[5][MAX];
    char SRMAX[MAX]="";
    int k,n,m;
    printf("        最大和最长字符串 \n\n");
    for(k=0;k<5;k++)
    {
        printf("请输入第%d 个字符串: ",k+1);
        gets(SR[k]);                      /* 输入字符串 */
    }
    n=0;
    for(k=0;k<5;k++)
    {
        if(strcmp(SRMAX,SR[k])<0)         /* 挑选最大字符串 */
            strcpy(SRMAX,SR[k]);
        if(n<strlen(SR[k]))               /* 挑选长度最长字符串 */
        {
            n=strlen(SR[k]);
            m=k;
        }
    }
    printf("最大的字符串为: %s\n",SRMAX);
    printf("长度最长的字符串是%s, 长度为: %d\n",SR[m],n);
}
```

【实例 7-13】显示 5 个三角形图案。

该程序运行后，显示图 7-18 所示的第 1 行提示信息，要求输入三角形的行数（例如输入 12），按 Enter 键后，即可显示由大写字母 ABCDEFGHIJKL 组成的 5 个字符三角形，如图 7-18 所示。如果输入的三角形行数为 3，则显示由大写字母 ABC 组成的 5 个字符三角形，如图 7-19 所示。

图 7-18 "五个三角形图案"
程序运行结果（行数为 12）

图 7-19 "五个三角形图案"
程序运行结果（行数为 3）

程序代码如下：

```
/* TC7-13.C */
/* 5个三角形图案 */
#include "stdio.h"
#include "string.h"
void main()
{
    char SR[13]="LKJIHGFEDCBA";
   int n,L,k,s;
    printf("输入字符三角形图案的行数（不超过12）: ");
    scanf("%d",&L);                     /* 输入字符三角形图案的行数 */
    for(n=11;n>=12-L;n--)               /* 用来显示一行的字符 */
    {
      for(k=1;k<6;k++)
      {
          printf(strchr(SR,SR[n]));
         for(s=1;s<L+n-10;s++)          /* 用来显示每行每个字符串左边的空格 */
            printf(" ");
      }
      printf("\n");
    }
}
```

程序中，数组 SR[]用来保存字符串"LKJIHGFEDCBA。

思考与练习

1. 填空

（1）在 C 语言中，数组元素的个数称为数组的_____。规定数组下标从_____开始，如果定义了一个有 n 个元素的数组，则下标为_____。

（2）对数组进行访问时，只能对_____进行单独的访问，而不能对_____进行访问。

（3）在一维数组中，数组名代表了数组第 1 个元素的地址，也称为_____。

（4）如果在为数组赋初值时，没有足够的数据赋给数组元素，则对于整型/实型数组未赋值的数组元素值为_____，对于字符数组为_____。

（5）二维数组可看成一个矩阵，它的第 1 维决定矩阵的_____，第 2 维决定矩阵的_____。

（6）定义二维或多维数组时，可省略第_____维下标，以_____来决定该下标值。

（7）表示二维数组中各元素地址的"行地址"方法是_____。

（8）字符数组 SRF[20]用于存储一个字符串，则该字符串最多可包含_____个字符，系统会在最后一个字符后边自动加上一个_____。

（9）'c'与"c"的区别是_____。

（10）字符串处理函数包含在_____和_____文件中。

（11）对字符数组的使用，也是按_____来进行，不能以_____的方法对字符数组进行赋值。

2．判断下面数组定义语句是否正确

（1）int SRC1[];

（2）int k=0;

     flort   SRC[k];

（3）int num[10+1];

（4）char SRC1[10];

     scanf("%s", & SRC1);

     printf("%s", SRC1);

（5）int num[2]={9,8,6};

（6）char sr1[10];

     sr1="ABCDEFG"

3．分析下面程序中哪条语句是错误的

```
char SR1[30];
char SR2[]={"Visual C++ 6.0 "};
char SR3[]={"This is a test!"};
m="This is a test.";
m = SR3;
if(SR3>m)
    …
```

4．分析下面程序的运行结果

（1）

```
#include "stdio.h"
void main()
{
    int n;
```

```
    int FH[8]={1,2,3,4};
        for(n=0;n<=7;n++)
    {
        printf("%d  ",FH[n]);
    }
     printf("\n");
}
```

（2）

```
#include "stdio.h"
void main()
{
 char SP[][7]={{' ',' ',' ','*'},{' ',' ','*','@','*'},{' ','*','@','@','@',
'*'},{'*','@','@','@','@','@','*'}};
  int  a,b;
  for(a=0;a<7;a++)     /
  {
     for(b=0;b<7;b++)
        if(a<4)
           printf("%c",SP[a][b]);
        else
           printf("%c",SP[6-a][b]);
     printf("\n");
  }
}
```

5. 程序设计

（1）修改实例 7-2 程序，使该程序运行后显示 200 个 3 位随机正整数，其下边显示其中最大的数和该数第 1 次出现的编号，显示其中最小的数和该数最后一次出现的编号，以及最大数和最小数出现的次数。

（2）修改实例 7-3 程序，使候选人为 6 个，选举完后显示得票最多候选人的名字和选票数，以及各候选人票数占总票数百分比。

（3）设计一个"数组逆置"程序，数组逆置结果如图 7-20 所示。一维数组的逆置是将数组元素按下标进行反转，如果数组有 n 个元素，则将 a[0] 的值与 a[n-1] 交换，a[1] 的值与 a[n-2] 进行交换，依此类推，如图 7-21 所示。"数组逆置"程序运行后输入 10 两位数字，输入完并按 Enter 键后，即可进行数组逆置，并显示数组逆置前后的数组数据，如图 7-22 所示。

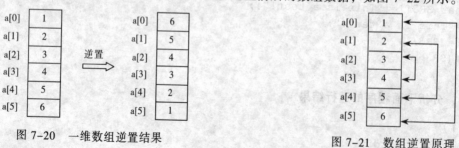

图 7-20　一维数组逆置结果　　　　　　　　图 7-21　数组逆置原理

（4）修改实例 7-5 程序，使该程序运行后显示一个 8×8 矩阵，矩阵中的元素都是两位随机正整数，同时在原矩阵的右边显示一个行颠倒后的矩阵；在原矩阵的下边显示一个列颠倒后的矩阵，以及一个行和列均颠倒的矩阵。

图 7-22　"数组逆置"程序运行结果

（5）设计一个程序，该程序运行后，定义一个有 40 个元素的一维整型数组，元素数据都是随机产生的两位正整数，分 4 行，每行 10 个显示。统计这些数据中奇数和偶数的个数，以及奇数的和、偶数的和，并显示出来。

（6）设计一个"对角线为零矩阵"程序，该程序运行后会显示一个 12 行 12 列的矩阵，该矩阵的主副对角线元素为 0，其他元素为一位随机整数。程序运行结果如图 7-23 所示。

（7）创建并显示一个 10×10 矩阵，矩阵元素是随机的两位正整数，找出其中最大的数和最小的数，并显示它们的行号和列号。

（8）创建一个 10×10 矩阵，矩阵元素是随机的互不相同的两位正整数，找出既是该行最大的，同时又是该列最小的数，并显示它们的行号和列号。该元素所在的点称为"鞍点"。

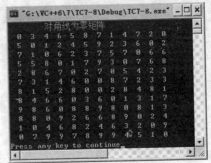

图 7-23　"对角线为零矩阵"
程序运行结果

（9）在一个二维数组中存放有 60 个数据。编写一个程序，将它们按从大到小的顺序排序后存放在另一个一维数组中，并显示排序后的结果。

（10）设计一个程序，该程序运行后，会显示一个由字符 A 和 B 组成的 9 行菱形图案，图案的特点是，四边的字符是 A，菱形内部的字符是 B。

（11）创建一个字符数组，其中，有 20 元素，所有元素都是一个随机的英文大写字母。然后，显示该字符数组的所有元素组成的字符串。

（12）从键盘上输入多个字符（用 getchar()函数），计算其中字母、数字、空格的个数。

（13）输入若干个国家的英文名，将这些国家的名字按照字母顺序由小到大排序显示。

（14）输入 20 个英文字母，将其中的小写字母转化为大写，然后显示出来。

（15）设计一个程序，该程序运行后输入一个由英文大写字母组成字符串并将它赋给一个一维字符数组。然后，将字符串中英文大写字母按照从小到大的顺序重新排列，并显示出来。

（16）修改实例 7-13"显示五个三角形图案"程序，使该程序运行后显示图 7-24 所示第 1 行提示信息，要求输入三角形的行数（例如输入 12），按 Enter 键后，即可显示由大写字母 ABCDEFGHIJKL 组成的 5 个字符三角形，如图 7-24 所示。

（17）参考实例 7-10 程序的设计方法，设计一个可以显示一行有 2 个字符菱形图案的程序，要求组成字符菱形图案的字符是英文大写字母。

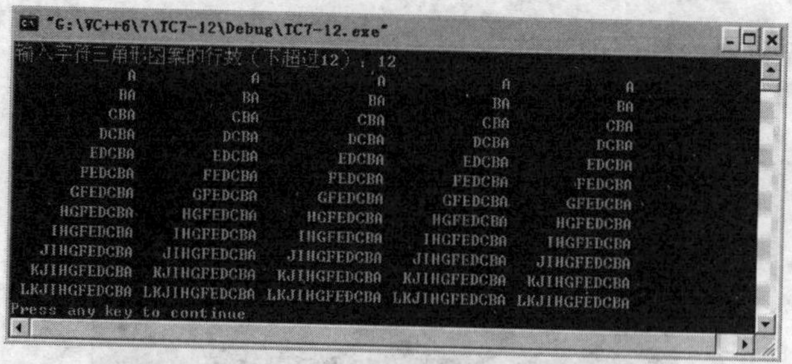

图 7-24　"五个三角形图案"程序运行结果（行数为 12）

（18）创建并显示一个 10×10 矩阵，矩阵元素是随机的互不相同的两位正整数，找出其中最大的数和最小的数，并显示它们和它们的行号和列号。

（19）设计一个程序，该程序运行后可以创建和初始化一个数组 NUM1，其中的元素数值是随机的两位数字，将它们按从小到大排列。接着从键盘输入一个两位数字，然后将输入的数字插入到数组中，要求插入新数据后的数组仍然按从小到大排列。

（20）设计一个程序，程序运行后，输入一个字符串，将其中的除字母和空格以外的其他字符都删除，然后再输出只有字母和空格的文字。

（21）设计一个"降序排序"程序，该程序运行后，分 6 行显示一个线性表的 60 个数据元素，其下显示从大到小降序排序的 60 个数据元素，也分 6 行显示。排序方法自选。

第8章 指 针

【本章提要】指针是 C 语言中一类非常重要的数据类型，是重要的概念。指针的应用可以改变变量的值，可以对数据进行间接地址定位，可以提高程序的执行效率，可以通过传递变量的地址作为形参来调用函数。另外，有些数据类型很难实现的操作，都可以利用指针来完成。本章介绍指针的基本概念，指针的定义与引用，指针与数组的关系，指针的运算，字符指针，指针数组、函数指针等内容。掌握指针对学习 C 语言至关重要。

8.1 指针的定义与应用

8.1.1 指针概述

1. 指针的概念

从前面的学习中可知，在定义变量后，将在内存中为其分配一个大小合适的存储空间（例如，一个整型数组 SNM[3]占有 2×3=6 字节），数据存储在该存储器空间内的存储器中。在计算机内存中，拥有大量的内存单元，每个内存单元以字节为基本单位，存放一个字节数据的存储器称为一个内存单元。为了便于管理，系统按顺序为每个内存单元进行编号，每个内存单元都有它自己的唯一编号，即该内存单元在内存中的地址。

对变量的访问，实质就是对变量存储空间内容的访问。由于各种变量在内存中所占的存储空间大小不一样，为了便于对变量地址的访问，将变量内存单元的起始地址定义为变量的地址，变量在内存中具有唯一的地址。

在 C 语言中，内存单元的地址称为指针，它是一个常量，将它保存在一个特殊的变量中，该变量称为指针变量。为了叙述方便，常将指针变量简称为指针。

2. 变量访问方式

变量访问是指读取变量的数值（即读取变量所在内存单元中的数据）和赋给变量新的数值（将新的数据保存到变量所在内存单元中，替换原来的数据）。变量访问有以下两种方式：

（1）直接访问：在 C 语言中，可以直接通过变量名对变量内容进行访问，系统会自动将这种变量名访问转换为对相应的内存单元的访问。例如，整型变量 n 占用了两个内存单元，直接通过它的名称 n 就可以访问变量 n 的内存单元。以前程序中对变量的访问均是直接访问。

（2）间接访问：将变量的地址赋给指针变量，利用指针这个特殊变量来访问变量的内存单元。例如，变量 x 是一个整型变量，它占有两个内存单元，变量 x 的地址是这两个内存单元的首地址 65500，变量 x 的值为 10。指针变量 point 的值是 65500，它存储在地址为 1200 的内存单元中。要对变量 x 进行访问，可以从指针变量 point 中获得变量 x 的地址 65500，再通过该地址访问变量 x 所在的内存单元，即地址为 65500 和 65501 的两个内存单元。图 8-1 所示为使用指针进行"间接访问"的示意图。

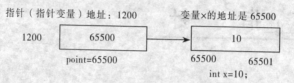

图 8-1　变量的间接访问

不同数据类型的变量占用的内存单元个数是不一样的，指针 point 正是依据它的数据类型来确定变量占有多少个内存单元。例如，变量 x 是一个（即 int 型）整型变量，因此可以将 point 定义为一个整型（即 int 型）指针，这样，在使用指针 point 访问变量 x 时，程序就知道所要访问的是一个整型变量，整型变量占有两个内存单元，因此将对地址从 65500 开始的两个单元（地址分别为 65500 和 65501）进行访问。

下面的程序定义了一个整型变量 sum 占 2 个字节，一个单精度型变量 NUT 占 4 个字节，而整型数组 a[4] 则占有 2×4 个字节。执行这条语句后，系统将在内存中为这些变量分配存储空间，假设变量的起始地址为 1000，则这些变量在内存中的地址如图 8-2 所示。

```
int sum=0;
float NUT=100;
int a[4]={11,22,33,44};
```

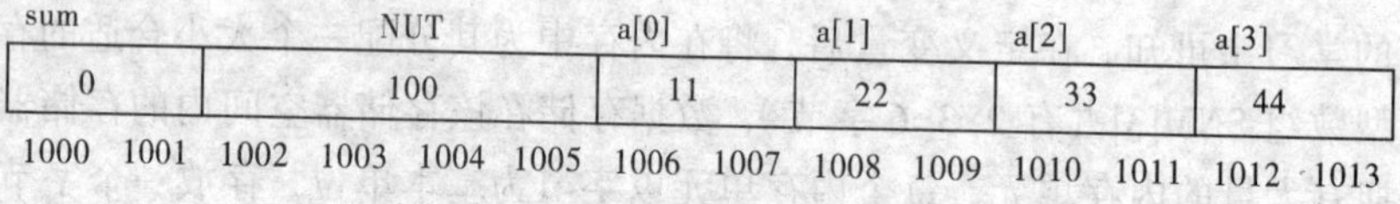

sum	NUT	a[0]	a[1]	a[2]	a[3]
0	100	11	22	33	44

1000 1001 1002 1003 1004 1005 1006 1007 1008 1009 1010 1011 1012 1013

图 8-2　变量在内存中的存储

由于各个变量在内存中所占存储空间大小不同，为了便于对变量对址进行访问，将变量内存单元的起始地址定义为变量的地址。对于上面定义的变量，sum 的地址为 1000，NUT 的地址为 1002，a[0] 的地址为 1006。

8.1.2　指针定义

1. 指针定义的格式及功能

指针变量是一种特殊的变量，用来专门存放变量的地址。指针变量的定义格式如下：

【格式】存储类型　数据类型 ＊ 变量名 1[, ＊ 变量名 2...]；

【功能】可以用来定义一个或多个相同类型的指针变量。定义指针时应注意以下几点：

（1）"存储类型"用来说明"变量名"指示的变量的数据存储类型，"数据类型"用来说明"变量名"指示的变量的数据类型，每个指针变量前都要加"＊"。

（2）指针是用来存储对象内存地址的变量，对象可以是简单类型数据（int,char 等），也可以是数组、函数，还可以是另一个指针。

（3）指针变量的值只能是内存中存在的一个地址，而不是一个任意的整数。

（4）不同类型的指针变量不能互相赋值，不能将指针值赋给整型变量或无符号整型变量。

2．指针定义举例

【例1】第 1 条语句定义了 point1 和 point2 两个指针变量，int 表示指针 point1、point2 所指的变量是一个整型变量；第 2 条语句定义了指针 p，它是无类型指针，即指针 p 可以用任意类型的指针方式来引用。

```
int * point1,* point2;
void *p;
```

【例2】下面是几种常见的指针变量定义。

```
int * nup1;              /* nup1 是一个整型指针变量 */
float * fnup1;           /* fnup1 是一个浮点型指针变量 */
char * SRP1;             /* SRP1 是一个字符型指针变量 */
char (* SP)[5];          /* SP 是字符数组指针变量，指向一个字符数组 SP，它有 5 个元素 */
int * * ppnum1;          /* ppnum1 是一个指针变量，它是指向一个整型指针的指针变量 */
int (* pf1)( );          /* pf1 是函数指针变量，它指向一个函数，该函数返回一个整型值 */
int * (* pf2)( );        /* pf2 是函数指针变量，它指向一个函数，该函数返回指向一个整数的
                            指针 */
```

【例3】下面的程序定义的不是一个指针变量。

```
char * SC1[5];           /* SC1 是一个有 5 个元素的一维字符数组，每个字符数组元素是指向一
                            个字符串的指针 */
int * pfn1();            /* pfn1 是一个函数，这个函数返回指向一个整型值的指针 */
```

8.1.3 引用指针变量

在对指针变量的引用中，经常会进行指针变量赋地址数和利用指针间接访问变量。对指针变量的引用，是由取地址运算符"&"和取值运算符"*"来完成的。

1．取地址运算符&

取地址运算符"&"在 2.3 节介绍 scanf()函数时介绍过。在变量的前面添加取地址运算符"&"，可以获得该变量的地址。

【例1】在 scanf()函数使用中的"&"运算符是将数据存储到指定的存储空间。例如：

```
int n;
scanf("%d",&n);
```

该程序是以格式符%d 将输入的数据指定为整型数据，存储到整型变量 n 地址所指示的存储区域内的内存单元中。

【例2】给指针变量所赋的值一定是地址值，可以用"&"加变量名来获取地址，也可以用数组名获得地址（因为数组名表示数组的首地址），还可以用已经保存有变量地址的指针变量获得地址。取地址运算符"&"用来将变量的地址赋给指针变量的示例如下：

```
char SC1='A';
int a=189, b=666,m=1;
float n=6.18;
char * point1;   /* 定义字符型指针 point1 */
int * a1p, * bp1;/* 定义整型指针 a1p 和 bp1 */
```

```
float * fnp1;        /* 定义实型单精度指针 fnp1 */
point1=&SC1;         /* 将变量 SC1 的地址赋给指针 point1 */
ap1=&a;              /* 将变量 a 的地址赋给指针 ap1 */
bp1=&b;              /* 将变量 b 的地址赋给指针 bp1 */
fnp1=&n;             /* 将变量 n 的地址赋给指针 fnp1 */
```

注意：在为指针赋地址时，指针的类型应该与所指地址的变量数据类型一致。取地址运算符&只能用于变量或数组元素，而不能用于表达式或常量。例如，下面是错误的。

```
int *point1,a,n[10];
point1=&(a+10);
point1=&123;
```

2. 取内容运算符 "*"

在对指针赋予地址值后，在地址指针的前面添加取内容运算符 "*"，可以获得该指针指向的变量的值，实现对变量的简介访问。

【例 1】 对于上面【例 2】语句定义的指针，可以进行如下的变量访问。该程序执行后，变量 SC1 的内容改变为'B'，变量 n 的值改为 1.2345，变量 m 的值改为 855。

```
* point1='B';       /* 相当于 SC1='B' */
* fnp1=1.2345;      /* 相当于 n=1.2345 */
m=*ap1+*bp1;        /* 相当于 m=a+b; */
```

【例 2】 下面的程序用来将指针 point1 指向变量 n 的值 100 赋给变量 m，将 m+1 的值赋给指针 point1 指向变量 n。

```
int n,m,*point1;  /* 定义两个变量 n 和 m，定义一个指针 point1 */
n=100;            /* 变量 n 初始化 */
point1=&n;        /* 指针初始化，即将变量 n 的地址赋给指 point1 针，定向变量 n */
m=*point1;        /* 将指针 point1 指向变量 n 的值赋给变量 m，它与 "n=m;" 语句等效 */
*point1=m+1;      /* 将 m+1 的值赋给指针 point1 指向变量 n，它与 "n=m+1;" 语句等效 */
```

注意："*point=&m;" 语句是错误的。

【例 3】 给指针 point1 赋一个 "空" 值，指针没有指向一个确定的地址。

```
int *point1;      /* 定义一个指针 point1 */
point1=NULL;      /* 给指针 point1 赋一个 "空" 值 */
```

NULL 在头文件 stdio.h 中定义，其值相当于 0，执行 point1=NULL 语句，相当于执行 point1=0 或 point1='\0'语句，此时指针并不指向地址为 0 的内存单元，而是指向空值。

3. 使用指针的注意事项

（1）在对指针变量进行访问之前，一定要先为其赋予地址，否则将发生不可预料的错误。下面所示语句是错误的使用方法。如果执行这段程序，将引起程序崩溃，因为没有对指针 point1 赋内存地址值，在执行语句 "*point1=600;" 时，*point1 指向不可知的内存地址，而对不可知的内存地址进行赋值，会导致程序产生不可预知的错误。

```
int * point1;
*point1=600;
```

（2）除 NULL 外，指针必须指向内存中实际存在的地址，不可以在程序中用非地址表达式给指针变量赋值。下面所示语句是错误的。

```
int * point1, n=600;
```

```
point1=n+10;   /* 不能用非地址表达式来为指针赋值 */
```

8.1.4 指针的运算

指针变量除了可以对其引用地址的内容进行运算外，其本身也可以进行运算。指针是内存单元的地址，对指针本身的运算会使指针指示的内存单元发生改变。由于指针运算的结果也是一个地址，为了使该地址是一个合法地址，在指针进行运算之前，必须先将指针指向一个数组，指针运算通常都是针对数组而进行的。

1. 指针的算术运算

设 np1 和 np2 是相同类型的指针变量，都指向同一个一维数组，变量 num 是整型变量，则指针可以进行如下算术运算，前 4 个计算结果是指针指向该数组的下一个元素的地址。

（1）指针加一个整数：指针地址数加一个整数，例如，np1+num。
（2）指针减一个整数：指针地址数减一个整数，例如，nap2-num。
（3）指针自增（++）：指针地址数自动加一个正整数，例如，np1++、++np1。
（4）指针自减（--）：指针地址数自动减一个正整数，例如，np1--、--np1。
（5）两个指针相减：计算结果为两个指针地址数的差，即两个指针所指地址之间的数据个数，对应数组的元素个数，不是地址数。例如，np1-np2。

注意：指针的算术运算不允许参与乘和除运算，不允许两个指针之间进行加法运算，不允许指针进行加、减实型数的运算，不允许参与位运算。

【例 1】 指针的运算实际上是一种地址的运算，是一种类似于对数组下标的运算。例如：设数组 RF1 在内存中的首地址为 65524，数组 RF1 在内存中位置如图 8-3 所示。

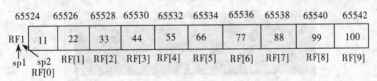

图 8-3　数组 RF1 与指针

执行下面语句后会有什么变化？
```
int * sp1, *sp2, n;
int RF1[]={11,22,33,44,55,66,77,88,99,100};
sp1=sp2=RF1;    /* 指针 sp1 和 sp2 指向数组 RF1 首元素 RF1[0]地址 */
sp1++;          /* sp1 指向数组 RF1 中下一个元素，即 RF1[1] */
n=*sp1;         /* 将 sp1 所指元素内数值赋给 n，此时 n=22* /
n=*(sp1+6);     /* 将 sp1 后第 6 个元素内数值赋给 n，此时 n=88，但 sp1 本身未改变 */
n=*sp1+10;      /* 将 sp1 所指元素 RF1[1]内容加 10 后赋给 n，即 n=RF1[1]+10=32 */
n=sp1-sp2;      /* 将 sp1 与 sp2 所指数组元素的下标相减，求得两元素间的下标差值 1 */
```
相关语句的作用如下：

◎ 执行 "sp1=sp2=RF1;" 语句后，指针 sp1 和 sp2 都指向数组 RF1 的首元素地址，值均为 65524，相当于 sp1=sp2=&RF1[0]。

◎ 执行 "sp1++;" 语句后，指针将指向内存地址为 65526 的内存单元，其实质为指向数组元素 RF1[1]所在的内存地址。

◎ 执行"n=*sp1;"语句后，将 sp1 所指元素 RF1[1]的内容赋给 n ，此时 n 值为 22。

◎ sp1+6 等于 RF1[1+6]（即 a[7]）元素的地址，"n=*(sp1+6);"语句等同于取 RF1[7]的内容赋给变量 n，变量 n 等于 88。

◎ *sp1+10 等同于用 sp1 所指元素值加上 10 即 RF1[1]+10，所以语句"n=*sp1+10;"等于 n=RF[1]+10 即 a=32。

注意：*sp1+10 和*(sp1+10)两者是完全不同的，前者是取指针所指内容再加 102，后者是取指针后面第 10 个元素的值。

◎ 执行"n=sp1-sp2;"语句后，将指针 sp1 值减去指针 sp2 值，其实质是将指针 sp1 与 sp2 所指数组元素的下标相减，求得两元素间的下标差值。由于此时指针 sp1 指向数组 RF1[1]，指针 sp2 指向数组 RF1[0]，则 n=sp1-sp2=1。

指针自增和指针自减运算不是指指针地址数自动加 1 和减 1，而是加或减一个正整数；指针加或减一个正整数 n 也不是指指针地址数加或减一个正整数 n，而是加或减一个正整数。具体这个正整数是多少，由指针指向数组变量的类型来确定。

指针 ± 正整数 n 的值为：指针的原值 ± sizeof（指针类型标识符）× 正整数 n

其中，sizeof（指针类型标识符）是 C 语言的运算符，它可以根据数据类型计算出相应的占用内存单元的个数（即字节数）。

【例 2】下面的程序是用来验证指针的算术运算，其运行结果如图 8-4 所示。程序中，pcs 是字符型变量 s 的指针，pin 是整型变量 n 的指针，pfm 是单精度型变量 m 的指针，pdk 是双精度型变量 k 的指针。字符型（char）、单精度型（float）和双精度型（double）类型变量占用内存单元的个数分别为 1、4、8。如果在 Turbo C 3.0 系列集成开发环境下，整型（int）是 2；在 Visual C++系列集成开发环境下，整型（int）是 4。

图 8-4　验证指针算术运算的程序

```
/* TCT8-1.C */
#include "stdio.h"
void main()
{
    char s,*pcs=&s;
    int n,*pin=&n;
    float m,*pfm=&m;
    double k,*pdk=&k;
    printf("各变量原地址: \n pcs=%u\t pin=%u\t pfm=%u\t pdk=%u\n\n", pcs,pin,
    pfm,pdk);
    printf("各变量指针算术运算结果: \n pcs+2=%u\t pin+2=%u\t pfm+2=%u\t pdk+2=
    %u\n",pcs+2,pin+2,pfm+2,pdk+2);
}
```

2. 指针的关系运算

两个指针之间的关系运算表示它们所指向的地址位置关系，实质上是比较两个指针所指数组元素下标的大小关系。如果指针 point1 和 point2 指向同一个数组内的不同元素，且指针 point1 指向的元素下标小于指针 sp2 指向的元素下标，则表关系达式 point1>point2 的值为 0（假），否则为 1（真）。如果指针 point1 和 point2 指向同一个元素，则 point1== point2 的值为 1（真），否则为 0（假）。

假设有一个二维数组 RF，则 RF[0]与 RF 是具有相同地址值的指针变量，但是 RF[0]指向二维数组 RF 的首元素 RF[0][0]的地址&RF[0][0]，而 RF 是指向二维数组 RF 第 1 行的首地址，所以 RF[0]与 RF 不属于相同的类型。这种不同类型的指针不可以进行比较。

3. 指针的赋值运算

指针的赋值运算要求必须用地址数值进行赋值。例如，进行下面的定义后，可以给指针赋予不同的地址。

```
int SUM,RF1[6];
int * point1,* point2;
（1）point1=&SUM;          /* 将变量 SUM 的地址赋给指针变量 point1 */
（2）point2=RF1;           /* 将数组 RF1 的首地址赋给指针变量 point2 */
（3）point1=&RF1[3];       /* 将数组元素 RF1[3] 的地址赋给指针变量 point1 */
（4）point1= point2;       /* 将指针变量 point2 的地址值赋给指针变量 point1 */
```

注意：不可以对一个常量或表达式进行取地址运算，再赋给指针变量。例如，"point1=&110;" 和 "sp1=&(n+1);"。

8.1.5　应用实例

【实例 8-1】*和&运算符作用验证。

该程序用来验证 "*" 和 "&" 运算符的作用，"&n" 可获得变量 n 的地址，"*point" 可获得指针 point 指向的变量 n 的数值 6100。取地址运算符 "&" 在变量前面，是地址值；取内容运算符 "*" 在指针变量前面，是变量值。程序运行结果如图 8-5 所示。

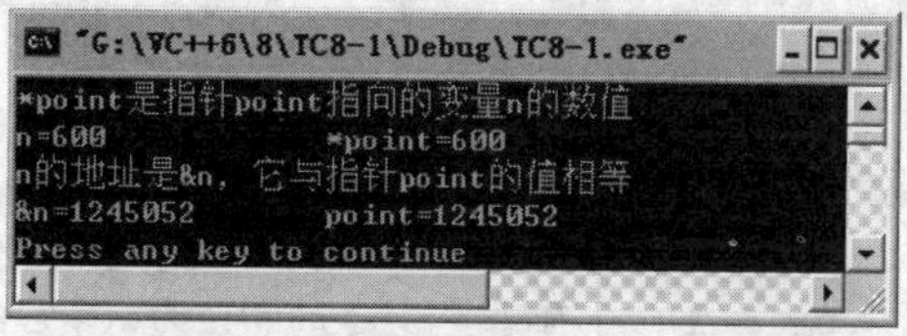

程序代码如下：

图 8-5　"*和&运算符作用验证"程序的运行结果

```
/* TC8-1.C */
/* 运算符*和&的作用验证 */
#include "stdio.h"
void main()
{
    int n=600,*point;
    point=&n;
    printf("*point 是指针 point 指向的变量 n 的数值\n");
    printf("n=%d  \t \t *point=%d\n",n,*point);
    printf("n 的地址是&n, 它与指针 point 的值相等\n");
    printf("&n=%u  \t point=%u\n",&n,point);
}
```

【实例 8-2】指针与变量验证。

该程序运行后将显示指针与指针所指变量间的关系，如图 8-6 所示。

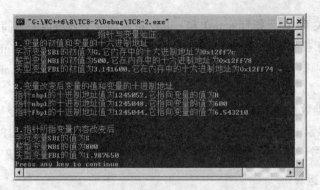

图 8-6 "指针与变量验证"程序的运行结果

从运行结果和程序可以看到，当指针所指内存单元的内容改变后，变量的内容也随之发生改变，反之亦然，这表明了指针所指内存单元的内容实质上就是变量的内容，这说明通过变量名可以直接操作变量，通过指针可以间接操作变量。

程序代码如下：

```
/* TC8-2.C */
/* 指针与变量验证 */
#include "stdio.h"
void main()
{
    char SB1='G';          /* 给 3 个变量赋初值 */
    int NB1=500;
    float FB1=3.1416;
    char * sbp1;           /* 定义 3 个指针变量 */
    int * nbp1;
    float * fbp1;
    sbp1=&SB1;             /* 给 3 个指针变量赋值 */
    nbp1=&NB1;
    fbp1=&FB1;
    printf("                    指针与变量验证 \n");
    printf("1.变量的初值和变量的十六进制地址\n");
    printf("字符变量 SB1 的初值为%c,它内存中的十六进制地址为 Ox%x\n",SB1,sbp1);
    printf("整型变量 NB1 的值为%d,它在内存中的十六进制地址为 Ox%x\n",NB1,nbp1);
    printf("实型变量 FB1 初值为%f,它在内存中的十六进制地址为 Ox%x\n\n",FB1,fbp1);
    SB1='H';              /* 改变 3 个变量的值 */
    NB1=600;
    FB1=6.54321;
    printf("2.变量改变后变量的值和变量的十进制地址\n");
    printf("指针 sbp1 的十进制地址值为%d,它指向变量的值为%c\n",sbp1,*sbp1);
    printf("指针 nbp1 的十进制地址值为%d,它指向变量的值为%d\n",nbp1,*nbp1);
    printf("指针 fbp1 的十进制地址值为%d,它指向变量的值为%f\n\n",fbp1,*fbp1);
    *sbp1='S';           /* 改变指针变量所指地址内容 */
    *nbp1=800;
    *fbp1=1.98765;
    printf("3.指针所指变量内容改变后\n");
    printf("字符变量 SB1 的值为%c\n",SB1);
    printf("整型变量 NB1 的值为%d\n",NB1);
```

```
        printf("实型变量 FB1 的值为%f\n",FB1);
}
```

【实例 8-3】将两个变量的值互换。

该程序运行后，要求输入两个数，例如输入 10，按空格键再输入 99，再按 Enter 键，即可显示地址互换前变量的值和变量的地址，以及地址互换后变量的值和变量的地址，如图 8-7 所示。

在程序中，用两个变量 n1 和 n2 来保存输入的两个正整数，用 np1 和 np2 指针分别保存变量 n1 和 n2 的地址。程序中用两种方法表示变量中的数值和变量地址，n1 和 *np1 表示变量 n1 中的数值，n2 和 *np2 表示变量 n2 中的数值；np1 和 &n1 表示变量 n1 的地址，np2 和 &n2 表示变量 n2 的地址。

执行 "np=np1;np1=np2;np2=np;" 语句后，np1 和 np2 指针变量内存放的地址值互换，即 np1 和 np2 指针指向互换，如图 8-8 所示。由于 np1 和 np2 指针指向互换，所以它们指示的变量互换，则 *np1 和 *np2 的值也互换。

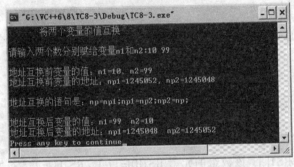

图 8-7 "将两个变量的值互换"程序的运行结果

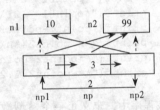

图 8-8 np1 和 np2 指针指向互换

程序代码如下：
```c
/* TC8-3.C */
/* 将两个变量的值互换 */
#include "stdio.h"
void main()
{
    int n1,n2,*np1,*np2,*np;       /* 定义两个变量和 3 个指针 */
    printf("        将两个变量的值互换 \n\n",n1,n2);
    printf("请输入两个数分别赋给变量 n1 和 n2:",n1,n2);
    scanf("%d   %d",&n1,&n2);
    np1=&n1;
    np2=&n2;
    printf("\n 地址互换前变量的值: n1=%d, n2=%d\n",n1,n2);
    printf("地址互换前变量的地址: np1=%d, np2=%d\n\n",np1,np2);
    printf("地址互换的语句是: np=np1;np1=np2;np2=np; \n\n");
    np=np1;np1=np2;np2=np;         /* 互换 np1 和 np2 指针内的地址数据 */
    printf("地址互换后变量的值: n1=%d  n2=%d\n",*np1,*np2);
    printf("地址互换后变量的地址: np1=%d  np2=%d\n",np1,np2);
}
```

【实例 8-4】指针算术运算验证。

"指针算术运算验证"程序是用于指针的算术和赋值运算的程序。程序的运行结果如图 8-9 所示。

图 8-9 "指针算术运算验证"程序的运行结果

程序代码如下：

```
/* TC8-4.C */
/* 指针算术运算验证 */
#include "stdio.h"
void main()
{
    float RS1[2]={11.1,22.2},RS2[3]={10.1,20.2,30.3};
    float *point1,*point2,*point3;
    point1=point3=RS1;
    point2=RS2;
    printf(" point1=%u\t\t",point1);
    printf("%.2f\t",*point1++);
    printf("\n point1自加1后: \n");
    printf(" point1=%u\t\t",point1);
    printf("*point1=%.2f\t\t\t",*point1);
    printf("point1-point3=%u\t",point1-point3);
    printf("\n point2=%u\t\t",point2);
    printf("*(point2=point2+2)=%.2f\t",*(point2=point2+2));
    printf("*--point2=%.2f\t\n",*--point2);
}
```

该程序中，定义了一个整型数组 RS1[ ]，该数组的元素 RS1[0]=11.1、RS1[1]=22.2；另一个整型数组 RS2[ ]，该数组的元素 RS2[0]=10.1、RS2[1]=20.2、RS2[2]=30.3；还定义了 3 个指针 point1、point2 和 point3，point1 和 point3 指针指向数组 RS1，也就指向元素 RS1[0]；point2 指针指向数组 RS2，也就指向元素 RS2[0]。编译系统给数组 RS1[ ]分配了连续的 2×2=4 个内存单元，给数组 RS2 分配了连续的 4×3=12 个内存单元。

第 1 条 printf 语句：指针 point1 指向数组 RS1 所在内存单元的首地址 1245048；

第 2 条 printf 语句：*point1++先调用*point1，显示 RS1[0]元素的内容 11.10，再进行 point1++操作，使 point1 指向元素 RS1[1]；

第 4 条 printf 语句：显示 point1 指针的地址内容，元素 RS1[1]的地址值 1245052；

第 5 条 printf 语句：显示 point1 指向元素 RS1[1]的内容 22.20；

第 6 条 printf 语句：显示 point1-point3 指针的地址差为 1；

第 7 条 printf 语句：显示 point2 指针的地址内容，即数组 RS2 首地址，也是元素 RS2[0]的地址值 1245036；

第 8 条 printf 语句：显示 point2 指针指示的元素 RS2[2]的内容 30.30；

第 9 条 printf 语句：*--point2 先进行--point2 操作，使 point2 指向元素 RS2[1]；然后再显示指针 point2 指向元素 RS1[1] 的值 22.20。

8.2 数组指针、字符指针和函数指针

数组与指针之间有着密切联系，从上一节的一些实例已经可以看到这一点。指针可以指向

变量，也可以指向数值数组，这时的指针称为数组指针；指针还可以指向字符数组或字符串，这时的指针称为字符指针；指针还可以指向函数，这时的指针叫函数指针。

8.2.1 数组指针

从上面的内容得知，指针可以用来对数组进行访问，来引用数组元素。数组的指针是指数组在内存中保存的内存单元起始地址，数组元素的指针是指数组元素在内存中保存的内存单元起始地址。数组名也可以理解为一个指针，不过数组名是一个指针常量，不能改变。可以用数组名来将数组的首地址赋给指针。

数组指针的定义与普通指针的定义方法相同，数组元素的引用，可以用数组下标方式来进行（第 7 章已经做过介绍），也可以用指针方式来进行，而且使用指针方式引用比使用数组下标方式引用效率要高。

一维数组的数组元素引用形式和二维数组的数组元素引用形式不同，下面分别进行介绍。

1. 一维数组的数组元素引用

数组元素的引用除了利用下标方式引用外，还可以采用指针引用法，具体特点如下：

（1）一维数组的数组名就是数组首元素的地址，所以可以利用用数组名计算数组元素的地址。例如，有数组 RF，数组元素 RF[n]的地址是*(RF+n)。

（2）使用指针 point 指向数组元素 RF[n]的地址，取出指针 point 指向的内存单元内容*point。

（3）如果指针 point1 是指向数组 RF[]首元素的指针，则*(point1+n)等价于 RF[n]，如果指针 point1 是指向数组元素 RF[k]的指针，则 *(point1+n)等价于 RF1[k+n]。

例如，下面的程序是用来验证引用数组元素的各种方法，程序运行结果如图 8-10 所示。

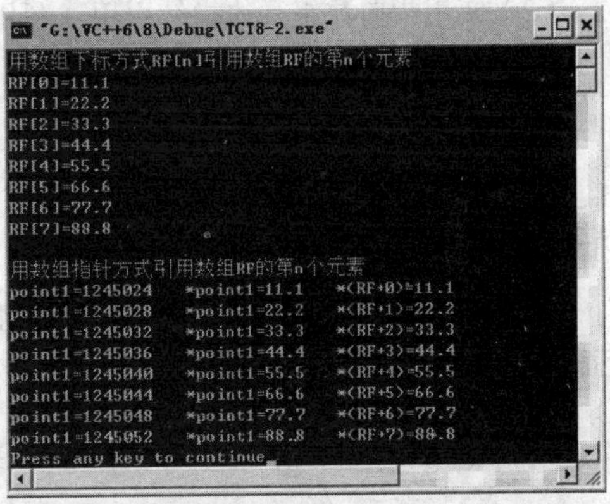

程序代码如下：

图 8-10 验证引用数组元素各种方法的程序

```c
/* 验证引用数组元素的各种方法 */
#include "stdio.h"
void main()
{
    float RF[8]={11.1,22.2,33.3,44.4,55.5,66.6,77.7,88.8},*point1;
    int n;
    printf("用数组下标方式 RF[n]引用数组 RF 的第 n 个元素\n");
    for(n=0,point1=RF;n<8;n++)
    {
        printf("RF[%d]=%.1f\n",n,RF[n]);
    }
    printf("\n 用数组指针方式引用数组 RF 的第 n 个元素\n");
    for(n=0,point1=RF;n<8;n++,point1++)
    {
        printf("point1=%d\t *point1=%.1f\t",point1,*point1);
        printf("*(RF+%d)=%.1f\n",n,*(RF+n));
```

```
    }
  }
```

上边的程序将第2个循环程序块改成如下程序，运行结果不变。

```
for(n=0,point1=RF;n<8;n++)
{
    printf("point1=%d\t *point1=%.1f\t",point1,*(point1++));
    printf("*(RF+%d)=%.1f\n",n,*(RF+n));
}
```

2．二维数组的数组元素引用

由于内存地址是一维的，所以对二维数组元素按照逐行顺序保存和处理。把每一行看成是一个一维数组。例如，定义了二维数组 RF[2][3]，RF[0]可以看成是第 0 行 RF[0][0]、RF[0][1]、RF[0][2]元素构成的一维数组的数组名，所以 RF[0]的值为数组 RF 首元素的地址，即& RF[0][0]。因此，RF[1]的值为数组 RF 第 1 行首元素的地址，即& RF[1][0]。

二维数组的名称 RF 的值是第 0 行的地址，在数值上它等于&RF[0][0]，指向的是数组中的一行，而不是一个数组元素，所以 RF+1 的值是第 1 行的地址，数值上等于&RF[1][0]。

二维数组元素的引用除了使用下标引用外，还可以使用指针引用，具体方法有如下两种：

（1）使用指向元素的指针引用：使用"point1=&RF[x][y]"语句使指针 point1 指向 RF[x][y]，再使用"*point1"语句引用数组 RF 的 RF[x][y]元素所在内存单元的内容。

（2）使用指向数组行的指针引用：利用数组名或指向数组行的指针计算 RF[x][y]的地址，使用"*(RF+x)+y"可获取 RF[x][y]的地址；使用"*(*(RF+x)+y)"可获取 RF[x][y]的值。

说明：RF+x 是指向数组 RF 第 x 行的地址，*(RF+x)是数组 RF 第 x 行首元素地址，其值是 RF[x]的值，数值等于&RF[x][0]；第 x 行第 y 列数组元素 RF[x][y]的地址为*(RF+x)+y，其数值等于*(*(RF+x)+y)。

例如，下面的程序是用来验证二维数组元素的各种引用方法，运行结果如图 8-11 所示。

```
/* 验证二维数组元素的各种引用方法 */
#define ROW 2
/* TCT8-3.C */
/* 验证二维数组元素的各种引用方法 */
#define ROW 2
#define COL 3
#include "stdio.h"
void main()
{
    static int RF[ROW][COL]={{11,12,13},{21,22,23}};
    int x,y,*point1;
    int (*pline)[COL];
    printf("用数组下标方式 RF[x][y]引用数组 RF 的元素\n");
    for(x=0;x<ROW;x++)
    {
        for(y=0;y<COL;y++)
            printf("RF[%d][%d]=%d\t",x,y,RF[x][y]);
        printf("\n");
```

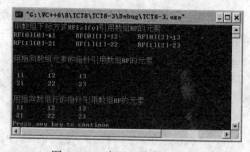

图 8-11　验证二维数组元素
的各种引用方法的程序

```
    }
     printf("\n用指向数组元素的指针引用数组 RF 的元素\n");
     for(point1=RF[0];point1<RF[0]+ROW*COL;point1++)
    {
        if((point1- RF[0])%COL==0)
            printf("\n");
        printf("%3d\t",*point1);
    }
    printf("\n\n用指向数组行的指针引用数组 RF 的元素\n");
    pline=RF;
    for(x=0;x<ROW;x++)
    {
        for(y=0;y<COL;y++)
            printf("%3d\t",*(*(pline+x)+y));
        printf("\n");
    }
}
```

程序中，"int (*pline)[COL];"语句定义了一个指针 pline，它与数组名称 RF 相同，如果倒数第 4 条语句中的"pline"用 RF 替换，删除倒数第 8 条语句和"int (*pline)[COL];"语句，则运行结果不变。

8.2.2　字符指针和函数指针

1．字符指针

字符指针可以指向字符串，也可以指向字符数组。字符指针的定义、赋值和引用与数组指针基本一样。

（1）字符指针指向字符串：字符串在内存中的存储与数组相类似，也是存储在一块连续的存储空间中，系统会自动在字符串结尾加上'\0'表示结束，这样，如果知道了字符串的首地址，只要将指针指向字符串的起始位置，就可以通过指针进行字符串的处理。可以定义一个字符型指针，使该指针指向字符串起始地址，就可以使用该指针来进行字符串的引用，这个指针称为字符串的指针。

（2）定义字符指针的格式及说明如下：

【格式】char *字符指针变量名 [=字符串常量];

【说明】字符串指针变量仅保存字符串常量的首地址。除了在定义时对指针进行初始化赋值外，也可以在程序中进行赋值。定义了字符指针后，就可以在程序中对其进行引用。使用字符指针进行字符串的引用时，既可以单个引用字符，也可以整体引用一个字符串。定义字符指针实例如下：

```
char * SC1
char * SC2 = " Welcome to the C language world! ";
char * SC3="Hello!";
```

上面的语句定义了字符指针 SC1、SC2 和 SC3，后两个字符指针分别指向字符串"Welcome to the C lamguage world!"和"Hello!"在内存中内存单元的起始地址。字符串常量的内容由系统自动为其分配存储空间，并在字符串尾加上结束符号'\0'。

2. 函数指针

数组名代表数组首元素的地址，即数组的首地址，同样，函数名代表函数程序的入口地址，即函数的首地址。因此，也可以将函数名赋给一个指针变量，使指针指向该函数，这个指针可称为函数指针。

（1）定义函数指针的格式及说明如下：

【格式】存储类型 数据类型 (*函数指针名)();

【说明】"存储类型"用来定义函数本身的存储类型，"数据类型"用来定义指针指向的函数的返回值的数据类型，有了函数指针名两边的圆括号，则表示函数指针名先与"*"结合，指明是指针变量，然后再与后面的圆括号结合，表示指针变量指向函数。函数指针的作用主要是在函数间传递函数的执行地址，完成函数的调用控制。

例如，"int (*sum)();"语句定义了一个函数指针 sum，它指向返回值为整型数据的函数；"char (*ufm)();"语句定义了一个函数指针 ufm，它指向返回值为字符型的函数。

（2）用函数指针调用函数的格式和说明如下：

【格式】函数指针名=函数名；　　　　　/* 定义函数指针的值 */

　　　　(*函数指针名)(实参列表)　　　/* 通过函数指针调函数 */

【说明】实参列表由一个或多个用逗号分隔的实参组成。实参与形参一一对应，其个数相同，对应的数据类型也相同或匹配。对函数指针名确定的函数指针执行"*"运算就是调用该函数指针指向的函数。

例如，下面的程序是用来验证函数指针名定义方法和使用方法的程序，该程序运行后显示结果如图 8-12 所示。

```
/* 定义函数指针和使用函数指针的验证 */
/* 定义两个函数 print1 和 print2 */
#include "stdio.h"
void print1(void)
{
    printf("Good morning!\n");
}
void print2(void)
{
    printf("Good evening!\n");
}
/* 定义一个函数 print()，函数指针 fpr 是它的形参 */
void print(void(*fpr)())
{
    (*fpr)();            /* 通过函数指针 fpr 调用函数 */
}
/* 主函数 */
void main()
{
    void(*f1)();         /* 定义函数指针 f1 */
    f1=print1;           /* 将函数名 print1 赋给函数指针 f1 */
    print(f1);           /* 调用函数 print，实参是函数指针 f1 */
    f1=print2;           /* 将函数名 print2 赋给函数指针 f1 */
```

图 8-12　验证函数指针名定义和使用的程序运行结果

```
    print(f1);                /* 调用函数 print，实参是函数指针 f1 */
}
```

8.2.3 运算符**和指针数组

1. 运算符**

运算符**可以用来访问指向指针的指针所指向的内存单元中的数据。实际上，对于二维数组 RF[2][3]来说，数组名 RF 可以看成是一个指向指针的指针，RF 指向数组 RF 首行的行地址 &RF[0],RF[0]指向数组首行元素地址&RF[0][0]。所以，*RF 的值为 RF[0],*(*RF)的值为 RF[0][0]，*(*RF)可简化为**RF。

例如，下面的程序是用来验证使用运算符**指向指针的指针应用程序，该程序运行后显示结果如图 8-13 所示。

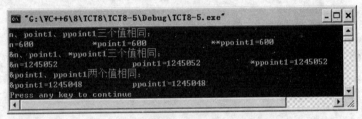

图 8-13　运算符**验证程序运行结果

```
/* 运算符*和&的作用验证 */
#include "stdio.h"
void main()
{
    int n=600,*point1,* *ppoint1; /* 定义指针 point1 和指向指针的指针 ppoint1 */
    point1=&n;                    /* 将变量 n 的地址赋给指针 point1 */
    ppoint1=& point1;         /* 将指针 point1 的地址赋给指向指针的指针 ppoint1 */
    printf("n、point1、ppoint1 三个值相同: \n");
    printf("n=%d\t\t *point1=%d\t\t **ppoint1=%d\n",n,*point1,**ppoint1);
    printf("&n、point1、*ppoint1 三个值相同: \n");
    printf("&n=%d\t\t point1=%d\t\t *ppoint1=%d\n",&n,point1,*ppoint1);
    printf("&point1、ppoint1 两个值相同: \n");
    printf("&point1=%d\t\t ppoint1=%d\n",&point1,ppoint1);
}
```

2. 指针数组

可以将一个数组定义为指针类型，称为指针数组。

（1）指针数组定义的格式及说明如下：

【格式】存储类型 数据类型 * 指针数组名[下标]=[地址列表];

【说明】指针数组用来存放一些地址数据，它的元素都是指针，可以像使用单个字符指针一样使用指针数组中的每个元素指针。指针数组常用于二维数组，特别是二维字符数组。指针数组常用于多个字符串的处理。

【例1】下面的程序是使用字符指针数组的验证程序，程序运行后的结果如图 8-14 所示。

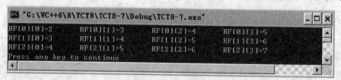

图 8-14　验证使用字符指针数组的程序的运行结果

```
/* 使用字符指针数组的验证 */
#include "stdio.h"
void main()
{
    int n;
    char * *point;
    char * SC1[3]={ "Apple","Banana","Grape"};/* 定义字符指针数组 SC1 */
    point=SC1;    /* 指针 point 指向字符指针数组 SC1 */
    for(n=0;n<3;n++)
       printf("SC1[%d]=%s\t",n,SC1[n]);
    printf("\n");
    for(n=0;n<3;n++)
       printf("SC1[%d]=%s\t",n,*point++);
    printf("\n");
}
```

上面的程序中，用 "char * SC1[3]={ "Apple","Banana","Grape"};" 语句定义了一个有 3 个元素的字符指针数组 SC1，数组的每一个元素是一个字符指针，分别指向 3 个字符串的首地址，即 SC1{0}指向"Apple"字符串的首地址,SC1{1}指向"Banana"字符串的首地址,SC1{2}指向" Grape"字符串的首地址。用字符指针数组处理多个字符串时，字符串可以不等长，可以节省内存空间。另外，还用 "char * *point;" 语句定义了一个字符型的指向指针的指针 point，利用该指针可以访问字符串。

【例 2】下面的程序是用来验证使用指针数组的程序，该程序运行后的结果如图 8-15 所示。

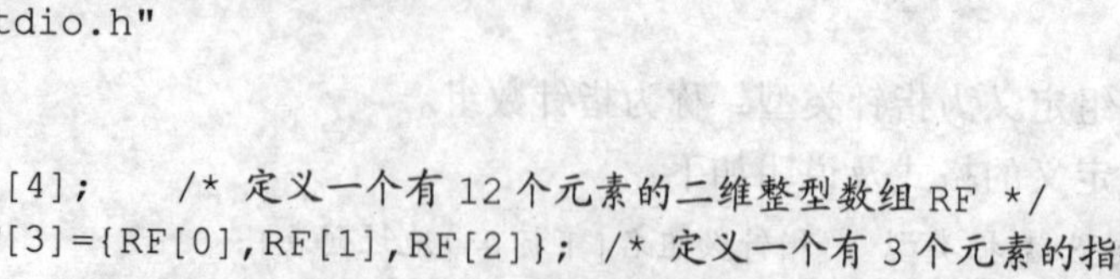

图 8-15　验证使用指针数组的程序运行结果

```
/* 定义函数指针和使用函数指针的验证 */
#include "stdio.h"
void main()
{
  int RF[3][4];    /* 定义一个有 12 个元素的二维整型数组 RF */
  int *P_RF[3]={RF[0],RF[1],RF[2]};  /* 定义一个有 3 个元素的指针数组 P_RF */
  int x,y;
  /* 使用指针数组 P_RF 给二维整型数组 RF 各元素赋值 */
  for(x=0;x<3;x++)
    for(y=0;y<4;y++)
       *(P_RF[x]+y)=x+y+2;
  /* 显示二维整型数组 RF 各元素的值 */
  for(x=0;x<3;x++)
```

```
    {
        for(y=0;y<4;y++)
            printf("RF[%d][%d]=%d\t",x,y,RF[x][y]);
        printf("\n");
    }
}
```

程序中，定义了一个有 3 个元素的整型指针数组 P_RF，它包含了 3 个地址元素分别指向二维整型数组 RF 的行地址。使用双重循环引用二维数组中的每一个元素，分别给二维数组中的每一个元素赋值，然后再用一个双重循环显示数组 RF 的所有元素数据。

其中，使用指针数组 P_RF 给数组 RF 各元素赋值的语句是 "*(P_RF[x]+y)=x+y+2;"，它的作用与 "P_RF[y][y]=x+y+2;" 语句的作用一样。

（2）命令行参数：指针数组的典型应用是在主函数 main()中使用参数，使得在命令行输入命令运行程序时，可以带参数，将参数传递给程序，以控制程序的执行。在主函数 main()中使用参数的格式及说明如下：

【格式】main(int argc,char *argv[])

【说明】其中，argc 是命令行参数的个数，argv 是一个指针数组，该数组的数组元素分别指向命令行参数字符串。Argc 和 argv 是主函数 main()与操作系统之间联系的参数，形参名称由系统规定，不可以更改。

【例 3】下面的程序是用来验证使用命令行参数的程序，该程序运行后，在 G:\VC++6\8\TCT8\TCT8-7\Debug\文件夹内生成程序的可执行文件 XSDA.exe。在 Windows "命令提示符" 状态下，输入 "G:" 再按 Enter 键，然后在 "G:\>" 提示符后边输入 VC++6\8\TCT8\TCT8-7\Debug\XSDA.exe SHENDALIN LILI WANGKAI，按 Enter 键后显示结果如图 8-16 所示。其中，SHENDALIN、LILI、WANGKAI 是输入的 3 个参数。

图 8-16　使用命令行参数验证程序的运行结果

```
/* 原文件名称为 XSDA.C */
/* 使用命令行参数验证 */
#include "stdio.h"
void main(int argc,char *argv[])
{
    int n;
    printf("argc=%d\n",argc);        /* 输出参数项目 */
    for(n=0;n<argc;n++)              /* 输出每一个参数内容 */
        printf("argV[%d]=%s\n",n,argv[n]);
}
```

程序中，倒数第 2 行语句内的 argv[n]可以用*argv++替代。

8.2.4 应用实例

【实例 8-5】 指针运算与数组下标。

这个实例中给出指针运算与数组下标间的关系。程序运行结果如图 8-17 所示。

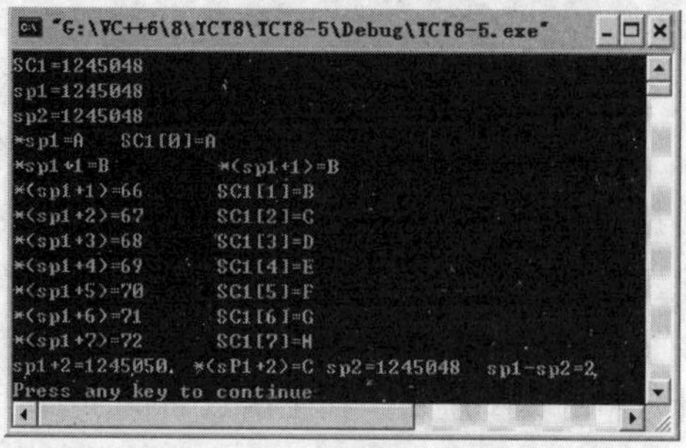

图 8-17 "指针运算与数据组下标"程序运行结果

程序代码如下：

```c
/* TC8-5.C */
/* 指针运算与数组 */
#include "stdio.h"
void main()
{
    char SC1[]={'A','B','C','D','E','F','G','H'};     /* 定义一个字符型数组 SC1 */
    char *sp1, *sp2;                  /* 定义两个字符型指针 sp1、sp2 */
    int n1,n2;                        /* 定义两个整型变量 n1、n2 */
    sp1=sp2=SC1;                      /* 将数组名所指地址赋予指针 sp1、sp2 */
    printf("SC1=%u\nsp1=%u\nsp2=%u\n",SC1,sp1,sp2);
    printf("*sp1=%c\t SC1[0]=%c\n",*sp1,SC1[0]);
    n1=*sp1+1;
    n2=*(sp1+1);
    printf("*sp1+1=%-5c\t *(sp1+1)=%c\n",n1,n2);
    for(n2=1;n2<8;n2++)
    {
        printf("*(sp1+%d)=%-5d  SC1[%d]=%c\n",n2,*(sp1+n2),n2,SC1[n2]);
    }
    sp1=sp1+2;
    printf("sp1+2=%u  *(sP1+2)=%c sp2=%u  sp1-sp2=%d\n",sp1,*sp1,sp2,sp1-sp2);
}
```

【实例 8-6】 字符串长度测试。

在"字符串长度"程序中，使用字符指针对字符串进行长度计算，程序中即有通过指针进行单个字符的输出，也有通过指针进行字符串整体的输出。程序运行结果如图 8-18 所示。

图 8-18 "字符串长度测试"程序运行结果

程序代码如下：

```
/* TC8-6.C */
/* 字符串长度 */
#include "stdio.h"
void main()
{
    char  *sp1,*sp2="Welcome to the C language world!";
    int n=0;
    sp1=sp2;
    while(*sp1!='\0')                      /* 判断是否到字符串尾 */
    {
        printf("%c",*sp1);                 /* 显示单个字符 */
        sp1++;                             /* 移动指针 */
        n++;                               /* 累计字符个数，即字符长度 */
    }
    printf("\n");
    printf("字符串%s 的长度为%d\n",sp2,n);   /* 输出字符串长度 */
}
```

在上面的程序段中，定义了两个字符指针 sp1 和 sp2，通过语句 "sp1=sp2;" 进行赋值，使它们都指向同一个字符串"Welcome to the C language world!"在内存中的起始地址。

在 while 循环中，对字符指针 sp1 所指的字符串进行单个字符的输出，首先判断指针 sp1 是否已指向字符串尾（'\0'），如果没有，就输出当前所指的字符，再通过语句 sp1++将指针后移，同时将计算字符串长度的变量 n 自加 1。

"printf("%c",*sp1);"语句用来显示字符串中的一个字符，随着指针 sp1 指向的内存单元的变化，输出的字符也会随之变化。两行输出语句分别使用了格式符%c 和%s，前者输出单个字符，后者输出一个以'\0'结束的字符串。

【实例 8-7】引用字符数组。

"引用字符数组"程序中，使用字符指针对字符串进行长度计算，程序中既有通过指针进行单个字符的输出，也有通过指针进行字符串整体的输出。该程序的运行结果如图 8-19 所示。程序代码如下。

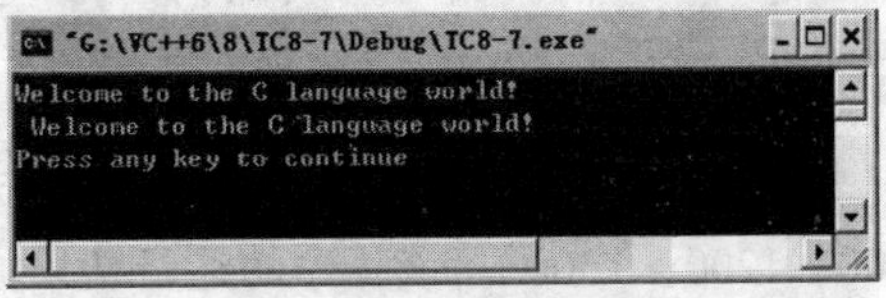

图 8-19 "引用字符数组"程序运行结果

```
/* TC8-7.C */
/* 引用字符数组 */
#include "stdio.h"
void main()
{
    char SC1[]="Welcome to the C language world!";
    char * sp1;
    sp1=SC1;
    while(*sp1!='\0')
    {
        printf("%c",*sp1);
        sp1++;
    }
    sp1=SC1;      /* 由于此前指针已被除改变，所以需要重新赋给字符串起始地址 */
    printf("\n %s\n",sp1);
}
```

在上面的程序段中，定义了一个字符数组 SC1，一个字符指针 sp1，字符数组 SC1 内容是"Welcome to the C language world!"。通过语句"sp1=SC1;"语句进行赋值，字符指针 sp1 指向一个字符数组 SC1 在内存中的起始地址。

在 while 循环中，通过语句"sp1++;"将指针后移，"printf("%c",*sp1);"语句用来显示字符数组 SC1 中的一个元素，即一个字符。随着指针 sp1 指向的变化，输出的字符也会随之变化。"printf("\n %s\n",sp1);"语句使用格式符%s 输出一个以'\0'结束的字符串。

【实例 8-8】输出字符串。

"输出字符串"程序是一个验证指针数组用于多个字符串处理的简单程序，程序运行结果如图 8-20 所示。

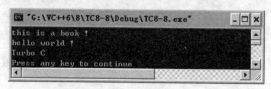

图 8-20　"输出字符串"程序运行结果

程序代码如下：

```
/* TC8-8.C */
/* 输出字符串 */
#include "stdio.h"
void main()
{
    char *SC1[3];
    SC1[0]="this is a book !";
    SC1[1]="hello world !";
    SC1[2]="Turbo C";
    printf("%s\n",SC1[0]);
    printf("%s\n",SC1[1]);
    printf("%s\n",SC1[2]);
}
```

在该程序中，指针数组与字符串的关系如图 8-21 所示（假设 3 个字符串起始地址分别为1000、1200、1300）。该程序的运行结果如图 8-20 所示。

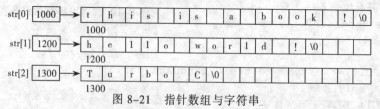

图 8-21　指针数组与字符串

【实例 8-9】4 个数降序排序显示。

该程序运行后，会显示图 8-22 所示的前两行提示信息，输入 4 个两位数字（输入前 3 个数字后需按空格键）后按 Enter 健，即可显示按照从大到小降序排序的结果，如图 8-22 所示。

图 8-22　"4 个数降序排序显示"的运行后结果

程序代码如下：

```
/* TC8-9.c */
/* 4 个数降序排序显示 */
#include "stdio.h"
void SWAP(int *cp1,int *cp2)
{
    int cp;
    cp=*cp1; *cp1=*cp2;     *cp2=cp;
}
void main()
{
    int a1,a2,a3,a4,*ap1,*ap2,*ap3,*ap4; /* 定义 4 个变量和 4 个指针 */
    printf("    4 个数降序排序显示\n");
     printf("    请输入 4 个正整数: ");
    scanf("%d  %d   %d  %d",&a1,&a2,&a3,&a4);
    ap1=&a1; ap2=&a2; ap3=&a3; ap4=&a4;
    if(a1<a2)  SWAP(ap1,ap2);           /* 如果 a1 小于 a2，则互换 */
    if(a1<a3)  SWAP(ap1,ap3);           /* 如果 a1 小于 a3，则互换 */
    if(a1<a4)  SWAP(ap1,ap4);           /* 如果 a1 小于 a4，则互换 */
    if(a2<a3)  SWAP(ap2,ap3);           /* 如果 a2 小于 a3，则互换 */
    if(a2<a4)  SWAP(ap2,ap4);           /* 如果 a2 小于 a4，则互换 */
    if(a3<a4)  SWAP(ap3,ap4);           /* 如果 a3 小于 a4，则互换 */
    printf("降序排序后的 4 个数: %d  %d  %d  %d\n",a1,a2,a3,a4);
}
```

程序中，函数 SWAP() 用来进行两个数的从大到小排序。注意，函数调用的实参是数据的指针，函数 SWAP() 的形参也是指针，其中的数据互换是指针指示的数据互换。

【实例 8-10】3 个字符串连接。

设计一个程序，该程序运行后要求输入 3 个字符串，输入完每个字符串后按 Enter 键，输入完 3 个字符串后，即可将这 3 个字符串连接在一起并显示出来。程序的运行结果如图 8-23 所示。

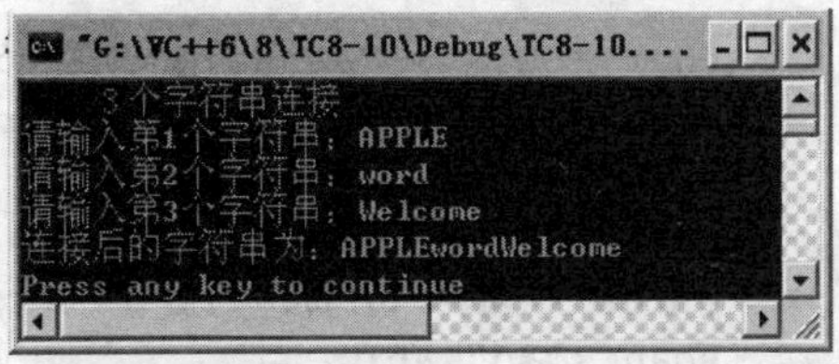

该程序的代码如下：

```
/* TC8-10.c */
/* 3 个字符串连接 */
#include "stdio.h"
void SRCA1(char *sp1,char *sp2);
void main()
{
    char SR1[80],SR2[80],SR3[80];
    printf("    3 个字符串连接\n");
    printf("请输入第 1 个字符串: ");
    scanf("%s",SR1);
    printf("请输入第 2 个字符串: ");
    scanf("%s",SR2);
      SRCA1(SR1,SR2);
    printf("请输入第 3 个字符串: ");
    scanf("%s",SR3);
    SRCA1(SR1,SR3);
      printf("连接后的字符串为: %s\n",SR1);
```

图 8-23　"3 个字符串连接"程序运行结果

```
}
void SRCA1(char *sp1,char *sp2)
{
    while(*sp1!='\0')             /* 移动指针 sp1 到字符串尾部 */
        sp1++;
    while(*sp2!='\0')             /* 将 sp2 的内容连接到 sp1 后边 */
    {
        *sp1=*sp2;
        sp2++;
        sp1++;
    }
    *sp1='\0';                    /* 设置字符串结束标志 */
}
```

在该程序中，程序中编写了一个自定义函数 SRCA1()，用来实现两个字符连接的任务。

【实例 8-11】月份的转换。

"月份的转换"程序运行后，要求输入月份数字，按 Enter 键后，程序会对输入的数字进行判断，输出相应的英文月份名称。程序运行结果如图 8-24 所示。

图 8-24　"月份的转换"程序运行结果

程序代码如下：
```
/* TC8-11.C */
/* 月份转换 */
#include "stdio.h"
void main()
{
    char *SC1[]={"January","February","March","April","May","June","July",
            "August","September","October","November","December"};
    int n;
    printf("     月份转换     \n\n");
    printf("请输入月份: ");
    scanf("%d",&n);
    printf("%s\n",SC1[n-1]);/* 利用指针数组下标的变换来输出不同的字符串 */
}
```
程序中，利用了字符指针数组下标的变换来输出不同的字符串。

思考与练习

1. 填空

（1）变量访问有两种方式，一种是_____，另一种是_____。

（2）指针变量是一种特殊的变量，是用来存储对象_____的变量，对象可以是_____、_____、_____和_____。

（3）给指针变量所赋的值一定是_____，可以用_____加变量名来获取_____，也可以用数组名获取_____，还可以用已经保存有变量地址的_____获得地址。

（4）取地址运算符"&"在变量前面，是_____；取内容运算符"*"在指针变量前面，是_____。

（5）在为指针赋地址时，指针的类型应该与所指地址的变量数据类型_____。取地址运算符"&"只能用于_____或_____，而不能用_____或_____。

（6）两个指针相减的计算结果为两个指针地址数的差，即_____，不是_____。

（7）指针的赋值运算要求必须用_____进行赋值。

（8）数组名也可以理解为一个指针常量，可以用数组名来将_____赋给指针。

2．分析下面程序的运行结果

（1）

```c
#include "stdio.h"
void main()
{
    int RS1[]={11,22,33,44,55,66};
    int *sp1;
    sp1=RS1;
    sp1=sp1+2;
    printf("%d\t",*sp1);
    printf("%d\t",*sp1++);
    printf("%d\t",++*sp1);
    printf("%d\t",*sp1+1);
    printf("%d\t\n",++(*++sp1));
    printf("%d\t%d\t%d\t%d\n",*sp1,*sp1--,--*sp1,*sp1-1);
}
```

（2）

```c
#include "stdio.h"
void main()
{
    int SR1[]={100,200,300,400,500,600,700,800,900};
    int *sp1,n;
    sp1=SR1;
    for(n=0;n<9;n++)
    {
        printf("*(sp1+%d)=%-5d   SR1[%d]=%d\n",n,*(sp1+n),n,SR1[n]);
    }
}
```

（3）

```c
#include "stdio.h"
void main()
{
    char  *sp1="Welcome to the C language world!";
    int n=0;
    while(*sp1!='\0')
```

```
    {
        printf("%c",*sp1);
        sp1++;
        n++;
    }
    printf(" \n %s   %d\n",sp1,n);
}
（4）
#include "stdio.h"
void main()
{
    char SR1[]="abcdefghijk1234567890";
    char * sp1;
    sp1=SR1;
    while(*sp1!='\0')
    {
        printf("%c",*sp1++);
    }
    sp1=SR1;
    printf("\n%s\n",sp1);
}
```

3．程序设计

（1）参考实例 8-3 程序的设计方法，设计一个"两个输入的数升序排序显示"程序，该程序运行后，要求输入两个数，再按 Enter 键，即可显示排序前变量的值和变量的地址，以及排序后变量的值和变量的地址

（2）设计一个程序，该程序运行后，输入两个字母分别赋给字符变量 RL1 和 RL2，利用字符型指针 sp1 和 sp2，采用两种不同的方式显示变量 RL1 和 RL2 的地址和变量的值。

（3）设计一个程序，该程序运行后，要求输入 3 个数，输入完 3 个数后按 Enter 键，通过指针运算，将 3 个数字从小到大升序排列显示这 3 个数。

（4）设计一个程序，该程序运行后，要求输入 3 个字母，输入完 3 个字母后按 Enter 键，通过指针运算，将 3 个字母从小到大排列显示。

（5）创建一个字符指针，赋给它一个字符串，采用两种方法显示该字符串。

（6）将若干个整数存储在数组中，通过指针运算，显示其中最大的数及其数组下标。

（7）有若干英文单词存储在一维数组中，单词间用空格分开，设计程序，使用指针运算将每个单词第一个字母改为大写字母。

（8）设计程序，利用指针运算，将字符串 sc1 的内容赋给字符串 sc2。（程序中不得使用字符串处理函数。）

（9）设计程序，利用指针运算，删除字符串 SR 中从第 n 个字符开始的连续 m 个字符。

第9章 复杂数据类型

【本章提要】本章将学习 C 语言中的复杂数据类型：结构体、共用体和枚举等具有更强的表现能力的数据类型。在前面的学习中，所学的变量都是单一类型的变量，而现实生活中的很多数据都不是单一类型数据能表述的，通过结构体、共用体和枚举数据类型，可以处理更复杂的实际数据。

9.1 结 构 体

9.1.1 结构体的定义

现实生活中的很多数据是以记录的形式来表现的，例如表 9-1 中的学生成绩和表 9-2 中的职工工资。

表 9-1 学生成绩表

姓名	语文	数学	英语	平均成绩	总成绩
赵明明	78	92	87	89	257
张娟玮	87	73	86	82	246
赵梦琦	95	65	93	83	253
孟畅	93	75	67	85	235
…	…	…	…	…	
伊卉	78	52	81	97	211

表 9-1 中，表中的一行代表一个人的相关信息，这样的一行信息又称为一条记录，每一行表示一个学生的相关成绩信息，在进行信息处理时，通常都是以一条记录为单位进行的，而每一条记录中的信息数据既有整型数据，也有字符型数据，如果使用原来学习的方法，是无法将同一个人的数据放在一个对象中进行处理的。

表 9-2 职工工资表

职工编号	姓名	基本工资	提成	奖金	实发工资
1	赵思远	800	400	100	1300
2	曹慧	800	300	50	1150
3	张蒙	800	1000	300	2100
…	…	…	…	…	…

表 9-2 中，每一行表示一位职工的相关工资信息，这些信息数据同样也不是单一的数据类型。在一条记录中，既有整型数据（成绩、工资等），又有字符串数据（姓名），像这样的数据，是由几种不同类型的数据构成，也不能用数组来表示，因为数组的各个元素都是相同的数据类型。按照以前所学的数据类型是无法处理这种复杂的数据的。

C 语言提供了将几种不同类型的数据组合到一起的方法，用于解决这样的问题，这就是结构体类型。这样的信息，就可以用结构体来表示。

1. 定义结构体

结构体是一种构造的复合数据类型，它允许多个类型的数据成员构成一个结构类型，而一个结构类型变量内的所有数据可以作为一个整体进行处理。

同数组类似，一个结构体也是多个数据成员构成，但与数组不同，数组中的所有元素都只能是同一类型的，而结构体中的数据成员可以是不同的类型，也可以包含另一种构造类型。结构体的定义格式与说明如下：

【格式】struct 结构体类型名
       {
           类型　成员变量名 1；
           类型　成员变量名 2；
           类型　成员变量名 3；
           …
       };

【说明】其中，关键字 struct 用于定义结构体类型，结构体成员的类型可以是普通的数据类型（如 int、char），也可以是数组、指针或已定义的结构体等任意的数据类型，在定义的结尾以分号表示结束。

例如，使用结构体对前面的记录进行定义，程序代码如下：

```
struct  student      /* 定义学生结构体类型 */
{
  char name[10];   /* 姓名 */
  int chinese;     /* 语文 */
  int math;        /* 数学 */
  int english;     /* 英语 */
  int average      /* 平均成绩 */
  int count;       /* 总成绩 */
};
struct  earnings     /* 定义职工工资结构体类型 */
{
  int num;         /* 职工编号 */
  char name[10];   /* 姓名 */
  int basic;       /* 基本工资 */
  int bonus;       /* 奖金 */
  int prize;       /* 提成 */
  int real;        /* 实发工资 */
};
```

这里，定义了一个名为 student 的学生成绩结构体类型和一个名为 earnings 的职工工资结构体类型，在结构体中包括字符数组 name 和整型变量 num、count 等成员变量。这样，一个结构体变量就可以包含前面所述记录的所有数据。

这样的一个结构体变量又称为结构体对象，其中的 name、num、count 等变量称为结构体对象的成员变量。

需要注意的是，结构体类型的定义并没有在内存中为其分配空间，仅仅定义了数据的组织形式，创立了一种数据类型，是对数据的一种抽象。只有在定义了结构体类型的变量后，才会在内存中为该变量分配空间。在为结构体变量分配存储空间时，每个结构体变量所占存储空间的大小为其成员所占存储空间的总和。

2．定义结构体变量

在定义结构体以后，就可以同其他数据类型一样，来定义该类型的结构体变量。定义的方式有以下 3 种：

（1）声明结构体类型，再定义变量；

（2）在声明结构体类型时，同时定义变量；

（3）直接定义结构体类型变量。

【例 1】声明结构体类型，再定义变量，定义代码如下：

```
struct  student  stu;       /* 定义 student 类型结构体变量 stu */
struct  student  *p;        /* 定义 student 类型结构体指针变量 p */
struct  earnings  m,n;      /* 定义 earnings 类型结构体变量 m,n */
```

上面这段定义在先声明了 student 结构体类型后，再定义结构体类型变量。struct student 为一个整体，表示一个结构体类型 student，不能缺省前面的 struct 而定义为 student stu。

【例 2】在声明结构体类型时，同时定义变量，定义代码如下：

```
struct  student              /* 定义学生结构体类型 */
{
    char name[8];            /* 姓名 */
    int chinese;             /* 语文 */
    int math;                /* 数学 */
    int english              /* 英语 */
    int average              /* 平均成绩 */
    int count;               /* 总成绩 */
}stu,*point;
```

上面这段定义在声明结构体类型时，同时定义变量 stu 和一个指向 student 结构体类型变量的指针 point。

【例 3】直接定义结构体类型变量，定义代码如下：

```
struct                       /* 只定义学生结构体变量，省略结构体名称部分 */
{
    char name[8];            /* 姓名 */
    int chinese;             /* 语文 */
    int math;                /* 数学 */
    int english;             /* 英语 */
    int average;             /* 平均成绩 */
    int count;               /* 总成绩 */
}stu;
```

上面这段定义中，只定义了结构体变量 stu，没有定义结构体类型的名称。

【例 4】结构体在定义时可以进行嵌套，定义代码如下：

```
struct student
{
    char name[8];
    char sex;
    struct date                /* 嵌套定义日期类型结构体，用于存储学生的出生日期 */
    {
        int year;
        int month;
        int day;
    }birthday;
}s;
```

上面定义了结构体 student，该结构体中的成员 birthday 又是一个日期型的结构体 date。

注意：在定义嵌套的结构体时，注意不要出现对结构体本身的递归定义。例如：

```
struct  student
{
    char name[8];
    int chinese;
    int math;
    int english;
    int average;
    int count;
    struct student stu;     /* 错误的递归定义 */
};
```

3. 结构体变量初始化

结构体类型变量同数组一样，也可以在定义结构体时对其进行初始化。

例如，下面的程序，定义结构体时对其进行初始化。

```
struct  student
{
    char name[8];
    int chinese;
    int math;
    int english;
    int average;
    int count;
}stu={"赵明明",78, 92, 87, 89, 257};
```

如果将结构体定义与结构体变量初始化分开进行，上面的定义也可以改为如下形式：

```
struct  student                /* 定义学生结构体类型 */
{
    char name[8];
    int chinese;
    int math;
    int english;
    int average;
    int count;
};
…
struct student stu={"赵明明",78, 92, 87, 89, 257};
```

在结构体变量初始化时，如果初始化的数据个数少于结构中成员的个数，则余下的成员将自动初始化为 0（数值型）或'\0'（字符型）。对于全局的结构体变量，当在外部定义中没有初始化时，其初始值为 0 或'\0'。

4．结构体变量的存储形式

结构体变量作为一种变量，在定义时也会在内存中对其进行存储空间的分配，在为结构体变量分配内存空间时，形式与数组相似，是按结构体成员定义时的先后顺序连续分配的。例如，在程序中定义了如下的结构体变量 s，定义代码如下：

```c
struct  student      /* 定义学生结构体类型 */
{
    char name[8];
    int chinese;
    int math;
    int english;
    int average;
    int count;
}stu;
```

那么，在 VC++ 中 char 型变量占一个字节，int 型变量占 4 个字节，设结构体变量 stu 的起始地址为 1000，则 stu 在内存中的存储形式如图 9-1 所示。

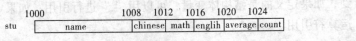

图 9-1　结构体的存储形式

【注意】在这里需要特别强调的是，在定义结构体类型时并不会分配存储空间，只有在定义了结构体变量时才会对变量分配存储空间。

9.1.2　结构体变量的引用

定义好结构体变量后，就可以对结构体变量进行引用。与数组相似，引用结构体变量时通常是对结构体变量中的各个成员分别引用。对结构体的引用，大部分的操作都是引用结构体内的成员来完成。

结构体成员的引用方式有两种：通过 "." 运算符引用和 "->" 运算符引用，格式如下：

【格式 1】结构体变量.成员名；

【格式 2】结构体变量指针->成员名；

1．引用结构体变量

"." 是结构体成员运算符，结构体通过成员运算符 "." 引用结构体成员。当结构体成员是普通变量或数组时，使用这种方法引用之后可进行各种运算。

【例 1】引用结构体变量，程序代码如下：

```c
struct  student  stu;
strcpy(stu. name,"赵明明");/* 引用结构体变量 stu 中的 name 成员，即为姓名赋值为
                             "赵明明" */
stu.math=78;              /* 引用结构体变量 stu 中的 math 成员，即为数学赋值为 78 */
```

该程序中，name 为字符数组，不能用 stu.name="赵明明"形式赋值，同样，在输入/输出时

也是对成员逐个进行引用。

【例2】引用结构体变量，程序代码如下：

```
struct earninigs worker;
scanf("%s",worker.name);          /* 输入姓名 */
scanf("%d",&worker.basic);        /* 输入基本工资 */
printf("姓名%6s，基本工资%6d\n",worker.name,worker.basic); /* 输出姓名和基本工
                                                          资 */
```

可以看出，结构体及其成员名组成一个有机整体，其数据类型为定义成员时的成员数据类型，对其成员可以像简单变量一样进行引用。

2．引用结构体指针

如果定义的是结构体指针类型的变量，则可以通过"->"运算符引用。"->"是由减号和大于号组成，当变量为指向结构体类型的指针变量时，可以采用这种方式对结构体成员变量进行引用。

【例3】引用结构体指针，程序代码如下：

```
struct student one,stu,* point;
point=&one;                       /* 取结构体的首地址 */
strcpy(stu.name,"伊卉");
strcpy(p->name,stu.name);
p->english=78;
```

可以看到，如果定义的是结构体变量，可以用"."进行引用，如果定义的是结构体指针，则用"->"运算符引用。

3．嵌套结构体的引用

如果成员本身又是一个结构体类型——即嵌套结构体的引用时，则用"."或"->"一级一级地运算，直到最低一级的成员变量为止。

例如，嵌套引用结构体变量，程序代码如下：

```
struct student
{
    char name[8];
    char sex;
    struct date    /* 嵌套定义日期类型结构体，用于存储学生的出生日期 */
    {
        int year;
        int month;
        int day;
    }birthday;
}stu,*spoint;
…
scanf("%d",stu.name);
scanf("%d",stu.sex);
scanf("%d",stu.birthday.year);         /* 逐级引用嵌套结构体 */
…
spoint=&stu;
spoint->birthday.year=1980;            /* 逐级引用嵌套结构体指针 */
```

4．结构体的整体引用

在程序中还可以使用结构体指针或结构体名来完成结构体变量的整体引用。

例如，整体引用结构体变量，程序代码如下：

```
struct student s={"赵明明",78, 92, 87, 89, 257};
struct student *sp,stu;
sp=&s;                      /* 通过指针引用结构体变量 */
stu=s;                      /* 通过赋值引用结构体变量 */
```

可以看到，对结构体的整体进行引用，既可以通过指针来完成，也可以通过赋值给同类型的结构体来完成，不同类型的结构体变量不能进行操作。

9.1.3　结构体数组和自定义数据类型

1. 结构体数组

一个结构体变量只能存储一条记录，对于多条相关记录，可以使用结构体数组的方式来完成，定义结构体数据也和定义结构体变量一样可以使用 3 种方法。

同样，也可以像定义普通数组一样定义结构体数组，数组的每一个成员都是一个结构体。

【例1】定义结构体数组，程序代码如下：

```
struct  student  s[10];        /* 定义可存储10个学生记录的结构体数组 */
struct  earnings  n[20];       /* 定义可存储20个工资记录的结构体数组 */
```

与普通数组一样，也可以在定义时为结构体数组进行初始化。

【例2】在定义时为结构体数组进行初始化，程序代码如下：

```
struct student stu[10]={{"赵明明",78, 92, 87, 89, 257},
                        {"张娟玮", 87, 73, 86, 82, 246},
                        {"赵梦琦", 95, 65, 93, 83, 253}};
```

结构体数组中成员的引用，与普通数组元素引用相同。

【例3】引用结构体数组中成员，程序代码如下：

```
stu[1].math=90;                /* 引用第 1 个学生的数学成绩 */
m[i].bonus=100;                /* 引用第 i 个职工的奖金 */
```

此外，也可以像指向普通数组的指针一样，对指向结构体数组的指针进行运算。

【例4】对指向结构体数组的指针进行运算，程序代码如下。

```
struct student stu[10]={{"赵明明",78, 92, 87, 89, 257},
                        {"张娟玮",87, 73, 86, 82, 246},
                        {"赵梦琦",95, 65, 93, 83, 253}};

struct student * point;
point=s;                       /* 将结构体数组首地址赋给结构体指针 p */
p++;                           /* 移动指针到结构体数组下一元素 */
printf("%s",point->name);      /* 此时将输出结构体数组第 2 个元素的 name 值: "王庆" */
```

同数组一样，结构体数组的名称也是一个常量，不能对其进行改变，下面是错误的用法。

```
struct student * point;
point=s;                       /* 将结构体数组首地址赋给结构体指针 p */
p=+2;                          /* 移动指针到结构体数组第 3 个元素 */
s=p;                           /* 错误的用法！！ */
```

2. 自定义数据类型

在引用结构体时，定义词过于繁杂，在程序中很容易出现定义错误。

【例1】错误结构体定义示例。

```
struct  student                /* 定义学生结构体类型 */
```

```
{
    char name[8];              /* 姓名 */
    int chinese;               /* 语文 */
    int math;                  /* 数学 */
    int english;               /* 英语 */
    int average;               /* 平均成绩 */
    int count;                 /* 总成绩 */
}
main()
{
    struct student stu;        /* 正确的定义方式 */
    student aman;              /* 错误的定义方式 */
    …
}
```

可以看到，完整的定义前要加上关键字 struct，但在程序中很容易被忽略，而错误地写成 student aman，如果可以像定义简单变量一样定义就方便多了。

C 语言中提供了自定义数据类型，自定义数组类型增强了程序的易读性，有利于程序的移植。此外，还允许用关键字 typedef 来定义用户自定义的新数据类型，定义格式和说明如下：

【格式】typedef 类型说明符 标识符;

【说明】使用 typedef 就可以将标识符定义为类型说明符所说明的数据类型，这种定义并不是定义一种新的数据类型，而是将已有的数据类型取一个别名，以方便程序的读/写。

【例 2】下面程序代码，使用自定义数据类型

```
typedef  int  NUM;              /* 定义 NUM 为 int 型的别名 */
typedef  int* NP;               /* 定义 NP 为 int * 型的别名 */
typedef  struct  student  STD;  /* 定义 STD 为结构体 struct  student 的别名 */
…
main()
{
    NUM   c;    /* 定义 c 为 int 变量 */
    NP    m;    /* 定义 m 为 int * 型变量 */
    STD   stu;  /* 定义 stu 为 struct  student 变量 */
}
```

有了前 3 行定义后，就可以在程序中进行变量的定义。定义完成后，c 为 int 型变量，m 为 int 型指针变量，stu 为 student 型结构体变量。也可以在定义结构体时就进行自定义类型的定义。

【例 3】在定义结构体时就进行自定义类型的定义，程序代码如下：

```
typedef struct personal          /* 使用 typedef 将 personal 定义为结构体新类型 */
{
    char name[8];
    int age;
    char phone[12];
    char address[50];
} PEOPLE;
main()
{
    …
```

```
    PEOPLE s;
    PEOPLE * p;
    …
}
```

此处，通过 typedef 将结构体定义为一个新的数据类型 PEOPLE，以后就可以像一般定义一样使用这个数据类型。需要注意的是，typeof 定义的类型只是 VC++已有的类型的别名，而不是新类型，typedef 后面说明的是数据类型的别名而不是变量。

9.1.4　链表

1. 链表的定义

链表是一种常见的数据结构，如果需要用到一组相同的结构体，可以将结构体定义为数组来进行。但使用数组有一个问题：必须要先定义数组大小，以便分配内存空间。如果定义得过小，则没有足够的空间存储数据，如果定义得过大，又会造成资源浪费。使用链表动态地分配存储空间，可以很好地解决存储空间的分配问题。

链表是一种可以动态地进行存储空间分配的数据结构，其中，链表每个结点的数据结构是一个可以对自身类型进行引用的结构体。链表结构定义格式和说明如下：

【格式】
```
type struct student
{
    int num;                    /* 学号 */
    char name[8];               /* 姓名 */
    struct student * next;      /* 定义可以指向结构体自身类型的指针 */
} Stud;
```

【说明】上面定义一个有学号和姓名数据的链表结构类型 Stud。其中，next 是一个指向结构体自身类型的指针，可以存放一个相同类型的结构体的地址。从而可以把同类型的结构体通过指针连接起来，形成链表，如图 9-2 所示。

图 9-2　链表的结构

链表中，一个链表元素称为链表中的一个结点。每个结点都是一个结构体，它由数据域和指针域两部分组成。数据域存储该结点的数据，指针域用来指向下一个结点。这样的链表又称为单向链表。

单向链表都有一个头指针，用来指向链表的第一个结点。对链表的访问总是由头指针开始。链表的第一个结点又称为头结点，通常头结点的数据域为空，其指针域指针指向第二个结点的首地址。单向链表的最后一个结点又称为尾结点。尾结点的指针域值为 NULL（空），即'\0',用来标志链表的结束。

2. malloc()和 free()函数

（1）malloc()函数：C 语言中提供了函数 malloc()，可以动态地为建立链表分配内存空间。该函数在 C 语言头文件 stdlib.h 中声明，函数的使用格式和说明如下：

【格式】指针变量= void *malloc(sizeof (数据类型));

【说明】malloc 向系统申请分配指定 size 个字节的内存空间，返回类型是 void*类型。void* 表示未确定类型的指针。VC++规定，void*类型可以强制转换为任何其他类型的指针。

【例 1】分配一个"数据类型"所要求大小的存储空间，并将其赋给一个与"数据类型"相同类型的指针变量。程序代码如下：

```c
#include "stdlib.h"                         /* 包含头文件 */
main()
{
    char * stu;
    int * J;
    stu=(char*)malloc(sizeof( char[10]));     /* 分配 10 个字符空间 */
    J=(int*)malloc(sizeof( int ));            /* 分配 1 个整型空间 */
    …
}
```

程序段中，将分配 10 个字符类数据大小的空间，并将空间的起始地址赋给字符型指针 stu，再分配 1 个整型数据类型大小的空间，并将空间的起始地址赋给整型指针 J，VC++编译环境中，在赋值前需要进行强制类型转换。

（2）free()函数：为了及时收回没有使用的空间，以免造成资源浪费，C 语言还提供了另一个函数 free()，用以释放指针所指的内存空间。该函数同样在 C 语言头文件 stdlib.h 中声明，函数的使用格式如下：

【格式】free(指针变量);

【例 2】释放程序段所分配的存储空间。程序代码如下：

```c
#include "stdlib.h"     /* 包含头文件 */
main()
{
    …
    free(s);            /* 释放 s 所指的存储空间 */
    free(k);            /* 释放 k 所指的存储空间 */
}
```

作为一种灵活的数据结构，链表广泛地应用于程序设计中。链表相关的操作，主要有建表、插入、删除、查询等，在数据结构方面的书中有详细介绍，下面简单介绍链表插入和删除操作，在后面的实例中将讲解链表在程序设计中的简单应用。

3．链表的相关操作

（1）链表结点的插入操作：链表的插入操作可以在链表的头结点指针、中间某个结点或者链表的最后结点之后进行，下面介绍中间结点插入方式，如图 9-3 所示。在链表中间指定结点前插入一个新结点，首先要遍历链表，找到指定结点，将新结点的指针指向指定结点，然后再将指定结点的前驱结点

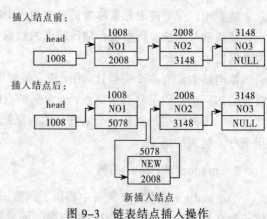

图 9-3 链表结点插入操作

指针指向新结点，完成插入操作。

【例 1】实现链表结点的插入操作，程序代码如下：

```
typedef struct node
{
    int date;
    struct node *next;
}SLIST;
void insert_slist(SLIST *head,int x,int y)
{
    SLIST *p,*q,*s;
    s= (SLIST *)malloc(sizeof(SLIST));
    s->date=y;`
    p=head;
    q=head->next;
    while(q!='\0'&&q->date!=x)
    { p=q;q=q->next;}          /* 找到指定结点 */
    s->next=q;                 /* 新结点指向指定结点 */
    p->next=s;                 /* 指定结点的前驱结点指向新结点 */
}
```

（2）链表结点的删除操作：链表的删除操作，可以在链表的开始、中间或者结尾进行，如图 9-4 所示。对链表中间结点进行删除操作，找到指定删除的结点，将要删除结点的前驱结点指针指向要删除结点的后继结点，并释放删除结点的空间。

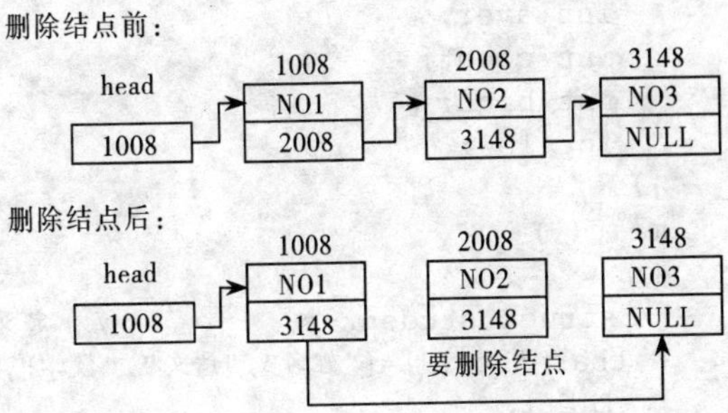

【例 2】实现链表结点的插入操作，程序代码如下：

图 9-4　链表结点删除操作

```
typedef struct node
{
    int date;
    struct node *next;
}SLIST;
void delete_slist(SLIST *head,int x)
{
    SLIST *p,*q;
    p=head;
    q=head->next;
    while(q!='\0'&&q->date!=x)
    { p=q;q=q->next;}          /* 找到指定结点 */
    p->next=q->next;           /* 前驱结点指向后继结点 */
    free(q);                   /* 释放要删除结点空间 */
}
```

9.1.5　应用实例

【实例 9-1】显示学生成绩信息。

该程序运行后，将输入的三门课成绩进行输出，并计算出平均成绩和总成绩，并统计最高分数和最低分数，程序运行结果如图 9-5 所示。

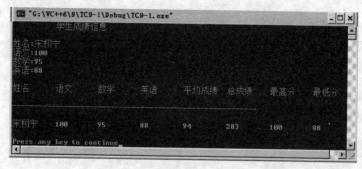

图 9-5　"学生成绩信息"程序运行结果

程序代码如下：

```c
/* TC9-1.C */
/* 学生成绩信息 */
#include "stdio.h"
struct  student                    /* 定义学生结构体类型 */
{
  char name[8];
  int chinese;
  int math;
  int eng;
  int aver;
  int count;
  int high;
  int low;
};
main( )
{
  struct student s;               /* 定义学生结构体变量 stu */
  char *stu[8]={"姓名","语文","数学","英语","平均成绩","总成绩","最高分","最低分"};
  int i;
  printf("          学生成绩信息\n\n");
  /* 引用结构体成员,输入学生成绩信息 */
  printf("姓名:");
  scanf("%s",s.name);
  printf("语文:");
  scanf("%d",&s.chinese);
  printf("数学:");
  scanf("%d",&s.math);
  printf("英语:");
  scanf("%d",&s.eng);
  s.count=s.chinese+s.math+s.eng;/* 计算总成绩 */
  s.aver=s.count/3;              /* 计算平均成绩 */
  s.high=s.chinese>s.math?(s.chinese>s.eng?s.chinese:s.eng):(s.math>
  s.eng?s.math:s.eng);          /* 统计最高分 */
  s.low=s.chinese<s.math?(s.chinese<s.eng?s.chinese:s.eng):(s.math<s.eng?
  s.math:s.eng);                /* 统计最低分 */
  printf("\n");
  for(i=0;i<8;i++)              /* 打印标题 */
    printf("%-10s",stu[i]);
  printf("\n---------------------------------------------------------------\n");
```

```
/* 输出成绩信息数据 */
printf("\n%-10s%-10d%-10d%-10d%-10d%-10d%-10d%-10d\n",s.name,s.chinese,
s.math,s.eng,s.aver,s.count,s.high,s.low);
}
```

程序中，定义了学生成绩信息结构体类型 student，并以该结构体定义了结构体变量 s。在对结构体变量 s 进行引用时，都是使用"."对成员进行单独引用。

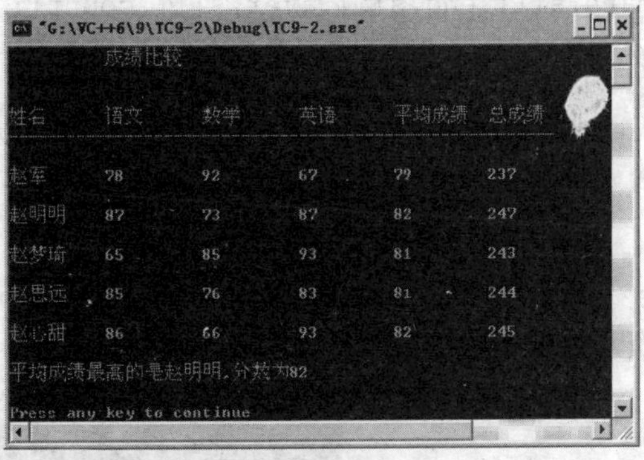

【实例9-2】成绩比较。

该程序运行后，将先计算学生的总成绩和平均成绩，并显示出平均成绩最高的学生成绩。程序运行结果如图9-6所示。

程序代码如下：

图9-6 "成绩比较"程序的运行结果

```
/* TC9-2.C */
/* 成绩比较 */
#include "stdio.h"
struct student          /* 定义学生结构体类型 */
{
    char name[10];
    int chinese;
    int math;
    int eng;
    int aver;
    int count;
};
main( )
{
    struct student s[5]={{"赵军",78, 92, 67},
                    {"赵明明", 87, 73, 87},
                    { "赵梦琦", 65, 85, 93},
                    { "赵思远", 85, 76, 83},
                    { "赵心甜", 86, 66, 93}};
    struct student temp;
    char *stu[8]={"姓名","语文","数学","英语","平均成绩","总成绩"};
    int i;
    printf("        成绩比较\n\n");
    temp.count=0;
    for(i=0;i<5;i++)
    {
        s[i].count=s[i].chinese+s[i].math+s[i].eng;       /* 计算总成绩 */
        s[i].aver=s[i].count/3;                       /* 计算平均成绩 */
        if(temp.aver<s[i].aver)                    /* 将平均成绩较大者存到 temp */
            temp=s[i];                             /* 对结构体进行整体引用 */
    }
    printf("\n");
    for(i=0;i<6;i++)                                /* 打印标题 */
        printf("%-10s",stu[i]);
```

```
    printf("\n-------------------------------------------------------------\n");
    /* 输出成绩信息数据 */
for(i=0;i<5;i++)
printf("\n%-10s%-10d%-10d%-10d%-10d%-10d\n",s[i].name,s[i].chinese,s[i].
math,s[i].eng,s[i].aver,s[i].count);
    printf("\n平均成绩最高的是%s,分数为%d\n\n",temp.name,temp.aver);
    }
```

从本实例中可以看到，使用结构数组可以方便地对多个学生成绩进行比较，在比较时，可以如同普通数组一样进行结构体数组的访问。

【实例 9-3】职工工资统计。

该程序运行后，可以实现对多个职工工资进行统计，并计算出平均工资、总工资、最高工资和最低工资以及所得税总额。程序运行结果如图 9-7 所示。

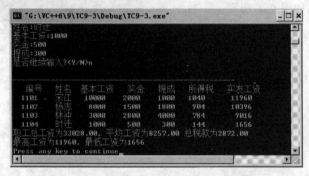

图 9-7　"职工工资统计"程序运行结果

程序代码如下：

```
/* TC9-3.C */
/* 职工工资工资统计 */
#include "stdio.h"
typedef struct gz              /* 定义职工工资结构体类型 GZ */
{
    int num;                   /* 职工编号 */
    char name[8];              /* 姓名 */
    int jbgz;                  /* 基本工资 */
    int jj;                    /* 奖金 */
    int tc;                    /* 提成 */
    int sds;                   /* 所得税 */
    int ydgz;                  /* 应得工资 */
} GZ;
void main( )
{
    GZ s[20];                  /* 定义工资结构体数组 */
    int i,j,zggz,zdgz;
    float zgz,pjgz,sds;
    char f;
    zgz=0;                     /* 总工资初始化 */
    sds=0;                     /* 所得税初始化 */
    zggz=0;                    /* 最高工资初始化 */
    zdgz=65535;                /* 最低工资初始化 */
```

```
    i=0;                              /* 数组下标初始化 */
    printf("          职工工资统计\n");
    do{
        f='\0';                          /* 设置是否继续输入的标志 */
        printf("编号:");
        scanf("%d",&s[i].num);
        printf("姓名:");
        scanf("%s",s[i].name);            /* 引用结构体成员,输入职工姓名 */
        printf("基本工资:");
        scanf("%d",&s[i].jbgz);
        printf("奖金:");
        scanf("%d",&s[i].jj);
        printf("提成:");
        scanf("%d",&s[i].tc);
        s[i].ydgz=s[i].jbgz+s[i].jj+s[i].tc; /* 计算个人总工资 */
        s[i].sds=s[i].ydgz*8/100;         /* 计算所得税 */
        s[i].ydgz=s[i].ydgz-s[i].sds;     /* 计算应得工资 */
            printf("是否继续输入?(Y/N)");
        /* 确保输入标志为'y','Y','N','n' */
        while(f!='y'&&f!='Y'&&f!='n'&&f!='N')
            f=getchar();
        i++;
    }while(f!='n'&&f!='N');
    for(j=0;j<i;j++)
    {
        zgz=zgz+s[j].ydgz;                  /* 计算总工资 */
        sds=sds+s[j].sds;                  /* 计算总所得税 */
        if(zggz<s[j].ydgz)                 /* 查找最高工资 */
            zggz=s[j].ydgz;
        if(zdgz>s[j].ydgz)                 /* 查找最低工资 */
            zdgz=s[j].ydgz;
    }
    pjgz=(float)(zgz/i);                  /* 计算平均工资 */
    printf("\n-------------------------------------------------------\n");
    printf(" 编号  姓名  基本工资  奖金  提成  所得税   实发工资\n");
    for(j=0;j<i;j++)
        printf("%6d %6s    %6d    %6d  %6d %6d %10d\n",s[j].num,s[j].name,s[j].
        jbgz, s[j].jj,s[j].tc,s[j].sds,s[j].ydgz);
    printf("职工总工资为%.2f, 平均工资为%.2f 总税款为%.2f\n",zgz,pjgz,sds);
    printf(" 最高工资为%d, 最低工资为
%d\n",zggz,zdgz);
    }
```

在程序中使用关键字 typedef 将职工工资结构体类型定义为 GZ,并且使用了 i 为结构体数组的下标变量来输入/输出结构体数组的内容。

【实例 9-4】学生信息记录。

该程序运行后,通过存储空间的动态分配来实现学生链表的创建,程序可用于记录并显示一组学生的信息。程序运行结果如图 9-8 所示。

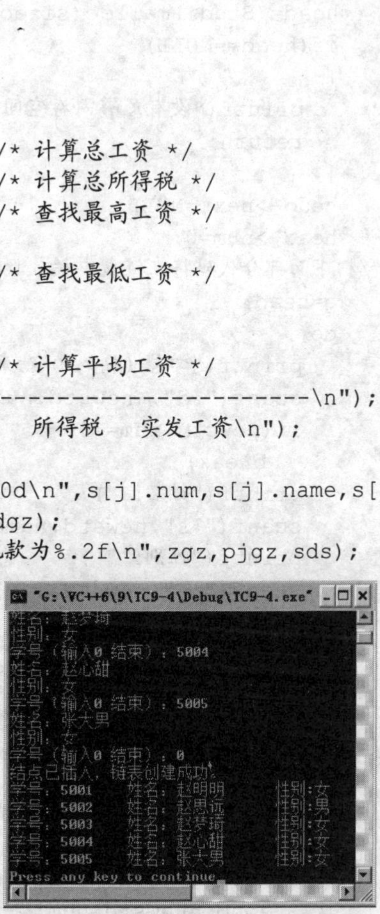

图 9-8 "学生信息记录"程序运行结果

程序代码如下：

```c
/* TC9-4.C */
/* 学生信息记录 */
#include "stdio.h"
#include "stdlib.h"
#include "string.h"
typedef struct Student                      /* 定义链表结构 */
{
   int num;
   char name[10];
   char sex[4];
   struct Student * next;
} Stud;
void main( )
{
   Stud * head,* q,* s;                     /* 定义链表指针 */
   Stud newstd;
   head=NULL;                               /* 初始化头指针 */
   printf("         学生信息记录\n");
/* 下面部分代码将创建空链表 */
   head=(Stud*)malloc(sizeof(Stud));        /* 为头结点分配存储空间 */
   if(head==NULL)                           /* 确保链表成功建立，并返回相应信息 */
   {
      printf("没有足够内存空间！\07\n");
      return;                               /* 退出程序 */
   }
   head->next=NULL;                         /* 头结点指针域初始化 */
   head->num=0;                             /* 学号初始化 */
/* 下面部分代码将在链表中插入数据 */
   q=head;
   do{
      printf("学号（输入 0 结束）: ");       /* 输入新学生数据 */
      scanf("%d",&newstd.num);
      if(newstd.num==0)                     /* 当输入 0 时终止循环 */
         break;
      printf("姓名: ");
      scanf("%s",newstd.name);
      printf("性别: ");
      scanf("%s",newstd.sex);
      s=(Stud*)malloc(sizeof(Stud));        /* 为新结点分配存储空间 */
      if(s==NULL)
      {
         printf("没有足够内存空间！\07\n"); /* 插入失败*/
         break;
      }
/* 将新结点 s 加入到链表尾,并修改表尾的指针 */
      strcpy(s->name,newstd.name);          /* 将姓名存入新结点 */
      strcpy(s->sex,newstd.sex);            /* 将性别存入新结点 */
      s->num =newstd.num;                   /* 将学号存入新结点 */
      s->next=NULL;                         /* 设新结点的指针域为空 */
```

```
        q->next=s;                          /* 将新结点连接到链表尾 */
        q=s;                                /* 链表尾结点后移 */
        }while(1);
    printf("结点已插入，链表创建成功。\n");
/* 下面代码用于浏览链表 */
        q=head->next;                       /* 初始化指针 */
    while(q!=NULL)                          /* 未到链表尾时循环 */
    {
        printf("学号: %d    姓名: %s性别:%s\n",q->num,q->name,q->sex);
        q=q->next;                          /* 移动指针 */
    }
}
```

在链表结构 Stud 中，为了不让程序过于庞大，仅定义了学号、姓名和性别数据项，在实际应用中可以加上成绩、年龄、地址等其他数据项。next 是一个指向结构体自身类型的指针，可以存放一个相同类型的结构体的地址，从而可以把同类型的结构体通过指针连接起来。

程序中 "head=(Stud*)malloc(sizeof(Stud));" 语句为头结点分配存储空间，如果成功，则下面的语句对头结点进行初始化；如果不成功则退出程序。接下来的 do…while 循环用于输入每个新生的信息，并为他们开辟一块存储空间。最后的 while 循环用于浏览输入的数据。

9.2　共用体和枚举

9.2.1　共用体

1. 共用体的定义

共用体又称为联合，是与结构体相类似的一种数据类型。与结构体不同的是，构成结构体的各成员有自己独立的存储空间，结构体的大小为所有成员所占存储空间的总和。共用体的各个成员拥有共同的存储空间，在定义时为共用体所分配的内存大小为其最大成员所需的存储空间的大小。共用体的定义方式与结构体类似，以关键字 union 来说明。共用体变量定义的格式如下：

【格式】union　共用体标识名
　　　　{
　　　　　　成员列表；
　　　　};

【说明】当定义共用体变量时，系统按共用体内最大成员所需空间为共用体变量分配内存。

例如，定义一个名为 Num 的共用体类型，其中有 4 个不同数据类型的成员。一个 Num 类型的共用体在内存中的存储形式如图 9-9 所示，按 double 类型为共用体变量分配 8 个字节的内存空间，这些内存空间为共用体的所有成员所共有，图中每一个方块代表一个字节。定义代码如下：

```
union Num
{
    char c;
    int n;
    float f;
```

```
    double d;
};
```

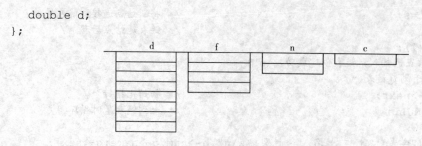

图 9-9　共用体在内存中的空间分配

2．共用体的引用

共用体的引用方法与结构体格式相同，引用格式如下：

【格式 1】共用体变量.成员名；

【格式 2】共用体变量指针->成员名；

【例 1】使用前面定义的共用体类型，定义并引用共用体变量，程序代码如下：

```
union Num num1;
union Num * p;
num1.c='s';
p=&num1;
p->f=1.23;
```

由于共用体的成员占有共同的存储空间，存入新成员后，原来的数据被覆盖，因而共用体中的数据始终是最后一次修改成员后的数据。上面程序段中，共用体变量中最后的值为 p->f=1.23。共用体主要用于节省存储空间，或寄存器的访问等。

【例 2】修改后的共用体类型，该类型的共用体变量在内存中存储空间的形式如图 9-10 所示。程序代码如下：

```
union Num
{
    char c[8];
    int  n[2];
    float f[2];
    double d;
};
```

d	f[0]	n[0]	c[0]
			c[1]
		n[1]	c[2]
			c[3]
	f[1]	n[2]	c[4]
			c[5]
		n[3]	c[6]
			c[7]

图 9-10　重定义后共用体在内存中的空间分配

可以看到，重新定义后，联合所占的总存储空间并未改变，但数据的存储更加紧密，能存储更多的字符或整数。

共用体中的成员不仅可以是简单数据类型的成员，也可以是结构类型数据。

【例 3】共用体中的成员是结构类型数据。程序代码如下：

```
union Num
{
    int  n[2];
    double d;
    struct st
{
        int n10;
        int n20;
}u;
};
```

此时，共用体中的结构体变量 st 也是共用体的成员，在对结构体变量 u 进行引用时，可以按下面方式进行。

【例 4】引用共用体中的结构体成员变量，程序代码如下：

```
main()
{
    union Num p;
    p.u.n10=10;
    p.u.n20=20;
    printf("%d",p.u.n20);
}
```

3．共用体与结构体的异同

结构体和共用体的定义和使用的方法相似，在使用中要注意以下几点：

（1）结构体和共用体都是由多个不同的数据类型成员组成，但在任一时刻，共用体中只存放了一个被选中的成员，而结构的所有成员都存在。

（2）对于共用体的不同成员赋值，将会对其他成员重写，原来成员的值就不存在了，而对于结构的不同成员赋值是互不影响的。

（3）共用体的引用与结构体相同，只能逐个引用其中的成员，而不能对整体进行引用。

（4）共用体变量所占的内存空间等于其中最大的成员变量所占内存空间。

（5）共用体内存空间为所有成员共享，任一时刻只有最后一次存储的数据有效。

（6）不能对共用体进行初始化，也不能用共用体变量作为函数的参数或返回值，在需要在函数间传递共用体时，只能用指向共用体的指针来实现。

9.2.2　枚举

1．枚举类型的定义

当在程序设计中需要定义一些具有赋值范围的变量（如星期、月份等）时，可以用枚举类型来定义。枚举是这样的一种数据类型：它的值有固定的范围（例如，一周只有 7 天，一年也只有 12 个月）；这些值可以用有限个常量来述叙。枚举将变量所能赋的值一一列举出来，给出一个具体的范围。枚举类型的定义格式及说明如下：

【格式】enum 枚举名
　　　　　{
　　　　　标识符[=整型常数],
　　　　　标识符[=整型常数],

```
    ...
    标识符[=整型常数],
    };
```

【说明】枚举中每个成员(标识符)结束符是"，"，不是"；"，最后一个成员后可省略。在定义后，枚举中的标识符在程序中代表其后的常数，枚举定义中的整型常数可以省略，如果省略，则依次代表 0、1、2……，依次递增。

【例1】星期的枚举类型，程序代码如下：

```
enum week
{
    Sun,Mon,Tue,Wed,Thu,Fri,Sat
};
```

其中，定义了星期枚举类型 week，枚举元素 Sun、Mon 等都是用定义的常量标识。C++在编译时为其赋以默认值 Sun=0、Mon=1……Sat=6，枚举元素的值依次加 1 递增。这里的 Sun、Mon 等都不是变量，而是常量，不能再为其赋值，例如：Sun=10 是错误的用法。如果有需要也可以强制为枚举元素赋值。

【例2】强制为枚举元素赋值，程序代码如下：

```
enum week
{
Sun=7,Mon=1,Tue,Wed,Thu,Fri,Sat
};
```

这样，将枚举元素 Sun 赋值为 7，Mon 赋值为 1，其余依次递增为 2、3 等。

枚举变量可以理解为有范围的整型变量，但是枚举变量赋值时只能赋给定义过的枚举元素。如果要将整型值赋给枚举变量，则一定要先将其强制为枚举类型。

【例3】枚举类型变量的赋值，程序代码如下：

```
enum week w;              /* 定义枚举变量 w */
w=Sun;                    /* 给枚举变量赋值 */
w=(enum week)2;           /* 将整数 2 强制为枚举类型，相当于 w=Tuesday */
w=(enum week)(w-1)        /* 枚举变量运算时按整型变量计算，赋值时强制为枚举类型 */
```

2. 使用枚举的注意事项

在定义枚举时，由于各元素值默认是从 0 开始计算，与月份数从 1 到 12 不符，因此，在程序中使用语句"enum month{Jan=1,Feb,Mar,Apr,May,Jun,Jul,Aug,Sep,Oct,Nov,Dec}"强制第一个元素 Jan 代表 1，其他元素依次递增，Feb 为 2，Mar 为 3……Dec 为 12，从而实现了枚举值与实际月份相符。

对于枚举的使用，应注意以下几点：

（1）枚举仅适用于取值范围有限的数据。

（2）枚举中的元素不是变量，也不是字符串，它只是代表一个常量的符号。枚举变量只能取枚举说明结构中的某个标识符常量。

（3）枚举中的元素作为常量是有值的，这些值通常是定义时的顺序，它们都是整型值，因此，枚举可以比较大小，在定义时靠后的较大。例如：

```
enum week
{
Sun,Mon,Tue,Wed,Thu,Fri,Sat
```

```
};
```
其中，Sun=0，Mon=1，Tue=2，Wed=3，Thu=4，Fri=5，Sat=6。

（4）枚举中的元素值在定义时是可以指定的。例如：
```
enum week
{
Sun=7,Mon=1,Tue,Wed,Thu,Fri,Sat
};
```
其中，Sun=7，Mon=1，其余依次递增为 2、3 等。

（5）枚举变量初始化时可以赋负数，以后的标识符仍依次加 1。

9.2.3 应用实例

【实例 9-5】显示月份与天数。

该程序运行后，提示输入月份数，然后根据输入显示该月的天数。程序运行结果如图 9-11 所示。

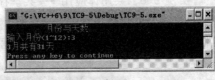

图 9-11 "月份与天数"程序的运行结果

程序代码如下：
```c
/* TC9-5.C */
/* 月份与天数 */
#include "stdio.h"
#include "stdlib.h"
enum month{Jan=1,Feb,Mar,Apr,May,Jun,Jul,Aug,Sep,Oct,Nov,Dec};/* 定义枚举类型 */
main( )
{
   enum month m;
   int n;
   printf("        月份与天数\n");
   printf("输入月份(1~12):");
   scanf("%d",&m);
   switch(m)               /* 利用开关语句选择合适的天数 */
   {
   case Jan:               /* 1,3,5,7,8,10,12月都是31天 */
   case Mar:
   case May:
   case Jul:
   case Aug:
   case Oct:
   case Dec:
     n=31;
     break;
   case Feb:               /* 2月是28天 */
     n=28;
     break;
   case Apr:               /* 4,6,9,11月都是30天 */
   case Jun:
   case Sep:
   case Nov:
     n=30;
     break;
```

```
        default:
            printf("输入的数据有误，月份只能为1~12\n");
            exit(0);
    }
    printf("%d月共有%d天\n",m,n);
}
```

在定义枚举类型时，由于各元素值默认是从 0 开始计算，与月份数从 1 到 12 不符，因此，在程序中使用语句"enum month{Jan=1,Feb,Mar,Apr,May,Jun,Jul,Aug,Sep,Oct,Nov,Dec}"强制第一个元素 Jan 代表 1，其他元素依次递增，Feb 为 2，Mar 为 3……Dec 为 12，从而实现了枚举值与实际月份相符。

【实例 9-6】共用体应用——共享存储空间。

该程序是共用体应用的一个案例，程序运行后，实现了各种不同类型数据在同一空间中的存储，且任一时刻只有一种类型的数据是有效的。程序运行结果如图 9-12 所示。

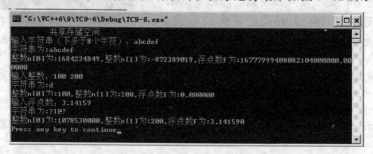

图 9-12 "共享存储空间"程序运行结果

程序代码如下：

```
/* TC9-6.C */
/* 共享存储空间 */
#include "stdio.h"
union Num                              /* 定义共用体 */
{
    char s[8];
    int  n[2];
    float f;
};
main( )
{
    union Num num1;                     /* 定义共用体类型变量num1 */
    printf("         共享存储空间\n");
    printf("输入字符串（不多于8个字符）: ");
    scanf("%s",num1.s);                 /* 输入字符串 */
    printf("字符串为%s\n",num1.s);
    printf("整数n[0]为:%d,整数n[1]为:%d,浮点数f为:%f\n",num1.n[0], num1.n[1],
num1.f);
    printf("输入整数: ");
    scanf("%d %d",&num1.n[0],&num1.n[1]);/* 输入数值, 原字符串失效 */
    printf("字符串为:%s\n",num1.s);
    printf("整数n[0]为:%d,整数n[1]为:%d,浮点数f为:%f\n",num1.n[0], num1.n[1],
num1.f);
```

```
    printf("输入浮点数: ");
    scanf("%f",&num1.f);                    /* 输入浮点数, 原数据值被改变 */
    printf("字符串为:%s\n",num1.s);
    printf("整数n[0]为:%d,整数n[1]为:%d,浮点数f为:%f\n",num1.n[0], num1.n[1],
    num1.f);
}
```

从图 9-12 中可以看出, 各种类型的数据都存储在同一空间, 在输入新的数据后, 原来的数据将被改写, 因而原有数据成为无效数据。

【实例 9-7】学生信息管理系统。

链表符合人们在现实生活中所见的数据集合, 因此在程序设计中使用也比较多。该程序是对实例 9-4 程序的补充, 可以实现以下功能。该程序给出一个链表的完整应用案例。

（1）建立学生名单的空链表；

（2）在学生名单链表中添加新生, 并自动为新生按顺序分配学号；

（3）输入姓名, 查找学生的相关信息；

（4）从名单删除学生；

（5）浏览学生名单。

为便于说明, 将程序按功能分为不同的函数模块, 由主函数进行全局控制, 程序的运行结果如图 9-13 所示。由于程序太大, 下面将按程序的功能模块对程序进行分析。

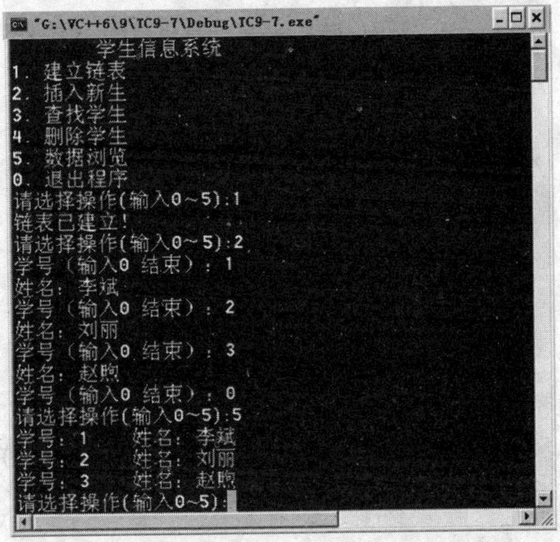

1. 文件头与主函数

这段程序为系统的主控程序。程序的开头定义了链表结构 Stud, 并对程序中将用到的函数进行说明。在程序中通过输入数值来选择执行相应操作。

程序代码如下：

图 9-13 "学生信息管理系统"程序运行结果

```
/* TC9-7.C */
/* 学生信息系统 */
/* 文件头与主函数 */
#include "stdio.h"
#include "stdlib.h"
#include "string.h"
typedef struct Student                      /* 定义链表结构 */
{
    int num;
    char name[8];
    struct Student * next;
} Stud;
/* 函数说明 */
Stud * create_list( );                              /* 此函数用于建立空链表 */
int insert_list(Stud * head,Stud * std,int n);     /* 此函数用于向链表插入新结点 */
int del_list(Stud * head,Stud * std);              /* 此函数用于删除链表结点 */
Stud* find_list(Stud * head,Stud * std);           /* 此函数用于查找指定的结点 */
```

```
void brow_list(Stud * head);              /* 此函数用于浏览链表 */
main( )
{
    Stud *head;                           /* 定义链表头指针 */
    Stud newstd;
    int choice;
    head=NULL;                            /* 初始化头指针 */
    printf("       学生信息系统\n");
    printf("1. 建立链表\n");               /* 显示选项 */
    printf("2. 插入新生\n");
    printf("3. 查找学生\n");
    printf("4. 删除学生\n");
    printf("5. 数据浏览\n");
    printf("0. 退出程序\n");
    do
    {
        printf("请选择操作(输入 0~5):");
        scanf("%d",&choice);              /* 输入数值选择要进行的操作 */
        if(choice>5||choice<0)           /* 确保输入值为可选取项 */
        {
            printf("输入错误! \07\n");
            continue;
        }
        switch (choice)                   /* 利用开关语句执行选项 */
        {
          case 1:
            if(head==NULL)                /* 头指针为空方可建立链表, 避免重复建表 */
            head=create_list( );/* 调用函数 create_list 建立链表, 得到头指针 */
            break;
          case 2:
            if(head==NULL)                /* 确保链表存在, 方可执行以下操作 */
            {
                printf("链表未建立! \n");
                break;
            }
            while(1)
            {
                printf("学号 (输入 0 结束): ");
                scanf("%d",&newstd.num);
                if(newstd.num==0)         /* 当输入 0 时终止循环 */
                  break;
                printf("姓名: ");
                scanf("%s",newstd.name);
                insert_list(head,&newstd,-1);/* 调用函数 insert_list 插入新结点 */
            }
            break;
          case 3:
            printf("输入姓名: ");
            scanf("%s",newstd.name);
            find_list(head,&newstd);      /* 调用函数 find_list 查找结点 */
```

```
        break;
     case 4:
        printf("输入姓名: ");
        scanf("%s",newstd.name);
        del_list(head,&newstd);            /* 调用函数 del_list 删除结点 */
        break;
     case 5:
        brow_list(head);                   /* 调用函数 brow_list 浏览结点 */
        break;
     default:
        return;                            /* 选项不为 1~5 时结束程序 */
     }
   }while(1);
}
```

主函数 main() 中，使用条件恒为 1（真）的 do...while 语句来实现程序的滚动执行，并在其中以 switch 开关语句进行选择性操作，调用各功能模块完成操作。

在 case 1 和 case 2 中，使用了条件语句来保证程序执行的前提条件得以成立，这样做的好处是避免误操作——重复建表和引用不存在的链表，而引起程序错误，增强了程序的健壮性（对于下面的 case 语句也应该加上相应条件，这里为了节省篇幅将其省略）。在编程时也应当把可能出现的错误考虑进去，使程序运行更加可靠。在 case 2 中又用了一个无限循环来读入学生姓名，当输入学号为 0 时结束循环。上面程序段执行效果如图 9-14 所示。

图 9-14　主函数菜单界面

2. 建立链表

程序段中利用 malloc() 函数为头结点分配存储空间，在对其进行必要的初始化后将头结点的地址返回。如果内存中没有足够的存储空间，则在屏幕上显示"没有足够内存空间!"，并响一声报警，返回值为 NULL。如果建立成功则在屏幕上显示"链表已建立!"，并返回头结点的地址。

程序代码如下：

```
/* 建立链表 */
Stud * create_list( )                     /* 建立空链表 */
{
   Stud * head;
   head=(Stud*)malloc(sizeof(Stud));      /* 为头结点分配存储空间 */
   if(head!=NULL)                         /* 确保链表成功建立,并返回相应信息 */
      printf("链表已建立! \n");
   else
      printf("没有足够内存空间! \07\n");
   head->next=NULL;                       /* 头结点初始化 */
   head->num=0;                           /* 学号初始化 */
   return head;                           /* 返回头结点地址给头指针 */
}
```

3. 插入结点

本程序段向链表中插入新结点。函数接受 3 个参数——链表头指针、指向待插入的学生数据的结构指针、学号 n（用于将新结点插入到学号为 n 的结点前）。

程序代码如下：

```
/* 插入结点 */
int insert_list(Stud * head,Stud * std,int n)    /* 插入结点 */
{
    Stud * p,* q,* s;
    s=(Stud*)malloc(sizeof(Stud));                    /* 为新结点分配存储空间 */
    if(s==NULL)
    {
        printf("没有足够内存空间！\07\n");
        return 0;                        /* 插入失败返回 0 */
    }
    q=head;                            /* 指针初始化 */
    p=head->next;                        /* p 指向第一个结点 */
    while(p!=NULL && n!=q->num)        /* 当链表未到尾结点且n不等于下一学号时循环 */
    {
        q=p;                            /* 让 p 指向下一结点 */
        p=p->next;
    }
/* 将新结点 s 加入到链表中，如果学号 n 存在，s 将插到 n 前，否则将插到链表尾 */
    q->next=s;
    s->next=p;
    strcpy(s->name,std->name);        /* 将姓名存入新结点 */
    s->num =std->num;                  /* 将学号存入新结点 */
    return 1;                          /* 插入成功返回 1 */
}
```

程序段中用 while 循环来实现链表向后移动，结束循环的条件有两个：如果链表为空，或移动到链表尾结点时，此时 q 指向尾结点，p 为 NULL（空），这种情况下插入新结点，将 q->next 指向 s，将 s->next 指向 NULL 就行了。此时，将使新结点插入到链表尾部。另一种情况是下一结点的学号等于 n，此时 p 指向学号为 n 的结点，q 指向 p 的前一结点。如果此时插入新结点，将 q->next 指向 s，将 s->next 指向 p 即可，如图 9-15 所示。此时，将新结点插到指定学号前。本例中为了便于叙述，在主函数中设 n 为-1，仅将结点插到链表末尾。

4. 查找结点

程序段用来在链表中查找指定的结点，如果找到就返回该结点的指针；否则，返回空指针，并在屏幕上显示相应信息。程序中的 while 循环用于链表指针后移，以比较

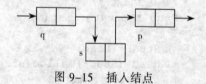

图 9-15 插入结点

结点数据是否相符。由于 name 是指向字符串的指针，对于字符串的比较，程序中使用 strcmp 函数来完成。该函数在 string.h 中说明。

程序代码如下：

```
/* 查找结点 */
Stud * find_list(Stud * head,Stud * std)    /* 查找指定的结点 */
{
    Stud * p;
    p=head;                                    /* 初始化指针 */
    /* 当链表到达尾结点或 name 等于当前姓名时结束循环 */
```

```
while(p!=NULL && strcmp(p->name,std->name))/* 使用 strcmp 进行字符串比较 */
   p=p->next;                                    /* 向后移动结点指针 */
if(p!=NULL)
{
   printf("学号: %d    姓名: %s\n",p->num,p->name);
}
else
   printf("查无此人! \n");
return p;   /* 如果找到 name, 返回指向它的指针, 否则返回空指针 */
}
```

5. 删除结点

程序段在链表中查找指定的结点, 并将其删除。

程序代码如下:

```
/* 删除结点 */
int del_list(Stud * head,Stud * std)            /* 删除指定结点 */
{
   Stud * p,*q;
   q=head;                                       /* 初始化指针 */
   p=head->next;
/* 当链表到达尾结点或 name 等于下一结点的姓名时结束循环 */
   while(p!=NULL && strcmp(p->name,std->name))
   {
      q=p;       /* 移动指针, p 为当前结点指针, q 为下一结点指针 */
      p=p->next;
   }
   if(p!=NULL)                          /* 找到姓名为 name 时删除该结点 */
   {
      q->next =p->next;                 /* 调整指针,使 p->next 指向 q 的下一结点 */
      free(p);                          /* 释放该结点存储空间 */
      printf("删除完成! \n");
      return 1;                         /* 删除成功返回 1 */
   }
   else
   {
      printf("查无此人! \07\n");
      return 0;                         /* 找不到姓名为 name 的结点, 返回 0 */
   }
}
```

程序利用 while 循环来移动指针, 当到达链表尾或下一结点为指定的结点时结束循环。如果找到指定的结点, 通过指针修改将其删除, 并释放该结点存储空间, 如图 9-16 所示, 图中的虚线框为待删除的结点。在不再使用存储空间时, 应及时用 free()函数将存储空间释放, 否则, 将会造成存储空间的浪费, 有可能因此而造成存储空间紧张, 系统崩溃。

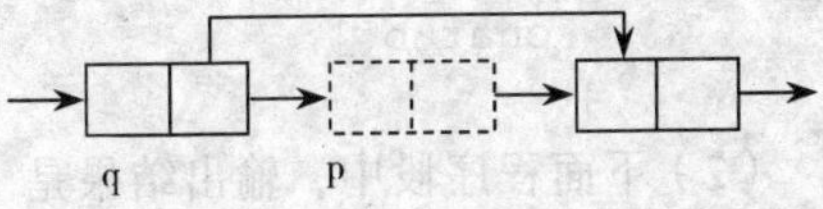

6. 浏览链表

这段程序用于浏览整个链表,程序段中利用 while 循环移动指针, 并显示出当前结点的数据, 直到链表结束。

图 9-16　删除结点

程序代码如下：

```
/* 浏览链表 */
void brow_list(Stud * head)
{
    Stud *p;
    p=head->next;                        /* 初始化指针 */
    while(p!=NULL)                       /* 未到链表尾时循环 */
    {
        printf("学号: %d    姓名: %s\n",p->num,p->name);
        p=p->next;                        /* 移动指针 */
    }
}
```

思考与练习

1. 填空题

（1）_____是一种复合的数据类型，它允许用其他数据类型构成一个结构类型。

（2）同数组类似，一个结构体也是若干数据项的集合，但与数组不同，数组中的所有元素_____，而结构体中的数据项可以是_____。

（3）关键字_____用于定义结构体类型，结构体成员的类型可以是普通的数据类型（如int, char），也可以是_____、_____或已定义的结构体等数据类型。

（4）_____运算符用于引用结构体的成员，_____运算符用于引用结构指针所指对象的成员。

（5）C语言中允许用关键字_____来定义用户自定义的新数据类型，这种定义并不是定义一种新的数据类型，而是将已有的数据类型_____。

2. 选择题

（1）下面的结构体定义，正确的是（　　）。

A.
```
struct abc
{
int a=10;
char b[]="abc";
};
```

B.
```
struct abc
{
  int a;
  char b[8 ];
}
```

C.
```
struct abc
{
 int a;
 char b[];
};
```

D.
```
struct abc
{
 int a;
 char * b;
};
```

（2）下面程序段中，输出结果是（　　）。

A. Tom　　　　　B. Peter　　　　　C. Ketty　　　　　D. NULL

```
struct stu
{
```

```
    int num;
    char name[10];
    int average;
};
#include "stdio.h"
main()
{
    struct stu k[3]={{1,"Tom",68},{2,"Peter",79},{3,"Ketty",83}};
    struct stu * p;
    p=k+1;
    printf("%s",p->name);
}
```

（3）当说明一个结构体变量时，系统分配给它的存储空间大小为（　　）。

　　A．各成员所需要内存总和　　　　　　B．结构体中最大成员的大小

　　C．0　　　　　　　　　　　　　　　　D．'\0'

（4）下面对自定数据类型说法不正确的是（　　）。

　　A．用 typedef 可以定义变量的类型名，但不能定义变量名

　　B．用 typedef 可以增加新的数据类型

　　C．用 typedef 有利于程序的易读性，有利于程序的移植

　　D．用 typedef 只是将已存在类型用一个新的标识符进行标识

（5）结构体变量在程序执行时（　　）。

　　A．所有成员都驻留在内存中　　　　　B．部分成员驻留在内存中

　　C．只有引用中的成员驻留在内存中　　D．结构体变量不占用内存

3．程序设计

（1）定义一个结构体用于存储年、月、日数据，并定义函数用于求两个日期之间的天数。

（2）从键盘上输入任一天的日期，如 2004-4-12，编程求出该天是星期几。

提示： 以公元元年为参考，公元元年 1 月 1 日为星期一，计算出从公元元年 1 月 1 日到输入的日期之间的差值再除以一周的天数就可以得到结果。基姆拉尔森计算公式如下。

W=(d+2*m+3*(m+1)/5+y+y/4-y/100+y/400) mod 7

在公式中 d 表示日期中的日数，m 表示月份数，y 表示年数。

把一月和二月看成是上一年的十三月和十四月，例如，如果是 2004-1-10 则换算成：2003-13-10 来代入公式计算。

第 10 章 编译预处理

【本章提要】本章主要介绍了编译预处理的概念、宏定义、文件包含以及条件编译的应用方法。另外，还介绍了位运算的概念和 6 种运算操作、位段概念及使用方法技巧。

10.1 宏 定 义

编译预处理是指在编译系统对文件进行编译——词法分析、语法分析、代码生成及优化之前，对一些特殊的编译语句先进行处理，然后将处理的结果与源程序一起编译，生成目标文件。在前面的学习中，已经见过很多的编译预处理语句。例如：

```
#include "stdio.h"
#define  PI  3.14
```

编译预处理语句都是以#开头，其结尾不带分号（;），以表示与普通程序语句相区别。编译预处理语句分为三类：宏定义、文件包含和条件编译等，它常用于程序设计的模块化、移植、调试等方面。宏定义分为两种：不带参数的宏定义（即常量定义）与带参数的宏定义。

10.1.1　两种宏定义

1. 不带参数的宏定义

不带参数的宏定义格式及说明如下：

【格式】#define 标识符　表达式

【说明】编译预处理只是对宏定义的标识符后面的表达式进行简单替换，而不是对其内容进行解析。宏定义完成后，在程序编译时将会用后面表达式中的常量去替换宏定义的标识符。例如：

```
while(s!=NULL){…};
```

上面的语句中，在编译预处理时，系统会先将 NULL 进行替换，语句变成如下形式：

```
while(s!=0){…};
```

【注意】在编译预处理完成后，再进行程序的编译。由于编译预处理在这里只是作简单的替换，所以对后边的字符串常需要加上括号，否则，将会出现错误。#define 定义时，不能重复相同的宏名定义。

【例 1】表达式是任意常量的不带参数宏定义。

```
#define NULL  0
#define EOF  (-1)              /* 括号不可省略 */
```

```
#define TRUE  1
#define FALSE  0
#define PI 3.14
#define TEXT unsigned char   /* 将 unsigned char 类型用 TEXT 来表示 */
```

【例 2】宏定义正确的方式。下面的程序代码在编译预处理时会将语句 "s=3*TA;" 替换为 "s=3*(2+3);"。程序代码如下：

```
#define  A  3
#define  TA  (2+A)
main()
{…
    s=3*TA;
    …
}
```

【例 3】宏定义错误的方式，下面的程序段中，编译预处理时会将语句 "s=3*TA;" 替换为 "s=3*2+3;"，由于运算符的优先级不同，导致结果发生错误。程序代码如下：

```
#define  A  3
#define  TA  2+A
main()
{…
    s=3*TA;
    …
}
```

2. 带参数的宏定义

带参数的宏定义中，宏替换名可以带有形式参数，在程序中用到时，实际参数会代替这些形式参数。带参数的宏定义格式及说明如下：

【格式】`#define  宏名（参数表） 表达式`

【说明】编译预处理时，系统会将程序中出现宏名和参数表的地方用后边的带参数的表达式进行替换。

使用带参数的宏定义，求两个参数 x 和 y 中较大的数。例如：

```
#define max(x,y)  ((x)>(y)?(x):(y))          /* 参数必须加括号 */
…
a=max(n+b,k+a);                              /* 在程序中调用 */
```

系统将接下面的形式进行替换，在预处理的替换完成后，程序再进行编译。

```
a=((n+b)>(k+a)?(n+b):(k+a));   /* 若不加括号，替换后由于优先级关系极易出错 */
```

10.1.2 宏定义的作用范围

1. 作用范围

宏也具有一定的作用范围，默认情况下，宏的作用范围从定义点开始，到程序源文件的末尾。如果要在中途取消宏，可以使用命令 #undef 取消。

例如，下面的程序段中，当执行语句 "#undef A" 后，宏定义 A 将会被取消，如果以后再出现 A，系统将会视为一个未定义的变量名。程序代码如下：

```
#define  A  3
main()
```

```
    {
    …
    #undef A
        …
    }
```

2．续行符

宏定义规定，宏定义必须在一行里完成。所以用#define 定义宏定义时，有时为了阅读方便，就加续行符"\"来换行。在普通代码行后面加不加都一样，VC 是自动判断续行的。例如：

```
#define SomeFun(x, a, b) if(x)x=a+b;else x=a-b;
```

这一行定义是没有问题的,但是这样代码很不容易被理解，以后维护起来麻烦，如果写成下面形式，例如：

```
#define SomeFun(x,a,b)
    if(x)
        x= a+b;
    else
        x=a-b;
```

这样是好理解了,但是编译器会出错，因为它会认为#define SomeFun(x, a, b)是完整的一行,if (x)以及后面的语句与#define SomeFun(x, a, b)没有关系，这时候就必须使用续行符来分隔行。程序代码如下：

```
#define SomeFun(x, a, b)\
    if(x)\
        x=a+b;\
    else\
        x=a-b;
```

【注意】VC 的预处理器在编译之前会自动将"/"与换行回车去掉，这样一来既不影响阅读，又不影响逻辑，宏定义的最后一行不要加续行符。

10.1.3　宏定义与函数的区别

带参数的宏定义有些像函数调用，但两者是不同的。带参数的宏定义与函数的区别如下：

（1）宏定义仅是对字符串作简单替换，而函数调用则是按程序的含义来替换形式参数。

（2）宏定义仅能用于简单的单行语句替换，而函数可用于复杂运算。

（3）宏定义仅占用编译时间，不占用运行时间，执行速度快，而函数调用、参数的传递等都要占用内存开销。

（4）宏定义在编译时展开，多次使用会让源程序增大，而不管函数调用多少次总占用相同的源程序空间。

（5）宏的作用范围从定义点开始，到程序源文件末尾或使用命令#undef 取消定义之前。

总的来说，当语句较简单时，可考虑使用宏定义，从程序执行的速度来说，它优于函数。

10.1.4　应用实例

【实例 10-1】数值乘方。

该程序运行后要求输入一个正整数，当键盘输入值小于等于 10 时，输出键盘输入数值的平方数；当键盘输入值大于 10 的时候，输出键盘输入数值的平方数后退出程序。程序运行结果如图 10-1 所示。程序中，对数的乘方进行了宏定义，还对退出程序的标志进行了宏定义。

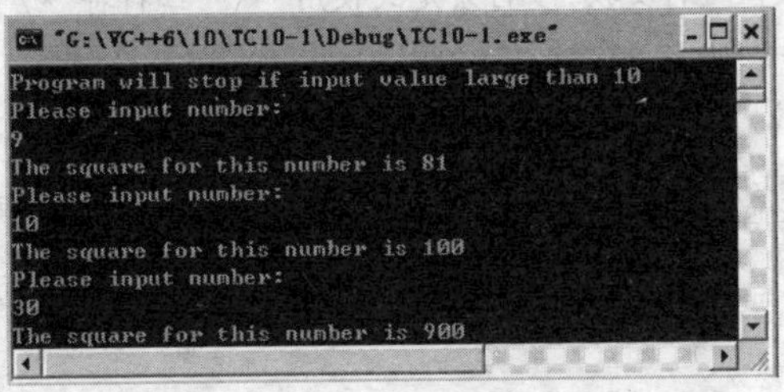

图 10-1　"数值乘方"程序运行结果

程序代码如下：

```
/* TC10-1.C */
/* 乘方的宏定义 */
#include "stdio.h"
#define TRUE 1              /* 对真值进行宏定义 */
#define FALSE 0             /* 对假值进行宏定义 */
#define SQ(x) (x)*(x)       /* 对乘方进行宏定义 */
#define TIMES 10
void main()
{
  long num;
  int again=1;
  printf("Program will stop if input value large than %d\n",TIMES);
  while(again)
  {
    printf("Please input number:\n");
    scanf("%d",&num);
    printf("The square for this number is %ld \n",SQ(num));
    if(num<=TIMES)
      again=TRUE;
    else
      again=FALSE;
  }
}
```

【实例 10-2】数值交换。

该程序运行后要求输入两个正整数，按 Enter 键后，即可显示输入两个正整数和两个数互换后的结果。程序运行结果如图 10-2 所示。

图 10-2　"数值交换"程序运行结果

程序代码如下：

```
/* TC10-2.C */
/* 交换两个数值的宏定义 */
```

```
#include "stdio.h"
/* 宏定义中定义两个数值进行交换,多行宏定义使用 "\" 续行符 */
#define exchange(a,b)  {\
  int t;\
  t=a;\
  a=b;\
  b=t;\
}
void main()
{
  int x,y;
  printf("输入 x,y 的值\n");
  scanf("%d%d",&x,&y);
  printf("交换前 x=%d; y=%d\n",x,y);
  exchange(x,y);
  printf("交换后 x=%d; y=%d\n",x,y);
}
```

该程序使用宏定义方法实现了数值交换的功能,并使用续行来编写代码,使程序清晰易懂。

10.2　文件包含和条件编译

10.2.1　文件包含

1. 文件包含的含义

　　一个大型的程序通常都是分为多个模块,由不同的程序员编写,最终需要将它们汇集在一起进行编译。另外,在程序设计中,有一些程序代码会经常使用,比如程序中的函数、宏定义等。为了方便代码的重用和包含不同模块文件的程序,C语言提供了文件包含的方法。

　　文件包含的意思是指源程序中包含另一个源程序文件,前面所用到的 stdio.h 和 string.h 等头文件引用都是用包含文件预处理来完成,如图 10-3 所示。文件 abc.c 中的包含语句将文件 stdio.h 中的内容全部添加到文件 abc.c 中,这就是文件包含的实质。

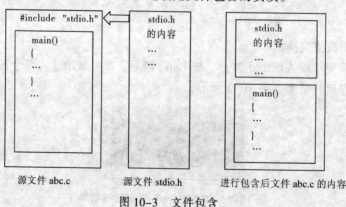

图 10-3　文件包含

2. 文件包含的语句格式及说明

【格式 1】#include "文件名"

【格式 2】#include <文件名>

【说明】两种格式的区别在于：前者先在源文件所在目录寻找被包含文件，如果找不到再搜索系统目录；后者仅对系统目录进行搜索。一般使用双引号比较全面。

C 编译系统提供了大量的可供包含的文件，这些文件都以 ".h" 为扩展名，称为 C 语言的头文件，通常包含在系统目录的 include 目录下，例如前面所用到的 stdio.h 和 string.h 等。这些头文件也都是 C 语言的源文件，只不过是扩展名不同。

文件包含不仅用于标准头文件，也可用于自定义的文件，可将多个程序模块共用的函数或数据集合到一个单独的文件中，凡是需要用到这些函数或数据的程序，只要将这个文件包含进来即可，方便了程序的共享。

需要注意的是，文件包含在进行预处理时，被包含文件与引用它的程序是作为一个统一的文件进行编译，只生成一个目标文件。当被包含文件改变时，源文件也必须重新编译。

10.2.2 条件编译语句

在某些情况下，希望源程序中的代码只在满足某种条件时才进行编译，这时就需要用到条件编译预处理。条件编译是指在特定的条件下，对满足条件和不满足条件的情况进行分别处理——满足条件时编译某些语句，不满足条件时编译另一些语句。

条件编译指令常用于程序的移植等方面，与系统编译环境相关。在编译前先对系统环境进行判断，再进行相应的语句编译。C 语言提供了丰富的条件编译语句，下面逐一进行介绍。

1. #if、#elif、#else 和#endif

#if 用于对程序进行部分编译，用法与选择语句 if 相似。

#elif 的作用类似于 else if，用于产生多重条件编译。

#endif 用于结束条件编译，编译时与前面最近的#if 作为一对，编译两者之间的程序段。

条件编译有如下 3 种形式：

（1）#if ...#endif

【格式】#if 表达式
　　　　　程序段
　　　　#endif

（2）#if...#else...

【格式】#if 表达式
　　　　　程序段 1
　　　　#else
　　　　　程序段 2
　　　　#endif

（3）#if...#elif...

【格式】#if 表达式 1
　　　　　程序段 1
　　　　#elif 表达式 2
　　　　　程序段 2
　　　　　…
　　　　#else 表达式 n
　　　　　程序段 n

```
            #endif
```

【说明】条件编译语句的用法与 if 语句基本相同，只是#if 是在编译时进行条件判断，选择适合条件的语句段来编译。如下所示：

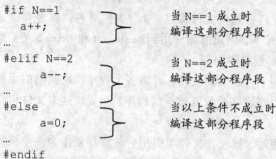

```
#if N==1                          当 N==1 成立时
   a++;                           编译这部分程序段
...
#elif N==2                        当 N==2 成立时
     a--;                         编译这部分程序段
...
#else                             当以上条件不成立时
     a=0;                         编译这部分程序段
...
#endif
```

2．#ifdef 和#ifndef

#ifdef 用于对宏定义进行判断，若宏名已经定义过，则编译其下的程序段。

#ifndef 与#ifdef 正好相反，当宏名未定义过时，编译其下的程序段。

语句使用形式如下：

（1）#ifdef

【格式】#ifdef 宏定义标识符

　　　　程序段

　　　　#endif

【说明】如果标识符已定义过，则编译程序段。

（2）#ifndef

【格式】#ifndef 宏定义标识符

　　　　程序段

　　　　#endif

【说明】如果标识符未定义过，则编译程序段。

10.2.3　应用实例

【实例 10-3】字符分类。

该程序运行后，要求输入 4 个字符串，按 Ctrl+Z 组合键和 Enter 键后，即可按字母和数字进行分类，统计各类字符的个数，显示统计结果，如图 10-4 所示。程序中，使用了带参数的宏定义对从键盘输入的字符进行分类。

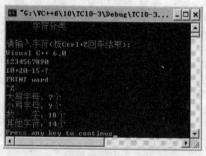

图 10-4　"字符分类"程序运行结果

程序代码如下：

```
/* TC10-3.C */
/* 字符分类 */
#define isupper(c)  ('A'<=(c)&&(c)<='Z')      /* 判断 c 是否为大写字母 */
#define islower(c)  ('a'<=(c)&&(c)<='z')      /* 判断 c 是否为小写字母 */
#define isdigit(c)  ('0'<=(c)&&(c)<='9')      /* 判断 c 是否为数字 */
#include "stdio.h"
void main( )
```

```
{
    char ch;
    int a,b,c,d;
    a=0;b=0;c=0;d=0;                              /* 计数初始化 */
    printf("      字符分类\n\n");
    printf("请输入字符(按 Ctrl+Z 回车结束):\n");
    while((ch=getchar( ))!=EOF)        /* 按 Ctrl+Z 回车输入 EOF 结束循环 */
    {   if(isupper(ch))
            a++;
        else if(islower(ch))
            b++;
        else if(isdigit(ch))
            c++;
        else
            d++;
    }
    printf("大写字母: %d 个\n",a);
    printf("小写字母: %d 个\n",b);
    printf("数    字: %d 个\n",c);
    printf("其他字符: %d 个\n",d);
}
```

程序编译时将宏定义进行替换,程序中的 if...else 语句将被替换成下面的语句:

```
if('A'<=(c)&&(c)<='Z')
        a++;
    else if('a'<=(c)&&(c)<='z')
        b++;
        else if('0'<=(c)&&(c)<='9')
        ...
```

实际上,程序运行时是将宏定义作为 if 语句的条件进行判断。程序运行时所有输入的字符都逐个存储到 ch 中并逐一进行判断,当按 Ctrl+Z(EOF)并回车时结束程序。需要注意的是,在按 Ctrl+Z 组合键以前的回车换行符也被作为字符进行统计。

【实例 10-4】引用不同程序文件的代码。

该程序运行后要求输入圆的半径,按 Enter 键后,即可统计并显示圆的周长和面积,如图 10-5 所示。程序中使用了文件包含将不同文件中的内容进行合并,使用文件 cir.c 中的宏定义和结构完成计算。

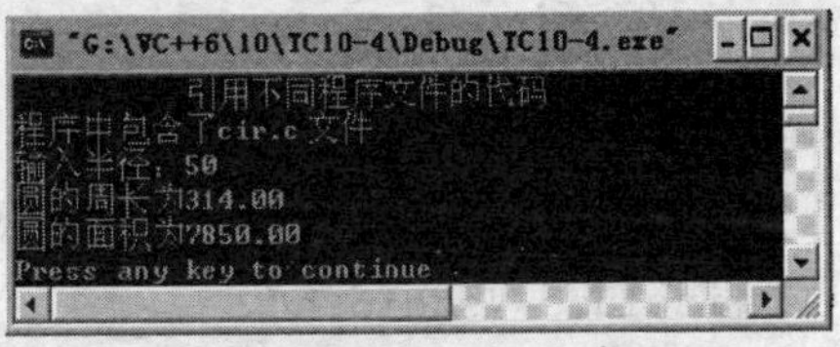

(1)下面的程序是主程序,它对文件 stdio.h 和 cir.c 进行了包含。

程序代码如下:

```
/* TC10-4.C */
/* 引用不同程序文件的代码 */
#include "stdio.h"
#include "cir.c"
void main( )
{
    CIR c;
    printf("          引用不同程序文件的代码\n");
    printf("程序中包含了 cir.c 文件\n");
```

图 10-5 "引用不同程序文件的代码"
程序运行结果

```
    printf("输入半径: ");
    scanf("%d",&c.r);
    c.s=S(c.r);                    /* 引用 cir.c 中宏定义进行计算 */
    c.l=L(c.r);
    printf("圆的周长为%.2f\n",c.l);
    printf("圆的面积为%.2f\n",c.s);
}
```

（2）在文件 cir.c 中，是宏定义和结构体的定义，如果在编译时出现语句 Cannot open include file: 'cir.cpp'，表示未找到包含文件 cir.c，需确定 cir.c 文件是否与 TC10-4.c 在同一文件夹中：

程序代码如下：

```
/* cir.C */
/* 宏定义和结构定义 */
#define PI 3.14
#define S(r) ((r)*(r)*PI)      /* 计算圆面积宏定义 */
#define L(r) (2*PI*(r))        /* 计算圆周长宏定义 */
typedef struct cir            /* 定义圆结构体 */
{
    int r;                     /* 半径 */
    double s;                  /* 面积 */
    double l;                  /* 周长 */
} CIR;
```

【实例 10-5】 条件编译。

该程序运行后要求输入圆的半径，按 Enter 键后，即可统计并显示圆的周长和面积，如图 10-6 所示。本实例是一个条件编译的案例，当定义了宏 CR 时和未定义宏 CR 时会编译不同程序段。

程序代码如下：

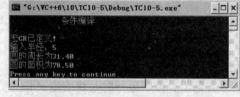

图 10-6　"条件编译"程序运行结果

```
/* TC10-5.C */
/* 条件编译 */
#define PI 3.14
#define S(r) ((r)*(r)*PI)      /* 计算圆面积宏定义 */
#define L(r) (2*PI*(r))        /* 计算圆周长宏定义 */
typedef struct cir            /* 定义圆结构体 */
{
    int r;                     /* 半径 */
    double s;                  /* 面积 */
    double l;                  /* 周长 */
} CIR;
#define CR 1                   /* 定义宏 CR */
#include "stdio.h"
void main( )
{
#ifdef CR                      /* 如果 CR 被宏定义过，则编译以下程序段 */
    CIR c;
    printf("          条件编译\n\n");
    printf("宏 CR 已定义! \n");
    printf("输入半径: ");
    scanf("%d",&c.r);
```

```
  c.s=S(c.r);                      /* 引用 cir.h 中宏定义进行计算 */
  c.l=L(c.r);
  printf("圆的周长为%.2f\n",c.l);
  printf("圆的面积为%.2f\n",c.s);
#else                              /* 如果 PI 未被宏定义过，则编译以下程序段 */
  int r;
  double  PI=3.14;
  double l,s;
  printf("          条件编译\n\n");
  printf("宏 CR 未定义!\n");
  printf("输入半径: ");
  scanf("%d",&r);
  s=r*r*PI;
  l=2*r*PI;
  printf("周长:%.2f\n",l);
  printf("面积:%.2f\n",s);
#endif
  }
```

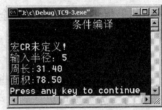

图 10-7　条件编译 2

如果按下面的方法将程序中的定义 CR 的宏定义语句屏蔽掉，让宏定义无效，或删除宏定义语句，则程序运行结果如图 10-7 所示。

```
/* #define CR 1 */
```

可以看出，根据编译条件是否成立，宏定义 CR 是否已定义，系统会编译不同的程序段。

10.3　位　运　算

位运算是 C 语言与其他高级语言（如 BASIC、Pascal 等）的重要区别，是 C 语言进行低层处理力能力的体现。位运算是 C 语言对硬件进行操作的重要方式，它使得 C 语言程序可以对二进制位进行操作，具有汇编语言所具有的运算能力，可以将数据按二进制位进行处理。

10.3.1　位运算符

C 语言支持全方位的位操作，它提供了完整的位运算符，如表 10-1 所示。表中的位运算符，除～为单目运算符外，其他都是双目运算符。使用位运算符，就可以对数据进行二进制处理，需要注意的是，位运算的对象数据只能是整型或字符型，不能是浮点型等其他数据类型。

表 10-1　位运算符

运　算　符	名　　称	运　算　符	名　　称
&	按位与	～	按位取反
|	按位或	<<	左移
^	按位异或	>>	右移

1. 按位与运算（&）

按位与运算可以将参加运算的两个数据按二进制位进行"与"运算。

"与"运算法则是：如果两个操作数对应的二进制位都为 1，该二进制位运算结果为 1；否则，运算结果为 0。如下所示：

0&0=0　　0&1=0　　1&0=0　　1&1=1

例如，整型数 5 和 7 进行"按位与"运算：

5 的二进制形式为 00000101，7 的二进制形式为 00000111，则运算式为

```
   00000101
& 00000111
  ────────
   00000101
```

如果参加"按位与"运算的数是负数，则需要将其以二进制补码形式表示，然后再进行与运算。利用"按位与"运算的特性，在程序中通常可以有如下的用途：

（1）清零

如果想将一个数据内容全部设置为 0，只需要将该数据二进制位都与 0 进行"按位与"运算就可以达到。

（2）保留指定位

如果需要将数据中的某些二进制位取出，而去掉多余的位，则可以将不需要的位与 0 进行"按位与"运算就可以达到。

例如，取整数（两个字节）的低字节或高字节的内容：

```
   00110101 01100111          00110101 01100111
& 00000000 11111111        & 11111111 00000000
  ──────────────────         ──────────────────
   00000000 01100111          00110101 00000000
```

上面式子中，左侧的运算可获取数据的低字节内容，而右侧的运算可获取数据的高字节内容，其余位置则全部置为 0。

2. "按位或"运算（|）

"按位或"运算可以将参加运算的两个数据按二进制位进行"或"运算。

"或"运算法则是：如果两个操作数对应的二进制位都为 0，该二进制位运算结果为 0；否则，运算结果为 1。如下所示：

0|0=0　　0|1=1　　1|0=1　　1|1=1

例如，对整数 12 与 25 进行或运算，算式如下：

```
   00001100
| 00011001
  ────────
   00011101
```

与"按位与"运算相似，利用"按位或"运算可以将指定的位置全置为 1。

3. "按位异或"运算（^）

"按位异或"运算可以将参加运算的两个数据按二进制位进行"异或"运算。

"或"运算法则是：如果两个操作数对应的二进制位相同（都为 0 或 1），该二进制位运算结果为 0；否则，运算结果为 1。如下所示：

0^0=0　　0^1=1　　1^0=1　　1^1=0

例如，对整数 6 与 9 进行异或运算，算式如下：

```
   00000110
∧  00001001
───────────
   00001111
```

利用"按位异或"运算的特性，可以完成以下操作：

（1）指定位取反

如果需要将数据的指定位而不是整体进行取反，可以用 1 与二进制位进行"按位异或"运算来完成。例如：

```
   00110110
∧  00001111
───────────
   00111001
```

上面的运算对数据 00000110 的低 4 位进行了取反。可以看到，运算中与 1 进行运算的位都进行了反转，而与 0 进行运算的位都保留了原来的值。

（2）交换数值

通过"按位异或"运算，可以不通过中间变量，对两个数据内容进行交换。

例如，下面的程序代码段中，对变量 m 与变量 n 的值进行了交换。程序代码如下：

```
m=5;
n=12;
m=m^n;
n=m^n;
m=m^n;
```

上面的程序段中，利用了 3 次"按位异或"运算，来完成交换，其操作可用下面的步骤来说明：

第一步，m=m^n：

```
   00000101
∧  00001100
───────────
   00001001
```

完成这一步后，m 值为 00001001，n 值为 00001100。

第二步，n=m^n：

```
   00001001
∧  00001100
───────────
   00000101
```

完成这一步后，m 值为 00001001，n 值为 00000101（即为 5）。

第三步，m=m^n：

```
   00001001
∧  00000101
───────────
   00001100
```

完成这一步后，m 值为 00001100（即为 12），n 值为 00000101（即为 5）。

（3）数据加密

"按位异或"运算通常还用于数据的加密，这是因为按位运算具有与同一操作数进行两次异或后原数据不变的特性。

例如，设原数据为 10001010，设置密钥为 11001001，数据加密/解密操作如下：

加密操作：

```
  10001010
∧ 11001001
  01000011
```

第一次将数据与密钥进行"按位异或"运算后，得到加密后的数据 01000011。

解密操作：

```
  01000011
∧ 11001001
  10001010
```

第二次将加密后的数据与密钥进行"按位异或"运算后，得到解密后的数据 10001010。

4."按位取反"运算（～）

"按位取反"运算可以将参加运算的数据按二进制位进行"取反"运算，"按位取反"运算只能有一个操作数。例如：

```
～ 00001011
   11110100
```

5."左移"运算（<<）

"左移"运算可以将参加运算的数据按二进制位左移指定的位数，左边溢出的部分舍去，右边空出的部分补 0。

例如，下面程序代码实现左移后赋值操作。

```
int m=14,n;
n=m<<4;
```

上面的 n=m<<4 即 n=14<<4，这个操作将 14 左移 4 位，14 的二进制表示为 00001110，左移 4 位的结果为 11100000，即十进制的 224。在运算中 m 的值并没有发生改变，只是将移位运算的结果赋值给 n。

可以看出，如果左移所溢出的部分不是有用的数据，则数据的左移相当于是做乘 2 的乘法，每左移一位相当于乘以 2，14<<4 相当于 $14×2^4$ 即 14×16=224。使用左移运算的好处就在于可以快速地进行乘法运算，前提是溢出部分不含有效数据。

6."右移"运算（<<）

"右移"运算可以将参加运算的数据按二进制位右移指定的位数，右边溢出的部分舍去，左边空出的部分按数据的正负进行不同的补足方式：对于无符号整数或正整数补 0，负整数则补 1。这是由于位运算中的负数是按补码进行运算，而负数的补码最高位均为 1。

例如，实现右移后赋值操作，程序代码如下：

```
int m=28,n=-7,o,p;
o=m>>2;
p=n>>2;
```

上面运算中的 m>>2 相当于 28>>2，该操作将 28 右移 2 位，28 的二进制表示为 00011100，右移 2 位后为 00000111 即十进制数 7。n>>2 相当于-7>>2，该操作将-7 右移 2 位。由于-7 是负数，则需要先将其转换为补码再进行，-7 的补码为 11111001，右移 2 位后为 11111110，即十进制数-2。

可以看出，"右移"运算相当于除以 2，每右移一位就除以 2，28>>2 相当于 $28/2^2$ 即 28/4=7。使用"右移"运算的好处就在于可以快速地进行除法运算，前提是溢出部分不含有效数据。如上面的-7>>2 溢出部分含有有效数据，就不能当做除法进行计算。

【注意】负数右移时左边补 0 还是补 1 取决于系统，有些系统补 0，有些系统补 1，前者称为逻辑右移，后者称为算术右移，在 VC 系统中使用的是算术右移。

7．位运算符的扩展

除了按位取反运算外，其他的 5 个位运算符还可以与赋值运算符（=）组合成位运算赋值运算符：&=、|=、^=、<<=、>>=。

例如，实现位运算后赋值操作，程序代码如下：

```
int a=12,b;
a&=2;       /* 等价于 a=a&2 */
a|=2;       /* 等价于 a=a|2 */
a^=2;       /* 等价于 a=a^2 */
a<<=2;      /* 等价于 a=a<<2 */
a>>=2;      /* 等价于 a=a>>2 */
```

8．不同长度数据的位运算

位运算的对象可以是 int 型、char 型、long int 型等不同长度的数据，当发生两种不同长度的数据进行位运算时，系统会按下面的原则进行处理：

（1）将两个数据右端对齐；

（2）将长度短的数据高位进行扩充，无符号整数和正整数左侧补 0，负整数左侧补 1；

（3）对位数对齐后的数据对应位进行运算。

10.3.2　位段

在某些时候，存储数据不需要占用 1 个字节，只需 1 个（或几个）二进制位就够用了。例如，C 语言中的"真"和"假"，通常都是用 1 个整型数据（1 和 0）来表示，但是实际上只要有一个二进制位就可以表示了。

因此，C 语言中引入了位段类型来解决这种问题。位段类型是一种特殊的结构类型，其所有成员均按二进制位为长度单位，每个成员称为一个位段。位段类型的定义与结构相类似，不同的是在位段定义中要指明每个成员的长度。例如，CPU 中的状态寄存器记录了运算过程中的一些标志，包括符号标专、零标志、进位标志、奇偶溢出标志、半进位标志、减标志等。

【例 1】使用结构体类型定义，程序代码如下：

```
struct status
{
    unsigned sign;
    unsigned zero;
```

```
    unsigned carry;
    unsigned parity;
    unsigned half_carry;
    unsigned negative;
}flag;
```

由于每个标志位都用 1 个 unsigned（无符号整型）类型数据来表示，每个 unsigned 类型数据需要占 2 个字节，因此，结构体变量 flag 共需占用 12 个字节。

【例 2】改用位段类型进行定义，程序代码如下：

```
struct status
{
    unsigned sign:      1;
    unsigned zero:      1;
    unsigned carry:        1;
    unsigned parity:       1;
    unsigned half_carry:   1;
    unsigned negative:     1;
}flag;
```

上面的位段类型定义中，指明了各个成员均只需要 1 个二进制位来表示，则位段类型变量 flag 总共只占用了 6 个二进制位。也就是说，只需要 1 个字节就够了，比起使用结构体定义节约了 11 个字节的空间。

位段类型作为一种特殊的结构类型，它的引用方法与结构体变量的引用相同，引用成员时也是用 "." 和 "->" 来实现。位段在输出时，可以使用格式符 %d、%x、%u 和 %o，以整数形式输出。位段在数值表达式中进行计算时，系统会自动将位段转换为整型数据进行运算。

在使用位段类型时还应注意以下几点：

（1）1 个位段的长度不能大于 1 个存储单元（通常是 1 个字节），且必须存储在 1 个存储单元中，不能跨过 2 个存储单元定义 1 个位段。如果本单元余下的空间不能容纳该位段，则从下一个位段开始。例如：

```
struct M
{
    unsigned a:   4;
    unsigned b: 6;
}k;
```

对于定义中的位段 b，由于定义完 a 以后单元中余下空间还有 4 个位，无法容纳位段 b，因此，位段 b 将在下一个字节中存储，如图 10-8 所示。

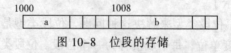

图 10-8　位段的存储

（2）可以设置长度为 0 的无名位段，强制下一个位段从一个新的存储单元开始，而不使用余下的空间。

【例 3】下面程序代码，出现位段长度为 0 的存储单元情况。

```
struct M
{
    unsigned a:   4;
    unsigned :    0;
```

```
    unsigned b:    4;
    }k;
```

这样进行定义后，虽然位段 a 和 b 的长度可容纳于同一存储单元中，但还是要分为 2 个字节存储，如图 10-9 所示。

（3）对位段进行赋值时，要注意不要溢出。通常，长度为 n 的位段，其取值范围为 $0 \sim 2^n - 1$。

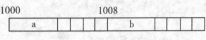

图 10-9　使用无名位段后的存储方式

10.3.3　应用实例

【实例 10-6】输出正整数的二进制形式。

该程序运行后要求输入一个正整数，按 Enter 键后，即可显示该正整数的二进制数表示，如图 10-10。

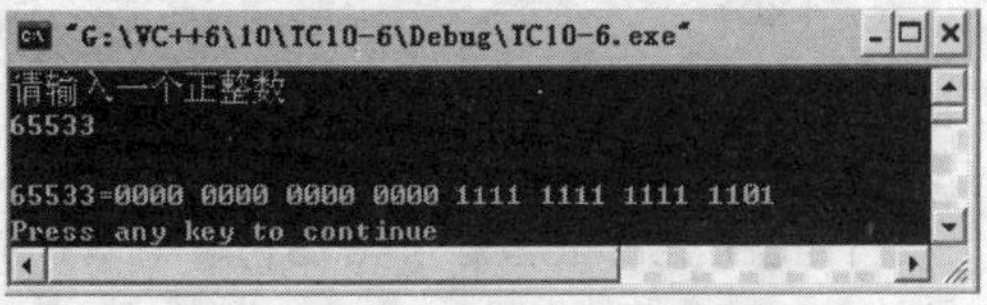

程序代码如下：

```c
/* TC10-6.C */
/* 输出正整数的二进制形式 */
#include "stdio.h"
#include "conio.h"
void main()
{
    int number,mask,length,i;
    length=8*sizeof(int);                /* 求 int 型数据占用的二进制位数 */
    mask=1<<(length-1);
    printf("请输入一个正整数\n");          /* 构造最高位为 1，其余位为 0 的数 */
    scanf("%d",&number);
    printf("\n%d=",number);
    for(i=1;i<=length;i++)
    {
        putchar(number&mask?'1':'0');    /* 输出最高位 */
        number=number<<1;                /* 将次高位移到最高位 */
        if(i%4==0)
            putchar(' ');
    }
    printf("\n");
}
```

图 10-10　"输出正整数的二进制形式"
程序运行结果

【实例 10-7】学科选修。

该程序运行后，输入学生的学号和课程选择（1 或 0），每输入完一个数据，按一次 Enter 键，输入完 5 个学生的数据并按 Enter 键后，程序运行结果如图 10-11 所示。程序中，存储学生选择科目时使用了位段类型。

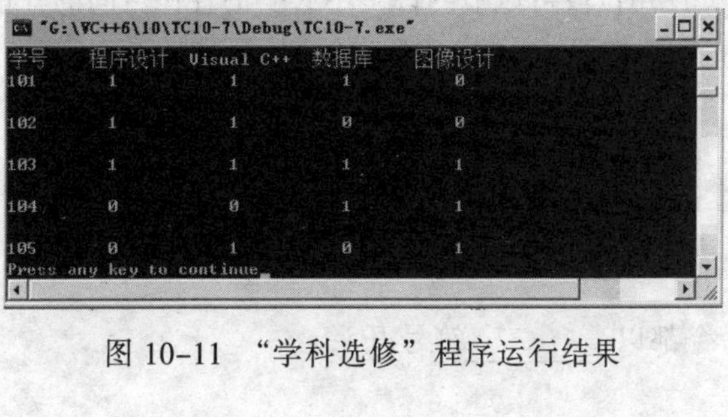

图 10-11　"学科选修"程序运行结果

程序代码如下：

```
/* TC10-7.C */
/* 学科选修 */
#include "stdio.h"
struct choice
{
  unsigned num;
  struct                                /* 嵌套定义的位段类型 */
  {
    unsigned program:1;
    unsigned vc:  1;
    unsigned database: 1;
    unsigned photo:  1;
  }kc;
};
main( )
{
  struct choice stu[5];
  int i,n;
  printf("         学科选修\n\n");
  for(i=0;i<5;i++)
  {
    printf("输入学号: ");
    scanf("%d",&n);
    stu[i].num=n;
    printf("程序设计(0/1):");
    scanf("%d",&n);
    stu[i].kc.program=n;               /* 引用嵌套定义的位段 */
    printf("Visual C++(0/1):");
    scanf("%d",&n);
    stu[i].kc.vc=n;
    printf("数据库(0/1):");
    scanf("%d",&n);
    stu[i].kc.database=n;
    printf("图像设计(0/1):");
    scanf("%d",&n);
    stu[i].kc.photo=n;
  }
  printf("\n学号 程序设计  Visual C++  数据库 图像设计\n");
  for(i=0;i<5;i++)
    printf("\n%d  %5d    %5d    %5d    %5d\n",stu[i].num,stu[i].kc.
    program,stu[i].kc.vc,stu[i].kc.database,stu[i].kc.photo);
}
```

通过这个实例可知，使用位段可以节约许多不必要的存储空间的开销，如果不使用位段，则上面程序中的结构体变量每个需要 10 个字节的存储空间；使用了位段后，只需要 2 个字节就够了。

思考与练习

1. 填空

（1）编译预处理命令都以_____符号开头。

（2）宏定义以_____开头，宏定义结束时_____分号。

（3）在程序编译预处理时将会_____去替换不带参数宏定义的标识符。

（4）宏的作用范围从定义点开始，到程序源文件的末尾或使用命令_____取消定义之前。

（5）宏定义_____占用编译时间，_____占用运行时间，执行速度_____。

（6）使用双引号和尖括号进行文件包含的区别在于_____。

（7）文件包含在进行预处理时，被包含文件与引用它的程序是作为一个统一的文件进行编译，生成_____个目标文件。当被包含文件改变时，源文件也必须_____。

（8）条件编译是指在_____下，对满足条件和不满足条件的情况分别进行处理。

（9）_____用于对宏定义进行判断，当宏名已经定义过时，则编译其下的程序段；_____正好相反，当宏名未定义过时，编译其下的程序段。

（10）条件编译通常用于程序的_____。

2．程序设计

（1）定义一个可用于判断闰年的宏定义。

（2）定义一个用于比较两个数的大小，并返回较大的数的宏。

（3）定义一个宏，用于求两个参数的余数。

第 11 章　文　　件

【本章提要】本章将学习 C 语言中文件的基本概念、文件存取方式、数据存放形式、文件的指针应用等相关知识以及与文件操作相关的一些函数应用。

11.1　数据文件基本概念

程序执行时，所有的数据都存储在计算机内存中。这些数据只能临时存放，要想永久保存就需要把数据存放到外存储器（如磁盘）中。存储在外存储器中的数据是以文件的形式存放的，且都有一个名字以便于识别。因此，文件是指存储在外部介质上的数据集合。

数据文件是程序设计中的重要概念。程序可以通过文件操作存取数据，因此文件的输入/输出是文件最基本的操作。要输入已存在的数据文件中的数据，必须先按文件名打开文件，然后从该文件读取数据；而要输出数据到文件中，必须先按给定文件名建立文件，然后才能向该文件写入数据。

11.1.1　文件分类

C 语言把文件看做是一个字符(字节)的序列，即由一个个字符（字节）的数据顺序组成。根据数据的组织形式，分为文本文件和二进制文件。

1．文本文件

文本文件的每个字节放一个 ASCII 码，代表一个字符（例如整数 1234 占用 4B），文本文件也称为 ASCII 文件。文本文件的输出与字符一一对应，因此它便于对字符进行逐个处理，也便于输出字符。

文本文件由文本行组成，每行可以由零个字符或多个字符组成，并以换行符'\n'结束。文本文件的结束标志是 0x1A。在使用文本文件向计算机输入时，将回车换行符（'\r'和'\n'）转换为一个换行符'\n'；而在输出时把换行符转换为回车符和换行符。

2．二进制文件

二进制文件是把内存中的数据按其在内存中的组织形式原样地输出到磁盘文件中。这时，不能直接输出字符形式，一个字节并不对应一个字符（例如整数 1234 占用 2B）。由此可见，二进制文件的一个优点是节省外存空间。

二进制文件不需要在二进制形式与 ASCII 码之间进行转换，并且二进制文件不能像文本文件那样，在回车换行符和换行符之间进行转换。因此，二进制文件的另一个优点是减少转换时间，提高读/写速度。

11.1.2　文件与指针

在 C 语言中，对文件的访问是通过文件指针来实现的，因此，弄清楚文件与文件指针的关系，对于学习文件的访问非常重要。

1．文件指针

C 语言中，有一个 FILE 类型结构，它是存放文件有关信息的结构体类型。FILE 对于文件来说十分重要，它可以用于定义文件类型指针变量。例如，"FILE *fp;"。FILE 类型结构在 stdio.h 中定义，内容如下：

```
typedef struct
{
  short level;            /* 记录打开文件流的缓冲区填入数据的情况 */
  unsigned flags;         /* 文件状态标志 */
  char fd;                /* 与文件关联的标识符，即文件句柄 */
  unsigned char hold;     /* 缓冲区为空（level=0）时，由 ungetc() 函数回退到输入
                             流中的字符 */
  short bsize;            /* 文件缓冲区大小，默认为 512 字节 */
  unsigned char *buffer;  /* 文件缓冲区指针 */
  unsigned char *curp;    /* 当前激活的文件指针 */
  unsigned istemp;        /* 临时文件标识 */
  short token;            /* 用于文件夹有效性检查 */
} FILE;
```

通过文件类型指针变量（简称文件指针变量或文件指针），能够利用打开文件操作找到与它相关的文件。对于已打开的文件进行输入/输出操作都是通过指向该文件结构体的指针变量进行的。

2．设备文件

C 语言中把所有的外围设备都作为文件看待，这样的文件称为设备文件。C 语言中常用的设备文件名如下：

CON 或 KYBD　　键盘
CON 或 SCRN　　显示器
PRN 或 LPT1　　打印机
AUX 或 COM1　　异步通信口

另外，在程序开始运行时系统自动打开三个标准设备文件与终端相联系。它们的文件结构体指针的命名与作用如下：

stdin：标准输入文件结构体指针（系统分配为键盘）。

stdout：标准输出文件结构体指针（系统分配为显示器）。

stderr：标准错误输出文件结构体指针（系统分配为显示器）。

11.1.3　文件系统

1．流（Stream）

流是程序输入或输出的一个连续的数据序列，常用设备（键盘、显示器、打印机等）的输

入/输出都是通过流来处理的。在 C 语言中，所有的流均以文件的形式出现，包括设备文件。流实际上是文件输入/输出的一种动态形式，C 文件就是一个字节流或二进制流。输入输出的字节流或二进制流仅受程序控制而不受物理符号（如回车换行符）控制，这种文件通常可以称为流文件。

2．文件系统

在 C 语言中有两种处理文件的方法：一是缓冲文件系统；另一是非缓冲文件系统。

（1）缓冲文件系统：指系统自动在内存区为每个正在使用的文件名开辟一个缓冲区，从内存向磁盘输出数据必须先送到缓冲区，待缓冲区装满后才送到磁盘。如果从磁盘读入数据，则一次从磁盘将一批数据输入到内存缓冲区，然后再依次从缓冲区将数据送到程序数据区，赋给程序变量，如图 11-1 所示。缓冲区的大小由各 C 语言版本确定，一般为 512B。

图 11-1　缓冲文件系统

（2）非缓冲文件系统：指系统不自动开辟确定大小的缓冲区，而由程序为每个文件设定缓冲区。

ANSI C 标准规定采用缓冲文件系统。在 C 语言中，没有文件的输入/输出语句，对文件的读/写都必须用库函数来实现，它们存放在 stdio.h 头文件中。

11.1.4　文件的打开与关闭

在读/写文件之前必须先打开文件，在使用完毕之后必须关闭该文件。

1．文件的打开

通过数据文件向程序提供已知数据，或者将程序处理的中间结果或最后结果存储在数据文件中，都要先打开文件。打开文件的 fopen( )函数的一般格式和说明如下：

【格式】FILE *fp;

　　　　fp = fopen(文件名, 文件方式);

【说明】其中，fopen( )是打开文件的函数；fp 是一个文件指针；"文件名"是一个 DOS 文件名；"文件方式"是打开文件的方式，其取值及含义如表 11-1 所示。

表 11-1　文件打开的方式

方　　式	处 理 操 作	指定文件不存在时	指定文件存在时
"r"	文本文件读方式	出错	正常打开
"w"	文本文件写方式	建立新文件	文件原有内容丢失
"a"	文本文件追加方式	建立新文件	在文件原有内容末尾追加新内容
"rb"	二进制文件读方式	出错	正常打开
"wb"	二进制文件写方式	建立新文件	文件原有内容丢失

续表

方 式	处 理 操 作	指定文件不存在时	指定文件存在时
"ab"	二进制文件追加方式	建立新文件	文件原有内容末尾追加新内容
"r+"	文本文件读/写方式	出错	正常打开
"w+"	文本文件写/读方式	建立新文件	文件原有内容丢失
"a+"	文本文件追加/读方式	建立新文件	文件原有内容末尾追加
"rb+"	二进制文件读/写方式	出错	正常打开

下面的语句表示要打开名为 abc 的文件，使用的文件方式为"读入"。例如：

```
fp= fopen("abc","r");
```

fopen( )函数返回指向 abc 文件的指针并赋值给 fp，因此 fp 就和 abc 文件建立了关联，即 fp 指向 abc 文件。可以看出，打开一个文件时，向系统提供了下列 3 个信息：准备访问的文件名；使用的文件方式（"读"、"写"还是"追加"等）；用哪个指针变量指向被打开的文件。

如果 fopen()函数不能完成打开指定的文件，它将返回一个空指针值 NULL。出现这种情况的原因可能是：用"r"方式打开不存在的文件；产生磁盘故障；磁盘已满无法建立新文件等。因此，常用条件(fp=fopen("abc.txt","r"))==NULL 来判断出错信息。

2．文件的关闭

文件使用完毕之后必须关闭，关闭文件需要使用 fclose()函数，其一般使用格式及说明如下：

【格式】fclose(fp);

【说明】其中，fclose()在关闭文件前先清除文件缓冲区，若关闭成功返回 0，否则返回 EOF（-1）。fp 是已定义过的文件指针。

11.1.5 应用实例

【实例 11-1】文件的打开与关闭。

该程序可用于打开、关闭 testfile.txt 文本文件。如果该程序 TC11-1.C 所在文件夹内没有 testfile.txt 文本文件，则程序运行结果如图 11-2 左图所示；如果该程序 TC11-1.C 所在文件夹内有 testfile.txt 文本文件，则程序运行结果如图 11-2 右图所示，按任意键后可关闭打开的文本文件。

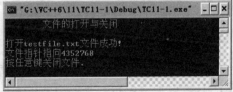

图 11-2 "文件的打开与关闭"文件的访问

程序的代码如下：

```
/* TC11-1.C */
/* 文件的打开与关闭 */
#include  "stdio.h"
#include  "conio.h"
```

```
#include "stdlib.h"
main()
{
    FILE *fp;
    printf("        文件的打开与关闭\n\n");
    if ((fp=fopen("testfile.txt","r"))==NULL)
    /* 检查能否打开 testfile.txt 文件 */
    {
        printf("不能打开 testfile.txt 文件\n");
        exit(0);                            /* 退出 */
    }
    else
    {
        printf("打开 testfile.txt 文件成功!\n");
        printf("文件指针指向%ld\n",fp);
        printf("按任意键关闭文件.\n");
        getch();                            /* 暂停执行,等待输入 */
        if(0==fclose(fp))                   /* 关闭文件，并检查是否正确 */
            printf("文件已关闭\n");
        else
            printf("文件关闭出错!\n");
    }
}
```

11.2 文件的检测与输入/输出函数

11.2.1 文件的检测函数

在文件的访问中有时会出现错误，例如，不能打开指定的文件、文件不存在等。此时，可以使用检测文件错误的函数进行检测。

1. ferror()函数

ferror()是文件读/写错误的检测函数，其一般格式和说明如下：

【格式】ferror(fp);

【说明】其中，fp 是已定义过的文件指针；该函数返回 0 值表示未出错，返回非 0 值表示出错。

2. clearerr()函数

clearerr() 是用于清除文件错误标志的函数，其一般格式和说明如下：

【格式】clearerr(fp);

【说明】其中，fp 是已定义过的文件指针，该函数用于清除文件错误标志。

3. feof()函数

feof()函数用于文件结束检测。对于文本文件，通常可用 EOF(-1)作为结束标志；但对于二进制文件，-1 可能是字节数据的值。为了正确判定文件的结束，可以通过使用 feof()函数来完成，其一般格式和说明如下：

【格式】feof(fp);

【说明】其中，fp 是已定义过的文件指针；该函数用于检测文件是否结束。若结束返回非 0 值；否则返回 0 值。

11.2.2 文件的输入/输出函数

文件访问包括数据的输入与输出，输入是指通过数据文件向程序提供已知数据，而输出是指将程序处理的中间结果或最后结果存储在数据文件中。

1. 字符输入函数

fgetc( )函数从文件读一个字符，其一般格式和说明如下：

【格式】char ch=fgetc(fp);

【说明】其中，fp 是已定义过的文件指针；该函数从 fp 指向的文件中读取一个字符，并将它转换为一字节值保存在"字符变量 ch"中。当读到文件末尾或出错时，该函数返回一个文件结束标志 EOF(-1)。因为字符的 ASCII 码为非负值，所以可用 EOF(-1)作为结束标志，即当读入的字符值等于-1 时表示文件已结束。

2. 字符输出函数

fputc()函数把一个字节的代码值 ch 写入 fp 指向的文件中，fputc()函数的一般格式和说明如下。

【格式】fputc(ch , fp);

【说明】其中，ch 可以是字符常量或变量，fp 是已定义过的文件指针。

3. 字符串输入函数

fgets()函数的一般格式和说明如下：

【格式】fgets(字符串变量, 字符个数 n,fp);

【说明】其中，fp 是已定义过的文件指针，该函数从 fp 指向的文件中读取 n 个字符，并将它们保存在"字符串变量"参数指定的缓冲区中。当下列情况出现时，读/写过程结束。

（1）读取了少于 n 个字符。

（2）当前读取的字符是回车符。

（3）已读到文件末尾。

4. 字符串输出函数

fputs()函数的一般格式和说明如下：

【格式】fputs(字符串变量, fp);

【说明】其中，fp 是已定义过的文件指针，该函数将"字符串变量"的数据写到 fp 指向的文件中，出错时返回文件结束标志 EOF(-1)。

5. 文件的格式化输入/输出函数

（1）格式化输入函数 fscanf( )。

fscanf()函数的一般格式和说明如下：

【格式】`fscanf（fp,格式字符串,地址项列表）；`

【说明】其中，fp 是已定义过的文件指针，该函数从 fp 指向的文件中读取格式化数据，而参数"格式字符串"和"地址项列表"的用法与 scanf 语句相同。

（2）格式化输出函数 fprintf( )。

fprintf()函数的一般格式和说明如下：

【格式】`fprintf（ fp,格式字符串,输出项列表）；`

【说明】其中，fp 是已定义过的文件指针，该函数将格式化数据写到 fp 指向的文件中，而参数"格式字符串"和"输出项列表"的用法与 printf 语句相同。

6．文件的数据块输入/输出函数

（1）数据块输入函数 fread( )。

fread()函数的一般格式和说明如下：

【格式】`fread(内存起始地址,项大小,项数, fp )；`

【说明】其中，fp 是已定义过的文件指针，该函数从 fp 指向的文件中读取若干数据项到指定的内存数据块中。"内存起始地址"是存放输入数据的首地址，"项大小"表示每一数据项的字节数；"项数"是读取的数据块的个数。

（2）数据块输出函数 fwrite()。

fwrite()函数的一般格式和说明如下：

【格式】`fwrite（ 内存起始地址,项大小,项数,fp )；`

【说明】其中，fp 是已定义过的文件指针；该函数将指定"内存起始地址"的数据块的若干数据项写到 fp 指向的文件中。"内存起始地址"是存放输入数据的首地址，"项大小"表示每一数据项的字节数；"项数"是读取的数据块的个数。

【注意】fread() 和 fwrite()两个函数的几点说明：

◎ 两个函数读（写）的字节总数为：项大小×项数。

◎ 当这两个函数调用成功时，两函数各自返回实际读或写的数据项的项数，而不是字节总数。

◎ 当遇到文件结束或出错时，fread()函数返回一个短整型值；当写出错时，fwrite()函数也会返回一个短整型值。

11.2.3　应用实例

【实例 11-2】文件内容的修改。

在该程序文件夹内保存有 source.txt 文本文件，其内容是一行文字"Turbo C 3.0 and Visual C++ 6.0"。该程序运行后，会显示 source.txt 文本文件内的字符内容，然后输入新的字符串（例如，"Good!"），按 Enter 键后，

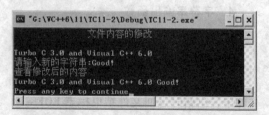

图 11-3　"文件内容的修改"程序运行结果

即可将新输入的字符串连接到 source.txt 文本文件内字符串的后边，如图 11-3 所示。

程序代码如下:

```
/* TC11-2.C */
/* 修改文件内容 */
#include "stdio.h"
#include "stdlib.h"
main()
{
    FILE *fp;
    char letter[256],buff[256];
    int c,i;
    printf("    文件内容的修改\n\n");
if((fp=fopen("source.txt","r+"))==NULL)     /* 读/写方式打开,检查能否打开文件 */
    {
        printf("不能打开文件\n");
        exit(1);
    }
    do {
        i=0;
        while ((c=fgetc(fp))!=EOF)          /* 读一字符行 */
        {
            letter[i]=c;  i++;
            if (c=='\n') break;
        }
        letter[i]='\0';
        printf("%s",letter);                /* 显示 letter 字符串 */
    } while(c!=EOF);
    printf("\n 请输入新的字符串:");
    scanf("%s",buff);
    fputs(buff,fp);                         /* 将输入字符串续写到文件尾 */
    fclose(fp);                             /* 关闭文件 */
    /* 重新打开文件进行查看 */
    printf("查看修改后的内容\n");
    if((fp=fopen("source.txt","r"))==NULL)  /* 只读方式打开,检查能否打开文件 */
    {
        printf("不能打开文件\n");
        exit(1);
    }
    do {
        i=0;
        while ((c=fgetc(fp))!=EOF)          /* 读一字符行 */
        {
            letter[i]=c;  i++;
            if (c=='\n') break;
        }
        letter[i]='\0';
        printf("%s",letter);                /* 显示 letter 字符串 */
    } while(c!=EOF);
    printf("\n");
    fclose(fp);
}
```

第一次打开文件时使用了 "r+" 方式，以便于写文件。然后，利用了二重循环结构来实现指定文本文件的显示。内循环中首先用 while 语句从被打开的文件中读取一字符行到 letter 字符数组，该语句用表达式（c=fgetc(fp)）!=EOF 读取字符并用条件 c=='\n' 来结束读取的字符行；然后，在该 letter 字符数组所存储的字符之后添加'\0'，这样就可以正确显示出这个字符行。而在外循环中用 do...while 语句来实现输出文本文件中的所有字符行。

"fputs（buff,fp）;"语句将输入的字符串续写到文件中，再关闭文件。由于在文件内容显示完后，文件指针 fp 停在文件尾，因此，写入的字符串是在文件的尾部添加的。如果需要修改前面的字符，则需要改变文件指针的位置，这可以通过后面文件定位函数来完成。

第二次打开文件时由于不需要写入，因此用了 "r" 方式打开。

【实例 11-3】文件复制程序。

本程序能把 source.txt 文本文件复制替换 destination.txt 文本文件。将该程序保存为 TC11-3.C，对其进行编译可得到 TC11-3.exe 可执行文件。在 TC11-3.exe 可执行文件所在 Debug 文件夹内保存有 source.txt 和 destination.txt 文本文件。

然后，进入 Windows "命令提示符" 状态，输入 "G:" 后按 Enter 键，再在 "G:\>" 提示符后边输入 "CD VC++6\11\TC11-3\Debug"，按 Enter 键后在 "G:\ VC++6\11\TC11-3\ Debug>" 提示符后边输入 TC11-3 source.txt destination.txt，按 Enter 键后显示结果如图 11-4 所示。

程序代码如下：

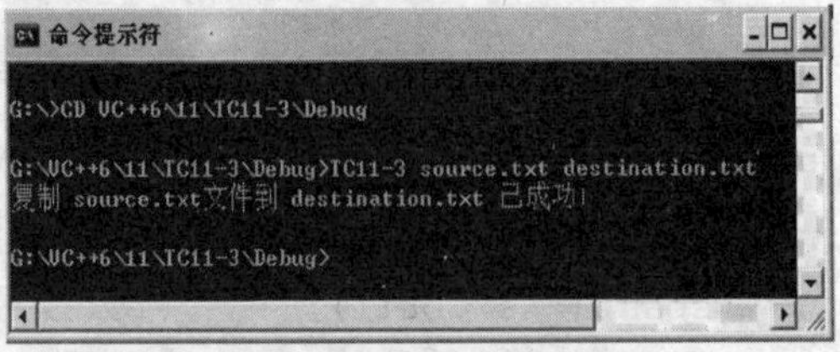

```
/* TC11-3.C */
/* 文件的复制 */
#include "stdio.h"
#include "stdlib.h"
void main(int argc,char *argv[])
{
    FILE *fp1,*fp2;
    char c;
    if (argc<2)
    {
        printf("命令行应是: TC11-3 <源文件名> <目标文件名>\n");
        exit(1);
    }
    if ((fp1=fopen(argv[1],"r"))==NULL)              /* 检查能否打开文件 */
    {
        printf("不能打开%s 文件\n",argv[1]);
        exit(2);
    }
    if ((fp2=fopen(argv[2],"w"))==NULL)              /* 检查能否建立文件 */
    {
        printf("不能建立%s 文件\n",argv[2]);
        exit(3);
    }
    while ((c=fgetc(fp1))!=EOF)                      /* 复制文件 */
        fputc(c,fp2);
    printf("复制 %s 文件到 %s 已成功! \n",argv[1], argv[2]);
    fclose(fp1);
    fclose(fp2);
}
```

图 11-4 "文件复制程序"程序运行结果

程序中利用了如下的当循环结构来实现指定文件的复制操作。

```
while ((c=fgetc(fp1))!=EOF)
    fputc(c,fp2);
```

其中循环表达式从被打开的文件中读取字符并判断文件是否结束，如果尚未结束，则将该字符写到要复制的文件中。

【实例 11-4】二进制文件的读/写。

该程序可以建立一个名为 stud.dat 的二进制文件，然后读取并显示所建立的 stud.dat 文件。

程序执行结果如图 11-5 所示。

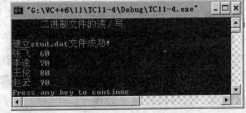

图 11-5 "二进制文件的读写"程序运行结果

程序代码如下：

```
/* TC11-4.C */
/* 二进制文件的读/写 */
#include "stdio.h"
#include "stdlib.h"
void test1();
void test2();
void main()
{
    printf("       二进制文件的读/写\n\n");
    test1();
    test2();
}
/* 写文件函数 */
void test1()
{
    FILE *fp;
    char name[][10]={"张飞","李逵","王伦","赵云"};
    int i,score[]={60,70,80,90};
    if ((fp=fopen("stud.dat","wb"))==NULL)
    {
        printf("不能建立 stud.dat 文件\n");
        exit(1);
    }
    for(i=0; i<4; i++)
        fprintf(fp,"%s %d",name[i],score[i]);
    fclose(fp);
    printf("建立 stud.dat 文件成功!\n");
}
/* 读文件函数 */
void test2()
{
    FILE *fp;
    char name[10];
    int score;
    if ((fp=fopen("stud.dat","rb"))==NULL)
    {
        printf("不能打开 stud.dat 文件\n");
        exit(1);
    }
```

```
    while(!feof(fp))
    {
        fscanf(fp,"%s %d",name,&score);
        printf("%s  %d\n",name,score);
    }
    fclose(fp);
}
```

本程序将要实现的第一项功能（建立名为 stud 的二进制文件）编写成一个自定义函数 test1()；而将要实现的第二项功能（读取并显示所建立的 stud 文件）编写成一个自定义函数 test2()；然后在主函数中依次调用它们。

【实例 11-5】记录型信息的访问。

本程序用来进行文件中记录型信息的访问，建立一个 studbk.dat 文本文件，并在屏幕输出内容，程序执行结果如图 11-6 所示。

程序代码如下：

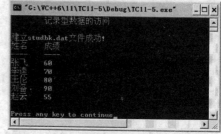

图 11-6 "记录型数据的访问"程序运行结果

```
/* TC11-5.C */
/* 记录型数据的访问 */
#include "stdio.h"
#include "stdlib.h"
void test1();
void test2();
struct student                  /* 定义结构 */
{
    char name[10];
    int score;
};
void main()
{
    printf(" 记录型数据的访问\n\n");
    test1();
    test2();
}
/* 写文件函数 */
void test1()
{
    FILE *fp;
    struct student stud[]=
    { {"张飞",60},{"李逵",70},{"王伦",80},{"刘备",90},{"赵云",55} };
    if ((fp=fopen("studbk.dat","wb"))==NULL)
    {
        printf("不能建立 studbk.dat 文件\n");
        exit(1);
    }
    fwrite(stud,sizeof(struct student),5,fp);       /* 结构变量的写入 */
    fclose(fp);
    printf("建立 studbk.dat 文件成功!\n");
}
/* 读文件函数 */
```

```
void test2()
{
    FILE *fp;
    struct student stud[5];
    int i;
    if ((fp=fopen("studbk.dat","rb"))==NULL)
    {
      printf("不能打开 studbk.dat 文件\n");
      exit(1);
    }
    fread(stud,sizeof(struct student),5,fp);        /* 结构变量的读取 */
    printf("姓名\t成绩\n");
    printf("----\t----\n");
    for(i=0; i<5; i++)
      printf("%s\t%d\n",stud[i].name,stud[i].score);
    printf("\n");
    fclose(fp);
}
```

11.3 文件的定位操作

本节通过学习文件位置指针的概念，掌握文件的定位操作，可以对文件中任意位置内容进行读/写操作。程序中文件的访问都是通过文件指针来完成，它指向当前读/写的位置，然后按顺序读/写文件，每次读/写一个字符，读/写完之后，该位置指针自动移到下一个字符。如果要改变文件读/写的定位，就要使用文件定位操作来控制文件位置指针。

11.3.1 文件指针位置的设置和获取

1. 文件指针位置的设置

fseek()函数用于改变当前文件指针的位置，其一般格式和说明如下：

【格式】fseek(fp,位移量,起始位置);

【说明】其中，fp 是已定义过的文件指针，该函数用于设置文件指针的位置。"位移量"参数是相对"起始位置"的偏移字节数，它要求是 long 型数据。

"起始位置"参数必须是以下值之一：

◎ 0(SEEK_SET)：文件开头。

◎ 1(SEEK_CUR)：文件指针当前位置。

◎ 2(SEEK_END)：文件末尾。

下面的程序代码实现改变指针位置：

```
fseek( fp, 50L , 1 );      /* 将文件指针位置从当前位置向后移动到 50 个字节处 */
fseek( fp, -20L , 2 );     /* 将文件指针位置从文件末尾向前移动 20 个字节处 */
```

fseek()函数的意义是：可以把文件指针移到文件的任何位置，实现对文件的随机读/写。

2. 文件指针位置的重置

有时需要文件指针指向文件的开头以便访问（例如：从头开始重新写入文件），而此时却因为前面的文件操作使指针移动到文件的其他位置，这时需要重置文件指针使其回到文件头。

rewind( )函数可以将文件指针置于文件开头位置，其一般格式和说明如下：

【格式】rewind(fp);

【说明】其中，fp 是已定义过的文件指针。

3．获取文件指针的当前位置

在程序执行中，若要获取文件指针的当前位置可使用 ftell()函数来完成。ftell()函数用于取文件指针的当前位置。函数的一般格式如下：

【格式】ftell(fp);

【说明】其中，fp 是已定义过的文件指针，该函数获取当前文件指针的位置，文件指针用相对于文件头的位移量（字节数）来表示，出错时返回–1L。

11.3.2　应用实例

【实例 11-6】文件随机访问。

程序执行时将先依次显示实例 11-5 中所建立的 studbk.dat 文件中倒数第 1 个和倒数第 2 个学生的信息，然后再显示所有学生姓名和成绩数据。程序运行结果如图 11-7 所示。

程序代码如下：

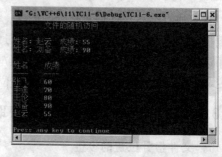

图 11-7　"文件随机访问"程序运行结果

```c
/* TC11-6.C */
/* 文件的随机访问 */
#include <stdio.h>
#include <stdlib.h>
struct student
{
    char name[10];
    int score;
};
void main()
{
    FILE *fp;
    struct student st,stud[5];
    int i;
    printf("        文件的随机访问\n\n");
    if ((fp=fopen("studbk.dat","rb"))==NULL)
    {
        printf("不能打开 studbk.dat 文件\n");
        exit(1);
    }
    for (i=1; i<=2; i++) {
        fseek(fp,-(long)sizeof(struct student)*i,SEEK_END);/* 设置文件指针位置 */
        fread(&st,sizeof(struct student),1,fp);
        printf("姓名: %s  成绩: %d\n",st.name,st.score);
    }
    printf("\n");
    rewind(fp);                        /* 文件指针重置 */
    fread(stud,sizeof(struct student),5,fp);
```

```
        printf("姓名\t 成绩\n");
        printf("----\t----\n");
        for(i=0; i<5; i++)
            printf("%s\t%d\n",stud[i].name,stud[i].score);
        printf("\n");
        fclose(fp);
}
```

【实例 11-7】成绩查询。

程序将分别显示实例 11-5 中建立的 studbk.dat 文件中成绩不及格的学生和成绩优良（>=80 分）的学生。程序运行结果如图 11-8 所示。

程序代码如下：

```
/* TC11-7.C */
/* 成绩查询 */
#include <stdio.h>
#include <stdlib.h>
void main()
{
    FILE *fp;
    struct student
    {
      char name[10];
      int score;
    } st;
    int i=0;
    printf("        成绩查询\n\n");
    fp=fopen("studbk.dat","rb");
      printf("不及格姓名\t 成绩\n");
    while(!feof(fp)) {
      fseek(fp,(long)sizeof(struct student)*i,SEEK_SET);
      fread(&st,sizeof(struct student),1,fp);
      if (st.score<60 && !feof(fp))
          printf("%s\t\t%d\n\n",st.name,st.score);
      i++;
    }
    rewind(fp);
    i=0; printf("优良者姓名\t 成绩\n");
    while(!feof(fp)) {
      fseek(fp,(long)sizeof(struct student)*i,SEEK_SET);
      fread(&st,sizeof(struct student),1,fp);
      if (st.score>=80 && !feof(fp))
          printf("%s\t\t%d\n",st.name,st.score);
      i++;
    }
    fclose(fp);
}
```

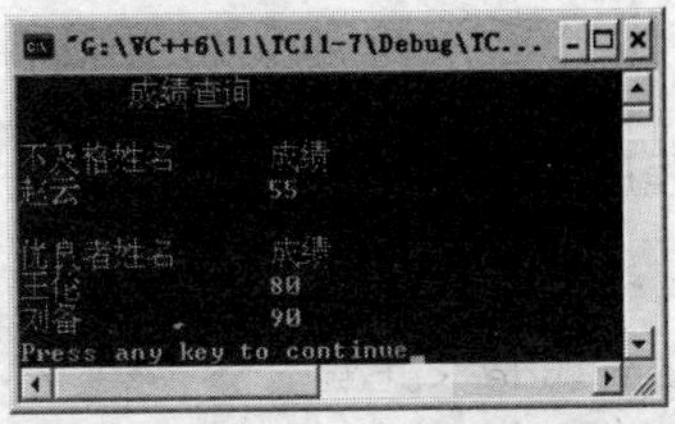

图 11-8　"成绩查询"程序运行结果

【实例 11-8】文件查看。

本程序可以完成类似 DOS 下的 type 命令的功能，用于查后指定文件的内容。将该程序保存为 TC11-8.C，对其进行编译可得到 TC11-8.exe 可执行文件。在 TC11-8.exe 可执行文件所在 Debug 文件夹内保存有 tc11-8.pdb 和 studbk.dat 文件。

　　然后，进入在 Windows "命令提示符" 状态，输入 "G:" 后按 Enter 键，再在 "G:\>" 提示符后边输入 "CD VC++6\11\TC11-8\Debug"，按 Enter 键后在 "G:\VC++6\11\TC11-8\ Debug>" 提示符后边输入 TC11-8 tc11-8.pdb，按 Enter 键后显示结果如图 11-9 所示前三行结果。再在 "G:\VC++6\11\TC11-8\ Debug>" 提示符后边输入 TC11-8 studbk.dat，按 Enter 键后显示结果如图 11-9 所示。

图 11-9　"文件查看" 程序运行结果

程序代码如下：

```c
/* TC11-8.C */
/* 文件查看程序 */
#include <stdio.h>
#include <stdlib.h>
void main(int argc,char *argv[])
{
    FILE *fp;
    char letter[256];
    int c,i;
    if (argc<2)
    {
        printf("命令行格式应是: TC11-8  <文件名>\n");
        exit(1);
    }
    if ((fp=fopen(argv[1],"r"))==NULL)          /* 检查能否打开文件 */
    {
        printf("不能打开 %s 文件\n",argv[1]);
        exit(2);
    }
    do {
        i=0;
        while ((c=fgetc(fp))!=EOF)              /* 读一字符行 */
        {
            letter[i]=c;  i++;
            if (c=='\n') break;
        }
        letter[i]='\0';
        printf("%s",letter);                    /* 显示 letter 字符串 */
    } while(c!=EOF);
    fclose(fp);
}
```

【实例 11-9】增强的文件复制。

　　本程序可以将指定的 source.txt 文本文件内程序行加上行号并显示出来，再将指定的 source.txt 文本文件的复制替换 destination.txt 文本文件。将该程序保存为 TC11-9.C，对其进行编译可得到 TC11-9.exe 可执行文件。在 TC11-9.exe 可执行文件所在 Debug 文件夹内保存有 source.txt 和 destination.txt 文件。这两个文本文件内分别保存了 TC5-1.CPP 文件内的 min() 函数程序和主函数程序。

　　然后，进入在 Windows "命令提示符" 状态，输入 "G:" 后按 Enter 键，再在 "G:\>" 提示符后边输入 "CD VC++6\11\TC11-9\Debug"，按 Enter 键后在 "G:\VC++6\11\TC11-8\ Debug>" 提示符后边输入 "TC11-9　source.txt destination.txt"，按 Enter 键后显示如图 11-10 所示。

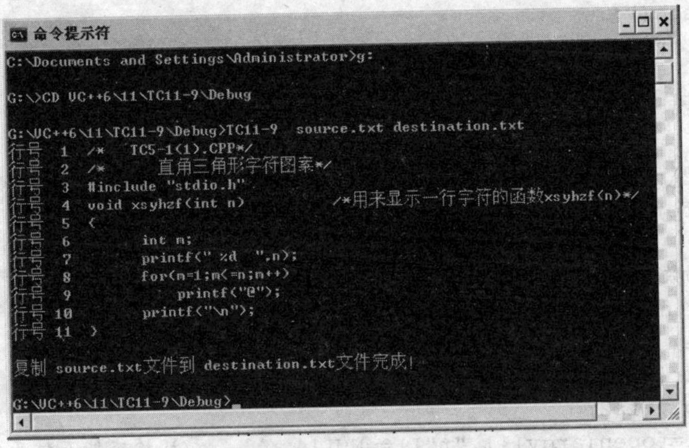

图 11-10 "增强的文件复制"程序的运行结果

程序代码如下：

```
/* TC11-9.C */
/* 增强的文件复制程序 */
#include "stdio.h"
#include "conio.h"
#include "stdlib.h"
void test1(int argc,char *argv[]);
void test2(int argc,char *argv[]);
void main(int argc,char *argv[])
{
  if (argc<2)
  {
    printf("命令行应是: TC11-9 <打开文件名> <复制文件名>\n");
    exit(0);
  }
  test1(argc,argv);
  test2(argc,argv);
}
/* 读文件函数 */
void test1(int argc,char *argv[])
{
    FILE *fp;
    char buff[256];
    int cnt;
    if ((fp=fopen(argv[1],"r"))==NULL)          /* 检查能否打开 */
    {
      printf("不能打开%s 文件\n",argv[1]);
```

```
            exit(1);
        }
        cnt=1;
        while (fgets(buff,256,fp)!=NULL)
        {
            printf("行号%3d  %s",cnt,buff);
            if (cnt%20==0) {
                printf("...按任一键继续...");
                getch();
                printf("\n");
            }
            cnt++;
        }
        printf("\n");
        fclose(fp);
}
/* 复制文件函数 */
void test2(int argc,char *argv[])
{
    char buff[256];
    FILE *fp1,*fp2;
    if ((fp1=fopen(argv[1],"r"))==NULL)          /* 检查能否打开文件 */
    {
      printf("不能打开%s 文件\n",argv[1]);
      exit(2);
    }
    if ((fp2=fopen(argv[2],"w"))==NULL)          /* 检查能否建立文件 */
    {
      printf("不能建立%s 文件\n",argv[2]);
      exit(3);
    }
    while(fgets(buff,256,fp1)!=NULL) /* 复制文件,此循环与上例不同,请比较 */
      fputs(buff,fp2);
    printf("复制 %s 文件到 %s 文件完成! \n",argv[1],argv[2]);
    fclose(fp1);
    fclose(fp2);
}
```

　　必须着重指出，本程序实现较强的功能，因此，将第一项功能（对指定文本文件加上行号后显示出来）编写成一个自定义函数 test1()；将第二项功能（用 fgets()和 fputs()实现该指定文件复制）编写成一个自定义函数 test2()，然后在主函数中依次调用它们。由于主函数具有命令行参数，所以 test1()和 test2()也必须具有相应的命令行参数。请读者认真阅读和分析这个程序的编程基本思想和结构。

思考与练习

1. 填空

（1）在 C 语言中，流是指_____

（2）在 C 语言的版本中，有两种文件系统，分别是_____。

（3）若用 fopen()函数打开文件，其方式是"r"、"rb"、"r+"、"rb+"之一，当指定文件不存在时，则该函数一定_____。

（4）若用 fopen()函数打开文件，其方式是"w"、"w+"、"a"、"a+"之一，当指定文件不存在时，则该函数一定_____。

（5）在 C 语言中，文件的字符串输入/输出的函数对是_____。

（6）在 C 语言中，文件的格式化输入/输出的函数对是_____。

（7）在 C 语言中，文件的数据块输入/输出的函数对是_____。

（8）fgetc(stdin)函数的功能是_____。

（9）fputc(buff,stdout)函数的功能是_____。

（10）如果 a 数组的说明如下：

int a[10];

则 fwrite(&a,4,10,fp)语句的功能是_____。

（11）阅读下面程序，并写出运行结果。

```
#include <stdio.h>
void main()
{
   FILE * fp;
   char c1,c2;
   int i,k,n;
   fp=fopen("abc.txt","w");
   for(i=1;i<4;i++)
      fprintf(fp,"%d,",i);
   fclose(fp);
   fp=fopen("abc.txt","r");
   fscanf(fp,"%d,%d",&k,&n);
   printf("%d,%d\n",k,n);
   fclose(fp);
}
```

程序的运行结果是_____

（12）利用文件打开、关闭文件的语句，打开二进制文件 abc.dat 的程序。如果不能打开 abc.dat 文件（包括在工作目录中该文件不存在），则显示"不能打开 abc.dat 文件!"；否则显示"打开 abc.dat 文件成功!"。

```
#include  "stdio.h"
#include  "conio.h"
#include  "stdlib.h"
void main()
{   FILE *fp;
    if ((fp=fopen(_____ , _____))==NULL)   // 检查能否打开 abc.dat 文件
    {
       printf("_____\n");
       exit(0);                              // 退出
    }
    else
    {
```

```
        printf("_____\n");
        fclose(____);
    }
}
```

（13）利用文件打开、关闭文件的语句，建立文本文件 abcd.txt 的程序。

```
#include  "stdio.h"
#include  "conio.h"
#include  "stdlib.h"
void main()
{
    FILE *fp;
    if ((fp=fopen(_____ , _____))==NULL) /检查能否打开 abcd.txt 文本文件 */
    {
        printf("不能建立 abcd.txt 文件\n");
        exit(0);                              // 退出
    }
    printf("建立 abcd.txt 文件成功! \n");
    fclose(____);
}
```

2．程序设计

设有结构体数组常量如下：

```
struct student
{
    char name[10];
    char section[20];
    int age,score;
} st[]={ {"张三","英语系",22,90},{"王五","软件系",21,88}, {"赵七","电子系
",20,85} };
```

编写如下程序：首先建立名为 mystud 的二进制文件，保存该结构体数组常量；然后读取并显示所建立的 mystud 文件。